国防科技图书出版基金

网络舆情知识图谱

Knowledge Graph of Network Public Opinion

王兰成　娄国哲　张思龙　著

国防工业出版社

·北京·

图书在版编目(CIP)数据

网络舆情知识图谱/王兰成,娄国哲,张思龙著.
—北京:国防工业出版社,2023.7
ISBN 978-7-118-12994-6

Ⅰ.①网… Ⅱ.①王… ②娄… ③张… Ⅲ.①互联网络–舆论–研究 Ⅳ.①G206.2

中国国家版本馆 CIP 数据核字(2023)第 147200 号

※

国防工业出版社出版发行

(北京市海淀区紫竹院南路23号　邮政编码100048)
三河市腾飞印务有限公司印刷
新华书店经售

＊

开本 710×1000　1/16　插页 1　印张 15　字数 256 千字
2023 年 7 月第 1 版第 1 次印刷　印数 1—1500 册　定价 136.00 元

(本书如有印装错误,我社负责调换)

国防书店:(010)88540777　　书店传真:(010)88540776
发行业务:(010)88540717　　发行传真:(010)88540762

致 读 者

本书由中央军委装备发展部**国防科技图书出版基金**资助出版。

为了促进国防科技和武器装备发展，加强社会主义物质文明和精神文明建设，培养优秀科技人才，确保国防科技优秀图书的出版，原国防科工委于1988年初决定每年拨出专款，设立国防科技图书出版基金，成立评审委员会，扶持、审定出版国防科技优秀图书。这是一项具有深远意义的创举。

国防科技图书出版基金资助的对象是：

1. 在国防科学技术领域中，学术水平高，内容有创见，在学科上居领先地位的基础科学理论图书；在工程技术理论方面有突破的应用科学专著。

2. 学术思想新颖，内容具体、实用，对国防科技和武器装备发展具有较大推动作用的专著；密切结合国防现代化和武器装备现代化需要的高新技术内容的专著。

3. 有重要发展前景和有重大开拓使用价值，密切结合国防现代化和武器装备现代化需要的新工艺、新材料内容的专著。

4. 填补目前我国科技领域空白并具有军事应用前景的薄弱学科和边缘学科的科技图书。

国防科技图书出版基金评审委员会在中央军委装备发展部的领导下开展工作，负责掌握出版基金的使用方向，评审受理的图书选题，决定资助的图书选题和资助金额，以及决定中断或取消资助等。经评审给予资助的图书，由国防工业出版社出版发行。

国防科技和武器装备发展已经取得了举世瞩目的成就，国防科技图书承担着记载和弘扬这些成就，积累和传播科技知识的使命。开展好评审工作，使有限的基金发挥出巨大的效能，需要不断摸索、认真总结和及时改进，更需要国防科技和武器装备建设战线广大科技工作者、专家、教授，以及社会各界朋友的热情支持。

让我们携起手来，为祖国昌盛、科技腾飞、出版繁荣而共同奋斗！

国防科技图书出版基金

评审委员会

国防科技图书出版基金
2020 年度评审委员会组成人员

主 任 委 员	吴有生
副 主 任 委 员	郝 刚
秘 书 长	郝 刚
副 秘 书 长	刘 华

委　　　员　　于登云　王清贤　甘晓华　邢海鹰　巩水利
（按姓氏笔画排序）刘　宏　孙秀冬　芮筱亭　杨　伟　杨德森
　　　　　　　　吴宏鑫　肖志力　初军田　张良培　陆　军
　　　　　　　　陈小前　赵万生　赵凤起　郭志强　唐志共
　　　　　　　　康　锐　韩祖南　魏炳波

前　　言

　　知识图谱(Knowledge Graph,KG)与大数据和深度学习一起,成为推动互联网和人工智能发展的核心驱动力之一。知识图谱在各个领域得到了非常成功的应用,尤其在2020年爆发的新冠病毒肺炎疫情中,人工智能及其知识图谱技术得到了广泛应用。例如,研发的新型冠状病毒知识图谱模式挖掘系统,实现了该病毒不同图谱的前K频繁模式高效挖掘,为专业分析提供决策依据;推出的不同方案抗病毒知识图谱系统,能够根据防控需求在追踪患者轨迹、发现密切接触者、筛查潜在感染人群等应用中发挥了重要作用。治理和引导网络舆情不仅需要掌握舆情的演化特征、演化规律以及传播特点,更需要准确地分析舆情事件之间的关联关系,把握舆情的演化路径。显然,开展网络舆情管理与知识图谱分析的融合研究,无论是网络舆情知识图谱的价值研究,还是内容研究和方法研究,都具有非常重要的理论价值和现实意义。

　　1. 关于网络舆情管理与知识图谱结合的研究价值

　　网络安全事关党的长期执政、国家长治久安、经济社会发展和人民群众切身利益,社交网络的舆情分析管理是网络空间安全的特殊领域。社会发展已然进入人工智能时代,知识管理成为主流的管理方法,因此网络舆情管理也要与时俱进,使用更为精准、科学的方法。大数据环境下,使用传统信息技术已经远不能满足网络舆情管理的现实需求,必须开拓思路创新研究更为科学的知识组织技术和智能化的知识处理技术。一方面,知识图谱是一种先进的知识组织方式,可以表达非常丰富的语义信息,天然具有开放与互联的特性,它为社会计算分析提供了高效的技术手段,正在许多领域得到广泛应用。值得注意的是,计算机科学领域的KG研究不同于图书情报学领域,其主要特征已增加了语义化和精准性,关键技术已拓展到信息抽取、数据集成、本体、数据挖掘和机器学习等。另一方面,基于知识图谱的网络舆情研究在国内学术界成果非常少,面向网络舆情的知识图谱构建尚无实质性开展,缺少智能技术的研究和应用导致了当前网络舆情的监控和引导不够及时和精准,基于网络舆情知识图谱的事件抽取和热点发现的关键技术研究也缺少成果报道。

　　舆情分析是网络空间安全的特殊领域,国内外研究现状阐明了人工智能和大数据时代催生研究更为精准、科学的网络舆情管理方法。网络舆情知识图谱（Network Public Opinion Knowledge Graph，NPOKG）既有鲜明的需求牵引又有亟待解决的关键技术，知识组织下的 NPOKG 构建是网络舆情管理的重要方法，基于 NPOKG 的事件抽取和热点发现是舆情管理的重要实践。实践表明，将知识图谱应用于舆情管理，可以简化热点事件的发现过程，提高热点事件的趋势分析能力，提升舆情管理的智能化水平。

2. 关于网络舆情管理与知识图谱结合的研究内容

知识图谱旨在通过可视化技术对科学知识的发展进程及其结构关系进行描述，可从宏观、中观、微观三个层面对学科、领域、主题的发展概貌进行可视化揭示，具有直观、定量、简单与客观等诸多优点。其起源可追溯至文献计量学和科学计量学的诞生时期，20 世纪 90 年代，随着电子文献数据库的发展及其网络化，以及计算机存储与处理能力的飞速提高，在信息可视化技术与引文分析方法的结合下，知识图谱技术逐渐兴起。在进行文献调研过程中发现，国内在知识图谱相关概念、理论、绘制流程、工具等方面的研究还存在一些问题，例如对知识图谱存在着概念不清、误用、滥用等现象，必须进行系统梳理和澄清。

本书旨在构建网络舆情知识图谱并用于专门舆情分析研判模型中。知识图谱技术涉及人工智能自然语言处理中的各项技术，比如分词和词性标注、命名实体识别、句法语义结构分析、指代分析等。事件抽取分为基于模式匹配的事件抽取方法和基于机器学习的事件抽取方法：前者在一些模式指导下进行，模式的准确性是影响整个方法性能的重要因素，按照模式构建过程中所需训练数据的来源可细分为基于人工标注语料的方法和弱监督的方法；后者基于机器学习的事件抽取方法建立在统计模型基础上，一般将事件抽取建模成多分类问题，因此研究的重点在于特征和分类器的选择，根据利用信息的不同又分为基于特征、基于结构和基于深度神经网络的方法。

研究知识组织技术条件下的网络舆情知识图谱的构建，是当前网络舆情管理的现实需求和科学指向。通过将本体构建技术与知识图谱构建技术有机整合，研究应用于网络舆情的领域知识图谱构建方法，结合专业领域知识库和百科类知识，研究构建网络舆情本体（Network Public Opinion Ontology，NPOO）和 NPOKG，研究设计基于知识图谱的网络舆情管理架构，提高网络舆情管理的智能化水平。只有准确把握舆情传播特点规律才能够有效应对突发舆情，通过网络舆情领域本体和网络舆情知识图谱的构建，进一步提升社交网络的舆情分析管理能力。

研究基于网络舆情知识图谱的事件抽取和热点发现方法，是当前网络舆情管理的关键技术和应用指向。通过利用已有知识图谱提供的有效信息，辅助自然语言处理技术,实现基于构建的网络舆情知识图谱的事件抽取技术(Event Extraction Technology,EET),在保证准确率的前提下有效地减少人工参与量;通过将舆情事件记录到知识图谱中,在动态图视角下实现舆情事件的精确计算,并在应用环境中使用热点发现技术(Hotspot Detection Technology,HDT)深度挖掘,实现舆情事件的自动发现与预警,提高网络舆情管理的精准化水平。只有准确把握舆情传播特点规律,才能够精准出击突发舆情。人工智能和大数据条件下,通过基于网络舆情知识图谱的事件抽取和发现技术的研究,进一步提升社会计算的舆情分析管理能力。

3. 关于网络舆情管理与知识图谱结合的研究方向

为了从整体上把握舆情研究的现状、热点和趋势,以对今后的研究领域和途径提供借鉴和参考,我们对国内2008年至2017年的十年舆情研究成果进行计量可视化分析。以中国知网期刊数据库中十年间被核心期刊、CSSCI、SCI、EI和CSCD收录的舆情研究论文为样本,采用可视化分析工具CiteSpace绘制知识图谱,对论文年代、作者、机构、期刊、关键词等进行统计和可视化分析。分析显示出十年间国内舆情研究热度不断升温,舆情研究的力量不断壮大,舆情研究在舆情监测、舆情传播、舆情危机应对和引导等常规研究领域有所发展,同时在新媒体、大数据、电子政务等新的研究热点上也涌现了大量成果。

事理图谱主要用于描述泛化事件之间的因果、顺承等演化关系和概率分布,与网络舆情应对所关注的事件演化趋势非常契合,因而创新研究舆情事理图谱的构建和演化分析具有非常重要的现实意义。但事理图谱所支持描述的演化关系并没有时空概念,在应用到网络舆情研究领域时,需要解决如何应用图谱刻画和展示地域差别,如何应用图谱体现事件发布者的权威性和事件传播、演化的关键路径,如何应用图谱反映事件演化的速度、速率及先后关系,以及如何应用图谱计算事件传播中用户观点及其情感、倾向等问题。另外,引入知识图谱开展情报研究时要研究如何将之与其他现有分析方法相互配合使用。

创新研究网络舆情事理图谱构建及热点事件追踪技术,将在人工智能与社会人文科学交叉研究中取得突破。舆情事理图谱结合领域知识图谱,给多学科协同研究网络舆情知识图谱带来了机遇和挑战。一方面,这个研究将丰富复杂社会系统建模最核心的数据需求,逐步形成一种推动公共治理方式变革的驱动力量;另一方面,这个研究的模型推演与仿真结果又可以作为舆情知识图谱的知识输入,成为化解舆情危机生成与衍化的感知能力。因此,多学科协同开展本课题的创新研究,将形成相互补充、相互验证的有机整体成果,具有非常重要的理论价值和现实意义。

在本书的研究写作过程中,得到来自多方的帮助和支持。我们非常感谢国防科技图书出版基金评审委员会审定本书时,评审专家对书稿提出了很好的修改意见,给予资助是对我们极大的信任和支持;感谢国防大学政治学院为课题研究所提供的环境和条件;感谢本书参阅和引用的参考文献的作者们,是他们的成果给了我们许多启迪;感谢课题组所有的成员为申报和完成相关课题所作出的贡献。在本书的出版过程中,特别要感谢国防工业出版社和陈洁编审、王九贤编辑的大力帮助。我们的研究工作还在不断深入发展,本书可能存在缺点甚至错误,恳请各位专家及广大读者不吝批评、指正。

目 录

第1章 网络舆情和知识图谱的研究回顾 … 1
1.1 网络舆情管理的方法与实践 … 1
1.1.1 网络舆情分析的主要内容 … 1
1.1.2 网络舆情管理的方法与技术 … 4
1.2 自然语言处理的技术与实践 … 7
1.2.1 自然语言处理的技术概述 … 7
1.2.2 自然语言处理相关应用实践 … 11
1.3 知识图谱构建的技术与实践 … 14
1.3.1 知识图谱的方法与应用 … 14
1.3.2 知识图谱构建的技术 … 15
1.3.3 知识图谱资源的支撑 … 16
1.4 网络舆情知识图谱研究成果分析 … 18
1.4.1 文献计量与可视化方法 … 18
1.4.2 舆情研究论文计量分析 … 20
1.4.3 舆情研究热点和趋势分析 … 24
1.5 本书组织结构 … 29

第2章 基于知识图谱的网络舆情管理架构 … 31
2.1 基于知识图谱的网络舆情管理 … 31
2.1.1 网络舆情管理的概念 … 31
2.1.2 网络舆情管理创新方法 … 33
2.2 网络舆情管理架构的总体设计 … 35
2.3 网络舆情知识图谱的构建引擎 … 35
2.3.1 数据源选择 … 36
2.3.2 网络舆情知识图谱构建过程 … 37
2.3.3 知识图谱的更新 … 38

2.4 网络舆情知识图谱的存储引擎 ··· 38
  2.4.1 Neo4j 数据库简介 ··· 39
  2.4.2 Cypher 语句 ·· 40
  2.4.3 存储效率优化 ·· 40
2.5 基于知识图谱的网络舆情处理引擎 ····································· 40
2.6 本章小结 ·· 41

第 3 章 网络舆情领域的知识图谱构建方法 ································· 42

3.1 知识图谱构建的相关知识 ·· 42
  3.1.1 知识图谱构建技术 ·· 42
  3.1.2 知识图谱分类 ·· 48
  3.1.3 专题领域相关本体 ·· 50
  3.1.4 专题领域信息组织工具 ·· 51
3.2 使用本体构建知识图谱模式层 ··· 52
  3.2.1 明确本体范围 ·· 53
  3.2.2 复用领域知识 ·· 54
  3.2.3 本体详细设计 ·· 55
  3.2.4 本体评价和利用 ··· 61
  3.2.5 使用本体构建知识图谱模式层 ································· 61
3.3 百科类网站的知识融合框架及技术 ····································· 62
  3.3.1 知识融合框架 ·· 63
  3.3.2 分类对齐 ·· 63
  3.3.3 实例抽取 ·· 66
  3.3.4 实例对齐 ·· 69
  3.3.5 属性消歧 ·· 71
3.4 网络舆情知识图谱构建的实证研究 ····································· 72
  3.4.1 算法评价 ·· 72
  3.4.2 知识图谱举例 ·· 78
3.5 本章小结 ·· 83

第 4 章 基于知识图谱的网络舆情热点事件追踪技术 ······················ 84

4.1 基于知识图谱的舆情事件抽取框架 ····································· 84
  4.1.1 事件抽取框架 ·· 84
  4.1.2 内容采集 ·· 85

4.1.3　文本处理 …………………………………………… 87
　　4.1.4　事件发现 …………………………………………… 88
　　4.1.5　网络舆情事件抽取举例 …………………………… 93
4.2　基于知识图谱的舆情事件抽取模型 ……………………… 96
　　4.2.1　训练语料的构建 …………………………………… 96
　　4.2.2　主题句提取算法实现 ……………………………… 96
　　4.2.3　算法检验 …………………………………………… 98
4.3　基于知识图谱的舆情事件热度分析 ……………………… 100
　　4.3.1　网络舆情知识图谱的动态特征 …………………… 100
　　4.3.2　相关指标定义 ……………………………………… 100
4.4　知识图谱下舆情热点事件的发现 ………………………… 103
　　4.4.1　舆情事件发现算法 ………………………………… 103
　　4.4.2　热点对象发现算法 ………………………………… 104
4.5　网络舆情事件抽取与热点发现的应用研究 ……………… 105
　　4.5.1　数据集构建 ………………………………………… 105
　　4.5.2　模型参数设置 ……………………………………… 106
　　4.5.3　舆情事件热度分析 ………………………………… 106
　　4.5.4　舆情热点事件发现 ………………………………… 107
4.6　基于知识图谱的网络舆情管理实践 ……………………… 107
　　4.6.1　任务描述 …………………………………………… 108
　　4.6.2　系统实现与部署 …………………………………… 109
　　4.6.3　系统运行之一：话题舆情热度 …………………… 111
　　4.6.4　系统运行之二：用户活跃度分析 ………………… 112
　　4.6.5　系统运行之三：用户上网行为分析 ……………… 112
4.7　本章小结 …………………………………………………… 114

第5章　基于知识图谱的网络舆情用户行为评估技术 …………… 115

5.1　网络舆情的用户画像与行为 ……………………………… 115
　　5.1.1　用户画像的概念和界定 …………………………… 115
　　5.1.2　用户画像的构成要素和标签体系 ………………… 117
　　5.1.3　用户画像的构建模型和方法 ……………………… 119
　　5.1.4　用户画像与行为分析作用 ………………………… 124
5.2　用户画像的知识图谱分析 ………………………………… 124
　　5.2.1　研究概述 …………………………………………… 124

XI

  5.2.2 用户画像多维特征属性标签体系设计 ·················· 126
  5.2.3 知识图谱映射和标签扩展 ·························· 129
  5.2.4 用户画像知识图谱生成和展示 ······················ 133
 5.3 舆情内容的知识图谱分析 ································ 136
  5.3.1 研究概述 ······································ 136
  5.3.2 网络舆情内容主题图谱构建模型 ···················· 137
  5.3.3 实证研究 ······································ 141
 5.4 上网行为的知识图谱分析 ································ 144
  5.4.1 研究概述 ······································ 144
  5.4.2 用户上网行为本体构建 ···························· 145
  5.4.3 用户上网行为特征统计 ···························· 148
  5.4.4 用户上网行为可视化图谱分析 ······················ 149
 5.5 网络舆情行为分析的应用研究 ···························· 151
  5.5.1 网络舆情用户影响力评估 ·························· 151
  5.5.2 特定行为倾向用户群体感知和画像 ·················· 152
 5.6 本章小结 ·· 152

第6章 网络舆情知识图谱的研究发展············· 153

 6.1 事件知识图谱研究的兴起与进展 ·························· 153
  6.1.1 知识图谱研究现状和发展动态 ······················ 153
  6.1.2 事件知识图谱 ·································· 154
  6.1.3 舆情领域事理图谱的优势和缺陷 ···················· 157
 6.2 网络舆情的事理图谱构建 ································ 157
  6.2.1 舆情事理图谱的研究与应用 ························ 157
  6.2.2 舆情事理图谱构建研究中的关键问题 ················ 158
  6.2.3 舆情事理图谱构建的技术路径 ······················ 159
 6.3 基于舆情事理图谱的热点事件追踪 ························ 160
  6.3.1 舆情事理图谱应用研究的基本框架 ·················· 160
  6.3.2 基于舆情事理图谱研究框架的实施步骤 ·············· 162
  6.3.3 基于舆情事理图谱研究框架的研究实例 ·············· 163
 6.4 网络舆情的事理图谱应用效能与研究展望 ·················· 165
  6.4.1 网络舆情的事理图谱应用效能研究 ·················· 165
  6.4.2 网络舆情的事理图谱研究展望 ······················ 166
 6.5 本章小结 ·· 167

第 7 章　总结和展望 ·············· 169
7.1　本书内容总结 ·············· 169
7.2　知识图谱在情报分析研究中应用 ·············· 170
7.2.1　知识图谱在情报研究中的特点与问题 ·············· 170
7.2.2　知识图谱在情报研究中的应用策略 ·············· 172
7.2.3　知识图谱在专门情报研究中的应用 ·············· 174
7.3　网络舆情知识图谱在舆情情报搜集研判中的融合应用 ·············· 178
7.3.1　知识图谱在舆情情报搜集研判中的技术优势 ·············· 178
7.3.2　知识图谱在网络舆情数据管理中的融合应用 ·············· 180
7.3.3　知识图谱在网络舆情信息分析中的融合应用 ·············· 181
7.3.4　知识图谱在网络舆情知识服务中的融合应用 ·············· 183
7.4　多学科视域网络舆情知识图谱研究 ·············· 184
7.4.1　面向网络舆情的知识图谱应用 ·············· 184
7.4.2　基于知识图谱的网络舆情演化研究 ·············· 186
7.4.3　多学科协同研究网络舆情知识图谱的展望 ·············· 187

附录1　常用知识图谱绘制工具 ·············· 190

附录2　知识图谱常用构建方法 ·············· 194

附录3　语言技术平台(LTP)中采用的各种标注集 ·············· 198

附录4　关键源代码片段 ·············· 202

索引 ·············· 215

后记 ·············· 218

CONTENTS

Chapter 1　Review of research on network public opinion and knowledge graph ………………………………………………… 1

1.1　Methods and practice of network public opinion management ………… 1
　　1.1.1　Main contents of network public opinion analysis …………… 1
　　1.1.2　Methods and technologies of network public opinion management ……………………………………………………… 4
1.2　Technology and practice of natural language processing ……………… 7
　　1.2.1　Overview of natural language processing technology ………… 7
　　1.2.2　Application practice related to natural language processing … 11
1.3　Technology and practice of knowledge graph construction …………… 14
　　1.3.1　Method and application of knowledge graph ………………… 14
　　1.3.2　Technology of knowledge graph construction ………………… 15
　　1.3.3　Support of Knowledge Graph Resources ……………………… 16
1.4　Analyses of research results of network public opinion knowledge graph ……………………………………………………………………… 18
　　1.4.1　Literature measurement and visualization methods …………… 18
　　1.4.2　Quantitative analysis of public opinion research papers ……… 20
　　1.4.3　Hotspots and trend analysis of public opinion research ……… 24
1.5　Organization structure of the book ……………………………………… 29

Chapter 2　Network public opinion management architecture based on knowledge graph ……………………………………………… 31

2.1　Network public opinion management based on knowledge graph ……………………………………………………………………… 31
　　2.1.1　Concept of network public opinion management ……………… 31
　　2.1.2　Innovative methods of network public opinion management … 33

2.2	Overall design of network public opinion management architecture	35
2.3	Construction engine of network public opinion knowledge graph	35
	2.3.1 Data source selection	36
	2.3.2 Construction process of network public opinion knowledge graph	37
	2.3.3 Update of knowledge graph	38
2.4	Storage engine of network public opinion knowledge graph	38
	2.4.1 Introduction to neo4j database	39
	2.4.2 Cypher statement	40
	2.4.3 Storage efficiency optimization	40
2.5	Network public opinion processing engine based on knowledge graph	40
2.6	Summary of this chapter	41

Chapter 3 Construction method of knowledge graph in the field of network public opinion ... 42

3.1 Relevant knowledge of knowledge graph construction ... 42
    3.1.1 Knowledge graph construction technology ... 42
    3.1.2 Classification of knowledge graph ... 48
    3.1.3 Ontology related to special field ... 50
    3.1.4 Thematic area information organization tools ... 51
3.2 Using ontology to construct knowledge graph pattern layer ... 52
    3.2.1 Define the scope of the body ... 53
    3.2.2 Reuse domain knowledge ... 54
    3.2.3 Detailed design of body ... 55
    3.2.4 Ontology evaluation and utilization ... 61
    3.2.5 Constructing knowledge graph pattern layer using ontology ... 61
3.3 Knowledge fusion framework and technology of encyclopedia websites ... 62
    3.3.1 Knowledge fusion framework ... 63
    3.3.2 Classification alignment ... 63
    3.3.3 Instance extraction ... 66
    3.3.4 Instance alignment ... 69
    3.3.5 Attribute disambiguation ... 71

3.4 Empirical research on the construction of network public opinion knowledge graph ... 72
    3.4.1 Algorithm evaluation ... 72
    3.4.2 Examples of knowledge graph ... 78
3.5 Summary of this chapter ... 83

Chapter 4 Tracking technology of network public opinion hot events based on knowledge graph ... 84

4.1 Public opinion event extraction framework based on knowledge graph ... 84
    4.1.1 Event extraction framework ... 84
    4.1.2 Content collection ... 85
    4.1.3 Text processing ... 87
    4.1.4 Event discovery ... 88
    4.1.5 Examples of network public opinion event extraction ... 93
4.2 Public opinion event extraction model based on knowledge graph ... 96
    4.2.1 Construction of training corpus ... 96
    4.2.2 Implementation of topic sentence extraction algorithm ... 96
    4.2.3 Algorithm verification ... 98
4.3 Heat analysis of public opinion events based on knowledge graph ... 100
    4.3.1 Dynamic characteristics of network public opinion knowledge graph ... 100
    4.3.2 Definition of relevant indicators ... 100
4.4 Discovery of public opinion hot events under knowledge graph ... 103
    4.4.1 Public opinion event discovery algorithm ... 103
    4.4.2 Hotspot object discovery algorithm ... 104
4.5 Application Research of network public opinion event extraction and hotspot discovery ... 105
    4.5.1 Data set construction ... 105
    4.5.2 Model parameter setting ... 106
    4.5.3 Heat analysis of public opinion events ... 106
    4.5.4 Discovery of public opinion hot events ... 107
4.6 Network public opinion management practice based on knowledge graph ... 107
    4.6.1 Task description ... 108

  4.6.2 System implementation and deployment ········· 109
  4.6.3 System operation 1:topic public opinion heat ········ 111
  4.6.4 System operation 2:user activity analysis ········· 112
  4.6.5 System operation 3:analysis of users' online behavior ········ 112
 4.7 Summary of this chapter ········· 114

Chapter 5 Evaluation technology of network public opinion user behavior based on knowledge graph ········· 115

 5.1 User portrait and behavior of network public opinion ········· 115
  5.1.1 Concept and definition of user portrait ········· 115
  5.1.2 Constituent elements and label system of user portrait ······ 117
  5.1.3 Construction model and method of user portrait ········· 119
  5.1.4 User portrait and behavior analysis ········· 124
 5.2 Knowledge graph analysis of user portrait ········· 124
  5.2.1 Research overview ········· 124
  5.2.2 Design of multi-dimensional feature attribute label system for user portrait ········· 126
  5.2.3 Knowledge graph mapping and label extension ········· 129
  5.2.4 Generation and display of user portrait knowledge graph ····· 133
 5.3 Knowledge graph analysis of public opinion content ········· 136
  5.3.1 Research overview ········· 136
  5.3.2 Themegraph construction model of network public opinion content ········· 137
  5.3.3 Empirical research ········· 141
 5.4 Knowledge graph analysis of online behavior ········· 144
  5.4.1 Research overview ········· 144
  5.4.2 Ontology construction of users' online behavior ········· 145
  5.4.3 Statistics of users' online behavior characteristics ········· 148
  5.4.4 Analysis of users' online behavior visual Atlas ········· 149
 5.5 Application Research of network public opinion behavior analysis ··· 151
  5.5.1 Evaluation of user influence of network public opinion ······ 151
  5.5.2 User group perception and portrait of specific behavior tendency ········· 152
 5.6 Summary of this chapter ········· 152

Chapter 6　Research and development of network public opinion knowledge graph ······ 153

6.1　Rise and progress of event knowledge graph research ············ 153
　　6.1.1　Research status and development trends of knowledge graph ··· 153
　　6.1.2　Event knowledge graph ·························· 154
　　6.1.3　Advantages and disadvantages of the truth graph in the field of public opinion ································ 157
6.2　Construction of the rational graph of network public opinion ········ 157
　　6.2.1　Research and application of public opinion graph ·········· 157
　　6.2.2　Key issues in the research on the construction of public opinion reasoning graph ································ 158
　　6.2.3　Technical path for the construction of public opinion reasoning graph ·································· 159
6.3　Hot event tracking based on public opinion and truth graph ········ 160
　　6.3.1　Basic framework of application research of public opinion and reason graph ································ 160
　　6.3.2　Implementation steps on the research framework of public opinion reasoning graph ································ 162
　　6.3.3　Research examples based on the research framework of public opinion reasoning graph ······························ 163
6.4　Application efficiency and research prospect of the truth graph of network public opinion ································ 165
　　6.4.1　Research on the application efficiency of the truth graph of network public opinion ································ 165
　　6.4.2　Prospect of research on the rational graph of network public opinion ·· 166
6.5　Summary of this chapter ····························· 167

Chapter 7　Summary and prospect ····························· 169

7.1　Summary of the book ································ 169
7.2　Application of knowledge graph in information analysis and research ·· 170

  7.2.1 Characteristics and problems of knowledge atlas in Information Research ……………………………………… 170
  7.2.2 Application strategy of knowledge atlas in Information Research ……………………………………………………… 172
  7.2.3 Application of knowledge atlas in special information research …………………………………………………………… 174
 7.3 Integrated application of network public opinion knowledge graph in public opinion information collection, research and judgment …… 178
  7.3.1 Technical advantages of knowledge graph in public opinion information collection, research and judgment …………… 178
  7.3.2 Fusion application of knowledge graph in network public opinion data management ………………………………… 180
  7.3.3 Fusion application of knowledge graph in network public opinion information analysis ……………………………… 181
  7.3.4 Fusion application of knowledge graph in network public opinion knowledge service ……………………………… 183
 7.4 Research on knowledge graph of network public opinion from multi-disciplinary perspective ……………………………………… 184
  7.4.1 Application of knowledge graph for network public opinion … 184
  7.4.2 Research on the evolution of network public opinion based on knowledge graph ……………………………………………… 186
  7.4.3 Prospect of multidisciplinary collaborative research on network public opinion knowledge graph ………………………… 187

Appendix 1 Common knowledge mapping tools ……………………… 190

Appendix 2 Common construction methods of knowledge graph …… 194

Appendix 3 Various annotation sets used in the language technology platform (LTP) ……………………………………………… 198

Appendix 4 The key source code ………………………………………… 202

Index ……………………………………………………………………………… 215

Postscript ………………………………………………………………………… 218

第1章　网络舆情和知识图谱的研究回顾

在人工智能和大数据背景下,我们进入了一种新的"网络舆情+"和"知识图谱+"时代。知识图谱是人工智能发展的核心驱动力之一,而网络舆情管理则需要高效的知识组织技术和先进的智能处理技术,网络舆情管理与知识图谱分析的结合成为必然。

1.1　网络舆情管理的方法与实践

1.1.1　网络舆情分析的主要内容

1. 网络舆情分析基础理论

网络舆情是网民情绪、意见、行为倾向的综合体现,按照其信息构成和内容可以分为多种类型[①]。网络舆情产生和传播也存在不同的表现形态,比如电子政务、新闻网站、搜索引擎、社交网络等,当前最为典型的就是百度、网易、新浪微博和腾讯微信等,涉及商品情报的还包括淘宝、京东、亚马逊等电子商务网站。

网络舆情分析基础理论就是要在传统舆情分析理论的基础上不断扩展和深化,既要从宏观上分析和预测用户群体性行为,也要从微观上洞察用户个体行为的动机和倾向[②]。一般的,网络舆情分析基本流程包括舆情需求分析、舆情数据采集、话题识别、情感和统计分析、热点发现,以及基于用户的评价准则进行预测,并为需求方提供舆情服务[③]。宏观上讲,网络舆情分析包括整个环节和流程,但一般只把数据采集之后、舆情服务之前的环节作为网络舆情分析的主要内容,其中涉及的关键技术主要包括话题识别与跟踪、倾向性分析、话题传播分析等。

话题识别与跟踪的研究始于1996年,由美国国防高级研究计划局(DARPA)、

[①] 尚明生,陈端兵,高辉. 舆情信息分析与处理技术[M]. 北京:科学出版社,2015:1-10.
[②] 张思龙,王兰成. 知识和数据双轮驱动的网络舆情分析技术研究[J]. 现代情报,2018,38(4):106-111.
[③] 郝晓玲. 网络舆情研判技术的研究进展[J]. 情报科学,2012,30(12):1901-1906.

卡内基·梅隆大学等研究机构的众多学者共同定义[①]。话题识别与跟踪的主要任务是对相关话题的报道文本进行聚类,对特定话题进行跟踪报道,并以某种形式呈现给用户。常用的话题识别与跟踪方法主要是基于聚类和分类的方法。其中分类方法主要用于现有话题跟踪的场景,聚类则是用于识别新话题,包括层次聚类和增量聚类。层次聚类适合非实时的离线数据处理,增量聚类则能够进行在线话题识别,应用广泛。常用的增量聚类算法有单遍聚类算法、K – means 聚类算法。

倾向性分析是通过用户发表的内容对用户要表达的情绪进行判断,识别出用户对某一问题或观点是乐观还是悲观、赞同还是反对等。相关概念最早由人工智能创始人之一的 Minsky 教授提出,主要应用在电子商务领域,在政治选举等舆情领域也有比较多的研究。情感分析随着机器学习相关技术的发展,取得了一些成绩,朱晓旭[②]提出两层架构的基于知识库和检索引擎的人物分类方法,基于知识库和机器学习中的文本分类方法,从而对人物开展评价,并进行情感分析;房磊[③]结合语法知识,引入少量"评价词" – "评价对象"的搭配和大量的评论数据,对情感分析的各个任务进行改进,实现功能模型简单有效,稳健性好。

话题传播分析研究话题在用户之间传播的途径和规律,一般基于传染病模型。也有学者借助社会网络分析的方法,即通过构建舆情社会网络对用户关系、用户行为模式进行研究,进而对话题传播趋势进行预判。Zhou W[④] 等在原有的社团发现技术基础上,结合用户关联关系和用户参与的话题,挖掘社会网络结构和话题分布的关系,该方法实现了对微博兴趣社团的挖掘。Liu L 等[⑤]将对话题信息和用户关联关系属性进行综合,提出了一种生成模型,用于挖掘用户在话题层面的直接影响力,最终用于预测用户行为和话题传播趋势。

2. 知识技术及其在网络舆情分析中的应用

舆情信息组织一直是舆情分析领域的研究热点之一。知识库是知识组织和管理的基础,结合网络舆情的特点,引入知识组织与管理的理论和方法,可构建专门的舆情知识库。从舆情决策基本知识需求出发,从发现知识到更新知识,不

---

① Allan J,Carbonell J,et al. Topic detection and tracking pilot study:Final report[C]//The Proceeding of the DARPA Broadcast News Transcription and Understanding Workshop,1998.
② 朱晓旭. 人物评价文本情感分析研究[D]. 苏州:苏州大学,2016.
③ 房磊. 融合知识的情感分析研究[D]. 北京:清华大学,2015.
④ Zhou W,Jin H,Liu Y. Community discovery and profiling with social messages[C]. In Proceedings of the ACM SIGKDD International Conference on Knowledge Discovery and Data Mining,2012:388 – 396.
⑤ Liu L,Tang J,Han J. et al. Mining topic – level influence in heterogeneous networks[C]. In International Conference on Information and Knowledge Management,Proceedings,2010:199 – 208.

断扩充知识库规模,完善舆情知识内容,从根本上把握网络舆情的动因和趋向,对科学有效地进行网络舆情管控和引导工作具有重要的理论价值和现实意义。

在网络舆情内容分析系统框架中融入知识技术,将知识组织和管理相关研究成果与舆情分析的关键流程和技术进行充分融合,建立基于知识技术的网络舆情内容分析框架,可以提高网络舆情内容分析的准确度。谢明亮[①]对知识管理相关技术在舆情管理中的应用进行论证,提出舆情机构库的定义,从特点、构建策略和专业人员建设三方面进行舆情机构库研究。郭韧等[②]通过空间向量模型构造网络舆情的知识需求,挖掘舆情知识供需关系,整合舆情源中的知识片段,结合词频变化的方法抽取与主题相关的核心概念。毛秀梅等[③]在构建知识组织–知识供应的两阶段知识服务流程模型的基础上,研究了面向政府的网络舆情知识服务能力需求,提出了基于网格体系结构(OGSA)的网络舆情知识服务平台架构。

3. 大数据技术及其在网络舆情分析中的应用

大数据通常是指常规软硬件平台无法及时感知、处理的数据集,它具有数据量大、增长快、来源广泛等特征。针对大数据的特征,网络舆情分析首要解决人工无法应付的海量网络数据的采集、存储和处理问题。数据采集应当突出高效性和全面性,对于特定需求数据需要进行定向采集,散布的零星信息和碎片化知识需要进行全面收集、整理,海量历史数据需要整理再利用。同时,网络舆情数据往往存在用途不同、来源多样、格式各异等特点,还需要研究多源融合理论和方法,尤其在大数据环境下,在数据融合的基础上,需要逐步构建信息融合、知识融合的研究体系[④]。大数据处理技术体系方面,基于Hadoop的分布式存储和大规模并行处理技术成为当下热门的解决方案[⑤]。另外,近几年大数据知识工程的研究也初见端倪,大数据知识工程是从国内兴起、引领大数据分析走向大知识研究和应用的一个国际前沿研究方向,与传统知识工程相比,大数据知识工程除权威知识源以外,其知识主要来源于用户生成内容,知识库具有动态更新和自我

---

① 谢明亮. 基于知识管理的舆情机构库研究[J]. 江苏第二师范学院学报,2016(3):110–114,124.

② 郭韧,陈福集. 政府面向网络舆情的知识源整合研究[J]. 情报科学,2016,34(8):133–137,142.

③ 毛秀梅,杨晔. 面向政府的网络舆情知识服务体系构建研究[J]. 情报科学,2016,34(9):124–128.

④ 祝振媛,李广建."数据–信息–知识"整体视角下的知识融合初探——数据融合、信息融合、知识融合的关联与比较[J]. 情报理论与实践,2017,40(2):12–18.

⑤ 杨爱东,刘东苏. 基于Hadoop的微博舆情监控系统模型研究[J]. 现代图书情报技术,2016(5):56–63.

完善能力①。

4. 大数据环境下的舆情知识供给问题

当前网络舆情数据已经成为大数据的重要来源,可以说网络舆情分析已经离不开大数据处理技术了,网络舆情也进入了大数据时代,事实上大数据分析已经成为当前舆情领域热点研究之一。相关研究结果表明,通过大数据技术的应用,网络舆情分析可以达到微观层次,使得即时性、细节化的用户情绪和倾向判断成为可能,大数据改变了传统舆情注重内容而忽略关系的情况,依托大数据社会网络分析,可以将舆情与情报源进行关联分析,以生产更高价值的信息②。然而从舆情分析的重要目的、舆情决策的角度讲,当前舆情分析的现状还存在不足,在舆情案例研究、政策法规和领域知识等方面出现了供需不匹配的问题,也就是舆情知识供给的问题。当前国内一批研究机构都在致力于大数据和知识工程的研究,就是要拓展大数据到大知识,将大数据中离散的多元信息、碎片化知识统一建模,用以构建新型大数据知识服务体系,所以解决大数据环境下的舆情知识供给问题还要从大数据知识服务相关理论和技术方面着手。

1.1.2 网络舆情管理的方法与技术

1. 网络舆情信息组织的研究

网络舆情信息组织方法是舆情管理的基础工作,传统网络舆情信息组织模式已不能满足用户对信息关联的需求。从知识服务角度研究网络舆情信息组织是近几年国内学术界出现的新热点,但在国外学术界中没有检索到相关研究。一些学者通过使用空间向量模型来表示网络舆情的需求,通过应用多维主成分分析方法重新整合知识源中的知识片段,通过语义链网络模型理论研究网络资源重构、语义互联及资源自动聚合等。徐震等③将本体技术与舆情分析相结合构建了基于知识技术的内容分析框架等,提高了研究分析的准确度。周敬等④在对政府网络舆情知识体系进行系统分析过程中引入系统科学和超网络的理论和方法,构建了基于知识超网络的知识表示模型,并围绕该模型讨论了知识管理的相关应用。

根据对特定领域依赖度由低到高,本体可分为顶级、领域、任务和应用本体

---

① 吴信东. 从大数据到大知识:HACE + BigKE(报告)[J]. 计算机科学,2016,43(7):3 - 6.
② 徐敏. 大数据环境下情报学在网络舆情研究中的作用[J]. 图书情报研究,2016,(2):12 - 18.
③ 王静婷,徐震. 一种基于知识技术的网络舆情内容分析系统框架[J]. 图书情报导刊,2016,1(2):139 - 143.
④ 周敬,陈福集. 面向网络舆情的政府知识模型及知识管理应用研究[J]. 情报科学,2016,34(10):82 - 87.

等4类[①]。顶级本体为异构系统共享知识和互操作提供便利,领域本体表达某学科领域的相关知识,任务本体面向解决特定问题描述某种类型任务中的概念及关系,应用本体使用某领域的概念解决该领域的具体问题。利用规范的语言表达本体可以更为清晰和准确,更便于共享。根据本体构建顺序可分为自顶向下、自底向上和两者结合3种,自顶向下方式依据领域权威知识构建一个框架后不断添加新概念及概念之间的关系,自底向上方式则从领域词汇出发通过计算建立相关关系以逐渐建成较大规模的本体。总之,研究者在网络舆情知识组织方面的研究大多还是基于传统的范式,所提出的策略也多为传统方式的改进完善,虽然取得一定效果,但对现实的指导意义不强。如传统的本体构建方法需要大量人工尤其是领域专家的参与,而自动化构建方法的相关技术还远远没有成熟。

2. 网络舆情事件抽取的研究

在网络舆情采集过程中,通常将事件作为基本单位对文本中的信息进行抽取、描述和推理。现有的事件建模大多建立在5W模型基础上,描述事件的各要素不包含语义关联信息,同时也没有建立相互之间的关系,这降低了事件推理能力。刘炜[②]提出了一个六元组(依次表示动作、对象、时间、地点、状态和语言)的事件形式化表示模型,并严格区分事件的类和个体。事件抽取是从文本中提取特定类型的事件并以规范化的形式呈现给用户,目前重点关注元事件的抽取,主要研究方法有模式匹配和机器学习两大类。吴平博等[③]通过人工指定表示句型的模板来定义匹配模式,从语料中获取事件要素填补句型模板中的特定位置;姜吉发[④]给出了一个可使用于任何领域的事件抽取模式学习算法GenPAM;Chieu等[⑤]将最大熵模型用于元事件任务中,在特定领域任务中获得了验证;Llorens等[⑥]使用条件随机场对文本标注语义角色来完成该任务,在Time ML的事件抽

---

① Guarino N. Semantic matching: Formal ontological distinctions for information organization, extraction, and integration[J]//Pazienza M T. Information extraction: A multidisciplinary approach to an emerging information technology[C]. Springer Verlag, 2005:139-170.

② 刘炜,丁宁,张雨嘉,等. 一种基于描述逻辑和要素投影的事件本体形式化方法[J]. 南京大学学报(自然科学),2015,51(4):796-809.

③ 吴平博,陈群秀,马亮. 基于事件框架的事件相关文档的智能检索研究[J]. 中文信息学报,2003,17(6):25-30.

④ 姜吉发. 自由文本的信息抽取模式获取的研究[D]. 北京:中国科学院,2004:55-56.

⑤ Chieu H L, Ngh T. A maximum entropy approach to information extraction from semi-structured and free text[C]//Proceedings of the 18th National Conference on Artificial Intelligence. USA: American Association for Artificial Intelligence, 2002:786-791.

⑥ Llorens H, Saquete E, et al. Time ML events recognition and classification learning CRF models with semantic roles[C]//Proceedings of the 23rd International Conference on Computational, 2010.

取任务中改善了算法的性能；Naughton 等①为避免训练语料中反例过多和数据稀疏，将基于触发词的方法改为基于事件实例的方法。徐红磊②构造二元分类器获得事件的候选句，后续事件分类则使用多元分类模型来完成。可见，为解决特定领域标注语料少的问题，研究者一方面开始关注半监督以及无监督的机器学习方法，另一方面开始研究如何构造更好的特征来规避正反例失衡和数据稀疏所带来的问题。

3. 网络舆情话题检测的研究

话题检测方法一般是先对文本数据集进行聚类，然后使用得到的每个簇来表示具体的话题。对于在线数据流，研究者们提出了许多改进方法③。Pervin 等④在实时短文本流中寻找频率较高的词组，然后使用启发式关联算法将词组关联为簇，用以表示检测到的话题；Petrovic 等⑤使用 LSH 算法发现 Twitter 中的首事件，在保证准确度的前提下大大提升了处理速度；Zhang 等⑥结合突发话题固有特征，对微博实时信息流中的关键词赋权，超过阈值的词便被确定为突发话题关键词；Xie 等⑦记录实时数据流时序统计信息的变化率，通过转化为最优化问题来发现突发话题；Zhao 等⑧关注数据流中抽取的突发词，通过突发词之间的非对称相似度值作为边的权重构建图，之后把该图划分为强连通子图来表示突发话题；Hong 等⑨建立了针对 Twitter 的实时过滤系统，通过动态更新语料库解

---

① Naughton M, et al. Event ex–traction from heterogeneous news sources[C]//Proceedings of AAAI Workshop on Event Extraction and Synthesis. Boston, US: American Association for Artificial Intelligence, 2006: 7–13.

② 徐红磊. 自动识别事件类别的中文事件抽取技术研究[J]. 心智与计算, 2010, 4(1): 34–44.

③ 张小明, 李舟军, 巢文涵. 基于增量型聚类的自动话题检测研究[J]. 软件学报, 2012, 23(6): 1578–1587.

④ Pervin N, Fang F, Datta A, et al. Fast, scalable, and context–sensitive detection of trending topics in microblog post streams[J]. ACM Transactions on Management Information Systems(TMIS), 2013, 3(4): Article No. 19.

⑤ Petrovic S, Osborne M, Lavrenko V. Streaming first story detection with application to twitter[DB/OL]. [2015–09–06]. http://dl.acm.org/ci–tation.cfm? id =185802.

⑥ Zhang Z, Xu M, Zheng N. Mining burst topical keywords from microblog stream[DB/OL]. [2015–12–06]. http://ieeexplore.ieee.org/xpl/articleDetails.jsp? arnumber =6526261. DOI: 10.1109/iccsnt.2012.6526261.

⑦ Xie W, Zhu F, Jiang J, et al. Topic sketch: Real–time burst topic detection from twitter[C]//Data Mining(ICDM), 2013 IEEE 13th International Conference on. IEEE, 2013: 837–846.

⑧ Zhao L, Li Y, Liu X, et al. A graph–based burst topic detection approach in user–generated texts[C]//Web Information System and Application Conference(WISA), 2014 11th. Piscataway: IEEE, 2014.

⑨ Hong Y, Fei Y, Yang J. Exploiting topic tracking in real–time tweet streams[C]//Proceedings of the 2013 International Workshop on Mining Unstructured Big Data Using Natural Language Processing. NewYork: ACM, 2013: 31–38. DOI: 10.1145/2513549.2513555.

决冷启动问题,实现了在 Twitter 流中的事件追踪。可见,传统话题的检测研究主要使用在静态文本上,随着社交媒体尤其是自媒体的迅猛发展,信息更迭的速度越来越快,人们更倾向于在线话题检测最新发生的热点事件或热议话题。

1.2 自然语言处理的技术与实践

1.2.1 自然语言处理的技术概述

1. 自然语言处理的基本概念

自然语言处理(Natural Language Processing,NLP)技术在网络舆情研究中有广泛的应用,甚至有更深入、更广泛的应用前景。"自然语言"是人类发展过程中形成的一种信息交流的方式,有口语及书面语等,反映了人类的思维,存在形式包括汉语、英语、法语等。"处理"一词包含了理解、转化、生成等过程。自然语言处理,就是计算机接受用户自然语言形式的输入,并在内部通过人类所定义的算法进行加工、计算等系列操作,以模拟人类对自然语言的理解,并返回用户所期望的结果。正如机械解放人类的双手一样,自然语言处理的目的在于用计算机代替人工来处理大规模的自然语言信息。自然语言处理是人工智能、计算机科学、信息工程的交叉领域,涉及统计学、语言学等多学科知识。由于语言是人类思维的证明,故自然语言处理是人工智能的最高境界,被誉为"人工智能皇冠上的明珠"。

自然语言处理机制涉及自然语言理解和自然语言生成两个流程。自然语言理解侧重于如何理解文本,包括文本分类、命名实体识别、指代消歧、句法分析、机器阅读理解等;自然语言生成侧重于理解文本后如何生成自然文本,包括自动摘要、机器翻译、问答系统、对话机器人等。从涉及的技术来看,两者实际并没有明显的界限,比如"问答系统",实际上也要依赖于自然语言理解的结果来生成答案。

在人工智能领域,学者们普遍认为采用"图灵试验"可以判断计算机是否理解了某种自然语言(或称其具有了一定的人类智能),具体判别标准包括:①是否正确回答输入文本中的问题;②是否能够自动输出文本的摘要;③是否能用不同词语或句型复述输入的文本;④是否具有翻译能力。

2. 自然语言处理的发展历程

自然语言处理的发展是由计算机科学、语言学、认知科学等多科学共同促进的。一般认为自然语言处理思想,开端于1950年图灵提出的"图灵试验",当时研究人员普遍认为自然语言处理过程与人类语言学习认知过程是类似的,基于这个观点,到20世纪70年代之前自然语言处理主要采用基于语言规则的方法。

随着互联网发展,积累了丰富的语料库,计算能力也不断提升,自然语言处理由基于规则的方法向基于统计的方法转变。典型地,贾里尼克及其领导的IBM华生实验室,采用统计的方法将当时的语音识别率从70%提升到90%,对后续的语音和语言处理研究有着深远意义,自然语言处理基于数学模型和统计的方法取得了实质性进展,逐步从实验室走向实际应用。

2008年以来,随着机器学习以及深度学习的技术推进,自然语言处理也进入深度学习阶段。词向量模型word2vec[①]将深度学习和自然语言处理的结合进一步推进,并在机器翻译、问答系统、阅读理解等领域取得一定成功;之后ELMo模型[②]采用双向的长短期记忆网络(LSTM)进行预训练,将词向量由静态转化为动态,使其可以结合上下文来赋予词义;生成式预训练模型(GPT)首次提出了无监督的预训练和有监督的微调,使得训练好的模型能够更好地适应下游任务[③];预训练模型(BERT)[④]被提出,相对GPT对语境的理解更加深刻,在各项自然语言处理任务中取得了当时的最好成绩。自此,自然语言处理进入了预训练技术的新时代,为后续自然语言处理领域的发展提供了更多可能性。

3. 自然语言处理的基础技术

自然语言处理技术研究领域十分广泛,根据中国中文信息学会发布的《中文信息处理发展报告》(2016),自然语言处理基础技术包括了词法与句法分析、语义分析、篇章分析、语言模型、语言知识表示与深度学习、知识图谱等。

1)词法与句法分析

词法分析就是利用计算机对自然语言的形态进行分析,判断词的结构和类别等。词是自然语言中能够独立运用的最小单位,是自然语言处理的基本单位。词法分析的主要任务包括分词、词性标注等。分词是指把一串连续的字符切分成一个一个的词,这对中文信息处理尤为重要。词性标注是指判断每个词的语法范畴,并确定其词性,以便于后续的句法分析的实现。词法分析一般有基于规则和基于统计的方法。

句法分析的任务是判断句子的句法结构和组成句子的各个成分,明确其句

---

① Mikolov T,Chen K,Corrado G,et al. Efficient estimation of word representations in vector space [J]. arXiv:1301.3781,2013.

② Peters M E, Neumann M, Iyyer M, et al. Deep contextualized word representations [J]. arXiv:1802.05365,2018.

③ Radford A,Narasimhan K,Salimans T,et al. Improving language understanding by generative pretraining [EB/OL]. [2021-1-30]. https://www.cs.ubc.ca/~amuham01/LING530/papers/radford2018improving.pdf.

④ Devlin J,Chang M W,Lee K,et al. BERT:pre-training of deep bidirectional transformers for language under-standing[J]. arXiv:1810.04805,2018.

法关系。主要方法包括完全句法分析、浅层句法分析和依存句法分析等。完全句法分析是通过一系列的句法分析过程最终得到一个句子的完整句法树,浅层句法分析则只要求识别句子中某些结构相对简单的独立成分或语块,依存句法分析则主要识别词与词之间的依存关系。相关方法一般包括基于规则的方法、基于统计的方法以及基于机器学习的方法。

2) 语义分析

语义分析是指根据句子的句法结构和句子中每个实词的词义推导出能够反映句子意义的某种形式化表示,将自然语言转化为形式化描述,以供计算机自动化处理。语义分析可以分为词汇级语义分析以及句子级语义分析。词汇级语义分析主要包括词义消歧和语义相似度计算等任务。词义消歧主要针对一词多义现象,其重点是解决多义词在具体语境中的义项问题,是自然语言处理中的基本问题之一,在机器翻译、文本分类、信息检索、语音识别、语义网络构建等方面都具有重要意义。而语义相似度计算在信息检索、信息抽取、词义排歧、机器翻译、句法分析等处理中有很重要的作用。句子级语义分析的重要任务是语义角色标注。语义角色标注需要依赖句法分析的结果进行。因此,语义分析一般与词法、句法分析等自然语言处理任务同步进行,也有先通过句法分析然后再语义分析的研究。当前,语义分析技术并不很成熟,运用基于特征的方法和基于统计的方法获取语义信息的研究颇受关注。

3) 篇章分析

篇章分析是基于词法、句法以及语义等研究,将研究扩展到句子界限之外,对段落和整篇文章进行理解和分析。篇章语义分析的研究主要建立在词汇级、句子级语义分析之上,融合篇章上下文的全局信息,分析跨句的词汇之间、句子与句子之间、段落与段落之间的语义关联,从而超越词汇和句子分析,达到对篇章等级更深层次的理解。篇章分析一般有以篇章结构为核心、以词汇为核心、以背景知识为核心的研究方向,对应不同的研究方法。其中以篇章结构为核心的篇章分析,其结果可以表示为篇章树,与句法分析类似,但篇章分析的叶子节点不是单词,而是基本篇章单位。在篇章分析树中,每个中间节点代表了一个篇章关系,而其子节点代表该篇章关系的论元。

4) 语言模型

早期的自然语言处理系统主要是基于人工撰写的规则,这种方法费时费力,且不能覆盖各种语言现象。20世纪80年代后期,机器学习算法被引入到自然语言处理中,相关研究主要集中在统计模型上,这种方法采用大规模的训练语料对模型的参数进行自动学习,和基于规则的方法相比,这种方法更具稳健性。其中常用的包括统计语言模型和神经网络语言模型等。统计语言模型较早被提出,其实质是用来计算句子概率的模型,利用统计语言模型,可以确定哪个词序列的可能性更大,或者给定若干个词,可以预测下一个最可能出现的词语,统计语言模型被提出后广泛应用于各种自然语言处理问题,如分词、词性标注、语音识别、机器翻译等。自然语言处理引入深度学习方法后,神经网络语言模型也被提出,通过构建神经网络的方式来探索和建模自然语言内在的依赖关系也成为当前较为前沿的研究领域。

5)语言知识表示与深度学习

知识表示是对知识的一种描述,或者说是对知识的一组约定,一种计算机可以接受的用于描述知识的数据结构。早期知识表示主要有谓词逻辑、产生式系统、语义框架、语义网络等方式。语义网络是一种表达能力强而且灵活的知识表示方法,于20世纪70年代初由西蒙提出,从而成为自然语言处理语言知识表示的一个重要概念。语义网络利用节点和带标记的边结构的有向图描述事件、概念、状况、动作及客体之间的关系。语义网络是一个有向图,其顶点表示概念,而边则表示这些概念间的语义关系,从而形成一个由节点和弧组成的语义网络描述图。相关研究基础上,1998年语义网(又称语义万维网)的概念被提出,其核心通过给万维网上的文档添加能够被计算机所理解的语义元数据,从而使整个互联网成为一个通用的信息交换媒介。万维网联盟(W3C)为此提出了推荐的语义网标准栈,并规定了资源描述框架(Resource Description Framework,RDF)的标准数据格式等规范。之后又于2002年7月31日发布了OWL Web本体语言(OWL Web Ontology Language,OWL)及其更新版本,其目的是更好地开发语义网。

人工智能领域,深度学习等被广泛应用在知识表示、知识获取、知识融合、知识建模、知识计算等知识处理任务中。近几年,随着深度机器学习算法效率和计算性能的发展,自然语言处理在BERT预训练模型等深度学习之上,不断融入现有知识,提高了自然语言处理实体识别、关系抽取以及知识推理等任务上的性能。同时自然语言处理知识建模、知识计算、自动构建、链接预测、推理可解释性等问题的解决都依赖于深度学习相关算法模型的进一步发展。

6)知识图谱

知识图谱(Knowledge Graph)由谷歌公司于2012年提出,用于搜索引擎的功能强化。目前知识图谱在各个领域得到了非常成功的应用。一个典型应用就是知识问答系统,例如:Mai等[①]基于知识图谱提出了空间知识的嵌入学习模

---

① Mai G C, Yan B, Janowicz K, et al. Relaxing unanswerable geographic questions using a spatially explicit knowledge graph embedding model[C]//In Proceedings of the 22nd AGILE Conference on Geographic Information Science. Cham:Springer,2020:21-39.

型 TransGeo,利用边缘加权 PageRank 和抽样策略优化地理问题的知识问答系统;Kim[①]基于娱乐本体构建娱乐知识地图等。知识图谱构建和推理学习是知识图谱应用的基础。自然语言处理是知识图谱自动化构建以及知识融合和挖掘基础的支撑,同时自然语言处理的各个任务也离不开基础语料库和知识库的建设。知识图谱构建已由早期的专家手工和依靠群体智能建设,发展到利用自然语言处理技术自动化构建的时代。后续章节对知识图谱有更为详细的介绍。

1.2.2 自然语言处理相关应用实践

1. 自然语言处理的应用领域

自然语言是人类社会信息的载体,这使得自然语言处理不只是计算机科学的专属学科,在其他领域,同样存在着海量的研究文本,自然语言处理因此也得到了广泛应用:

(1)在社会科学领域,自然语言处理涉及关系网络挖掘、社交媒体计算、人文计算等相关研究,国内如清华大学的自然语言处理与社会人文计算实验室、哈尔滨工业大学的社会计算与信息检索研究中心等一系列著名实验室和研究机构均冠有自然语言处理和社会计算的关键词。

(2)在金融领域,针对数百家的上市公司复杂的月度、季度、年度的财务报表分析任务,加上瞬息万变的金融新闻,金融界的文本数量是海量的,自然语言处理也有广泛应用,尤其是金融知识图谱的构建提高了金融信息处理的智能化水平。

(3)在法律领域,中国裁判文书网等网站积累了千万级公开的裁判文书,还有丰富的流程数据、文献数据、法律条文等,且文本相对规范,该领域已经有不少自然语言处理产品应用。

(4)在医疗健康领域,除了影像信息,还有大量的体检数据、临床数据、诊断报告等,也需要自然语言处理的智能化应用。

(5)在教育领域,智能阅卷、机器阅读理解等都运用了自然语言处理技术,国内这方面目前领先者有科大讯飞和猿辅导等高新技术公司。

另外,作为自然语言处理相关技术,知识图谱发展到现在,其应用领域已经远远超出 Google 最初提出知识图谱时的目的,当时主要是为了提高用户体验,但现在已经在智能搜索、深度问答、情报分析等多个领域得到广泛应用。

---

① Kim H. Building a K-Pop knowledge graph using an entertainment ontology[J]. Knowledge Management Research & Practice,2017,15(2):305-315.

2. 自然语言处理的典型系统平台

国内外学术界和产业界十分重视自然语言处理技术的研究和应用,涌现出很多自然语言处理系统平台,典型的包括:

1) Google Dialogflow 自然语言处理平台

DialogFlow 是 Google 提供的自然语言处理服务平台,其前身为 Api.ai,通过谷歌的深度学习技术以及谷歌云的支持,平台已构建可实现对文本语义理解、文字转化,以及文字处理等多项功能模块。目前,Dialogflow 自然语言处理平台可适用于针对网站、移动应用、热门消息传递平台和物联网设备创建对话界面的聊天机器人以及语音交互功能的开发。近几年,DialogFlow 已成为多个行业机构构建自有聊天机器人、对话个人助理等系统的自然语言处理服务供应商。

2) Amazon Alexa 自然语言处理平台

Alexa 是亚马逊为了支持其智能音箱硬件推出的开放性自然语言处理平台,Alexa 框架分为三部分:Alexa 平台框架是亚马逊的语音服务框架,是整个 Alexa 最核心的部分;Alexa Skill Kit 作为亚马逊提供给语音服务应用开发者的工具包,能够吸引个体开发者对 Alexa 的功能模块进行补充;Alexa Voice Service 需要集成在物联网终端设备中,是亚马逊提供给终端设备的服务。Alexa 通过自动会话识别和自然语言理解引擎,可以对语音请求及时识别和回应,目前,Alexa 已经与多家通信、电子消费产品厂商达成合作,将使用其自然语言处理平台进行相关产品开发。

3) Conversable 自然语言处理平台

Conversable 目前隶属于人工智能会话商务平台 LivePerson 机构,是针对与企业与客户间沟通的软件即服务自然语言处理平台。该平台可通过融合语义理解、文本挖掘、机器翻译以及文本生成等技术,实现多平台多维度的企业与客户对接。目前,该平台不仅可以帮助企业在不同场景下构建符合其需求的聊天机器人,还可实现评论监控、客户监控、市场监控等相关功能。

4) 搜狗知音自然语言处理平台

凭借着搜狗互联网公司文字信息获取的天然优势以及多年来的数据和技术积累,搜狗从 2012 年开始布局自然语言处理领域,并于 2016 年推出搜狗知音自然语言处理平台。搜狗知音自然语言处理平台主要聚焦于提供模块化的产品服务以及解决方案。目前,该平台以囊括语音识别、语音合成、语音分析、机器翻译等通用模块,以便让平台用户进行自由组合,从而构建符合其行业以及业务场景的客制化解决方案。

5）讯飞开放自然语言处理平台

2010年科大讯飞率先对外发布讯飞开放自然语言处理平台,利用本身的技术及数据优势,搭建讯飞开放自然语言处理平台并提供相对完善的AI产品体系,提供语音识别、语音合成以及语义理解等AI技术接入。讯飞开放自然语言处理平台依托本身的技术优势,针对不同行业以及服务场景都推出了丰富的技术模块产品与解决方案。平台拥有成熟的技术产品模块化服务(包括语音识别、语音合成、情感分析、关键字提取等)。目前,科大讯飞不仅正在寻求通过自然语言处理平台构建覆盖该领域上、中、下游的全套解决方案,还希望该全套解决方案可以适应如健康医疗、文体娱乐,及企业服务等传统领域,从而进一步增强平台客户的黏着性。

6）云知声智能开放平台

云知声的智能开放平台从物联网数据出发,逐步构建了符合自身用户群特点的自然语言处理开放平台。该平台高度集成语音识别、自然语言理解、语音合成等技术,以深度学习、超级计算和认知计算为基础,构建其完整的AI体系,并可有效服务物联网领域的多项应用。目前,云知声依靠其平台优势,打造基于智能开放平台的语音互动机器人服务于多个场景,包括智能医疗、智能车载、智能教育等。

7）腾讯知文自然语言处理平台

腾讯知文自然语言处理平台的初衷是试图打造服务于企业内部的智能问答平台,随着自然语言处理技术的逐步成熟,该平台也开始兼容更多模块。目前,腾讯知文平台具有三层架构,由下至上分别为:基础会话模块,分析用户闲聊、以及用户间的情感联系分析;问答系统模块,提供智能搜索以及所需的会话模型;任务导向型会话模块,包括词槽填充、多轮对话以及对话管理。上述模块与架构让腾讯知文具备了从基础到高级的智能文本处理能力,可广泛应用于多行业以及领域针对用户评论情感分析、资讯热点挖掘、电话投诉分析等场景的需求。该平台已被应用于通信、金融、文体娱乐等多个行业,并与多家全球500强企业展开合作。

8）AliNLP自然语言处理平台

阿里巴巴为了适应自己复杂的电商生态推出了AliNLP自然语言处理平台。该平台框架可分为三层:底层是各种基础数据库;中间层包含基本的词法分析、句法分析、文档分析等基础自然语言处理技术;而上层则是针对不同行业垂直场景的大业务单元,例如智能交互、舆情监控等。同时,AliNLP自然语言处理平台还将着重发展服务于通用场景的应用服务模块,以便更好地切入传统行业领域。

1.3 知识图谱构建的技术与实践

1.3.1 知识图谱的方法与应用

知识图谱(Knowledge Graph)由 Google 最先提出[1],使其搜索业务实现了智能化,之后学术界和企业界纷纷跟进,使得该技术在智能搜索、情报分析、自动问答等领域中的应用表现出强大优势。知识图谱诞生于人工智能大发展的初期,为人工智能的快速发展提供了重要的动力,如专家系统、自然语言处理、语义 Web 等诸多研究领域。知识图谱与语义网络相比具有显著特点[2]:知识图谱较少关注概念间层次关系而注重描述实体间关系及实体属性,开放知识图谱大多来源于百科然后通过数据挖掘、机器学习等技术快速构建,知识图谱的来源较多则需要进行清洗和融合处理。本体主要描述静态特征,其动态特性可以由知识图谱的动态性提供支持。大多网络本体语言(OWL)描述的本体都可以向知识图谱进行转化,Zhou[3]证明了使用 OWL EL 语言描述的本体,可以在保证高效推理的前提下转化成知识图谱。知识图谱在逻辑上可分为模式层与数据层[4]:模式层可以使用本体来进行规范,主要描述概念及其相关知识;数据层存储的基本单元是事实,事实通过复杂的关系构成具体的知识。知识图谱的存储方式有很多种,选择图数据库作为存储介质是一种常见的方法,例如选择开源的 Neo4j、Twitter 的 FlockDB、sones 的 GraphDB 等。因此,知识图谱模式层遵守严格的层次结构则可以大大减少数据的冗余程度,在自上而下的构建过程中先于数据层构建,而在自下而上的构建过程中则正好相反。

知识图谱发展到现在,其应用领域已远超出 Google 最初提出时的目的。①在搜索领域,基于知识图谱的搜索引擎以直接给出答案的方式展现查询结果,如谷歌知识图谱融入了维基百科等公共资源以及通过爬虫搜集整理的大量语义数据,微软推出的 Bing 搜索通过站点合作获得用户画像可有针对性地呈现量身定制搜索服务;②在问答领域,知识图谱也获得大量应用,如华盛顿大学的 Paralex 系统、苹果的 Siri、亚马逊收购的 Evi、Facebook 的 Graph Search、Microsoft 的

---

[1] Singhal A. Introducing the knowledge graph:things,not strings[J]. Official google blog,2012.
[2] 漆桂林,高桓,吴天星. 知识图谱研究进展[J]. 情报工程,2017,3(1):4-25.
[3] Zhou Z Q,Qi G L,Glimm B. Exploring parallel tractability of ontology materialization[C]//European Conference on Artificial Intelligence,Hague,Netherlands,August 29-September 2. 2016:73-81.
[4] 徐增林,盛泳潘,贺丽荣,等. 知识图谱技术综述[J]. 电子科技大学学报,2016,45(4):589-606.

Cortana、百度的小度机器人等;③在情报领域,如基金公司构建上市公司的知识图谱为投资人提供决策支持,公安机关根据企业或个人的交易、通话、出行、税务等信息构建社会活动知识图谱,并应用在案件侦破过程中。目前,在一些特定领域已有研究者构建了多个本体:①在仓储领域,钟诚等[①]提出了一个基于本体的信息系统集成框架以消除平台在知识理解上的差异,为后勤物流提供保障;②在通信领域,陈立峰等[②]分析了指挥一体化建设中对知识模型的使用和共享中遇到的难点,提出基于特定领域构架的本体支持语义检索和互操作;③在医学领域,肖健等[③]将医学领域顶层本体作为具体研究对象说明构建过程,并对构建效率和结果进行评价;④在训练领域,蒋维等[④]引进一些自动化算法实现了本体建立过程中的部分功能自动完成,辅助人为干预为全自动建立本体提供了经验。因此,现实中已存在大量的知识库和领域本体,但当前针对如何将它们集成并转化为知识图谱,应用到网络舆情分析管理中的研究还不多。

1.3.2 知识图谱构建的技术

知识图谱描述了客观世界中的概念、实体、事件及其之间的关系。其中,概念是指人们在认识世界过程中形成对客观事物的概念化表示;实体是指抽象概念或者客观世界中的具体事物;事件是客观世界的活动,如果实体是事件,则得到以事件为核心的事件知识图谱;关系描述概念、实体、事件之间客观存在的关联关系,比如毕业院校描述一个人与其学习学校之间的关系,军种和陆军之间的关系是概念和子概念之间的关系等。知识图谱以结构化的形式描述客观世界中概念、实体间的复杂关系,提供更好地组织、管理和理解互联网海量信息的能力。

知识图谱的构建方式主要有两种:①自顶向下依靠专家经验从高质量数据中提取模式层,然后使用其他知识库来填充数据层,如 Freebase 项目选择使用维基百科中的大量数据来构建模式层;②自底向上通过使用实体抽取、实体对齐、属性消歧等一系列技术从一些开放的知识库中获得数据来构建数据层,然后通

[①] 钟诚,赵明霞,何秋燕,等. 军事仓储领域本体的构建[J]. 计算机与数字工程,2011,39(9):61-64.

[②] 陈立峰,宋金玉,石坚. 军事通信领域本体构建与分析[J]. 计算机技术与发展,2011,21(7):90-93,97.

[③] 肖健,刘伟,刘鹏年,等. 军事医学本体概念获取方法研究[J]. 中华医学图书情报杂志,2016,25(5):21-25.

[④] 蒋维,郝文宁,杨晓恝. 军事训练领域核心本体的构建[J]. 计算机工程,2008,34(5):191-192,212.

过对数据进行分类整理再构建上层模式层①。目前,自底向上的方式是知识图谱选择较多的构建方法。

知识图谱技术涉及到信息检索与抽取、知识表示与推理、知识计算、自然语言处理、数据挖掘等多种技术。目前,知识图谱技术②主要集中于:①知识表示,研究对客观世界知识的建模以方便机器识别和理解,模型要兼顾可读性与规范性,同时还要考虑存储和计算的便捷性;②知识图谱构建,研究从各种资源中抽取知识的具体步骤,需要针对各种类型的数据采取不同的方法;③知识图谱应用,研究如何利用知识图谱建立基于知识的智能辅助系统,针对具体问题提供智能化解决方案。知识图谱的构建技术包括知识抽取、知识融合和知识推理3个步骤③:知识抽取主要解决如何从各种异构数据源中获取知识;知识融合主要解决将不同来源的知识进行合并、对齐、消歧并构建关联关系;知识推理则主要是根据图谱获得更多隐含知识的同时排除干扰。因此,知识图谱需要从互联网中抽取知识,相关理论是研究者关注的重点,随着机器学习和相关技术的不断进步,构建过程的自动化程度将越来越高。

1.3.3 知识图谱资源的支撑

知识图谱和深度学习、大数据等结合,已经成为了促进人工智能发展的核心驱动力④。Google 在 2012 年提出了知识图谱概念,并用于改进搜索体验获得了巨大的成功。随着研究的深入,知识图谱不再被限定在搜索领域,在其他计算机应用领域也开始扮演越来越重要的角色。知识图谱在信息搜索、问题回答等任务中产生了很大的正面影响。知识图谱的构建是一个庞大的系统工程。现阶段的知识图谱很难满足各行各业的需求。完善知识图谱的构建仍然面临诸多挑战,比如应用知识图谱工具进行实证研究的论文占绝大多数,自主开发的软件工具推广不利,对国际上流行的新工具的应用有限,且理论分析与方法研究偏少。

知识图谱的大力发展需要知识图谱资源的支撑。目前已经有一些比较流行的知识图谱资源。知识图谱资源按照应用目的分为通用的知识图谱资源和领域相关的知识图谱资源两大类型。

(1) 通用的知识图谱资源是一种面向通用领域的百科全书,只是这部百科

---

① 刘峤,李杨,杨段宏,等. 知识图谱构建技术综述[J]. 计算机研究与发展,2016,53(3):582 – 600.
② 李涓子,侯磊. 知识图谱研究综述[J]. 山西大学学报(自然科学版),2017,40(3):454 – 459.
③ 肖健,刘伟,刘鹏年,等. 军事医学本体概念获取方法研究[J]. 中华医学图书情报杂志,2016,25(5):21 – 25.
④ 朱小燕,等. 人工智能知识图谱前沿技术[M]. 电子工业出版社,2020,06:201.

全书是结构化的,包含了现实世界的大量通用性常识知识,覆盖面广。通用的知识图谱资源以 OpenKG 和 Freebase 为代表。

（2）领域相关的知识图谱资源又称垂直知识图谱资源,通常针对某一个领域的数据构建,往往对该领域的知识深度、知识准确性和丰富性都有更高的要求。领域相关的知识图谱资源很大一部分由各大企业拥有,可对企业的发展产生巨大的推动作用。例如,阿里巴巴集团旗下的淘宝网建立了海量商品的知识图谱资源,对公司业务发展产生了巨大的推动作用。阿里巴巴电子商务知识图谱引擎的 4 个层次如图 1-1 所示。

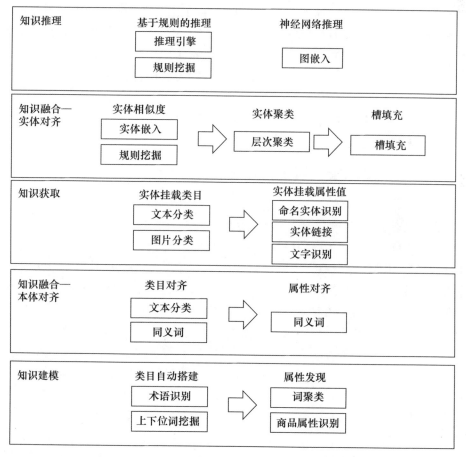

图 1-1 阿里巴巴电子商务知识图谱引擎的 4 个层次

知识图谱的相关技术已在我国蓬勃发展起来,目前该领域已成为科学计量学、信息计量学、文献计量学共同的研究热点。国内许多领域的研究人员利用

CiteSpace、HistCite、UCINET等多种知识图谱绘制工具,对本领域的学科结构、知识基础、研究热点、前沿、合作网络等进行了创新研究,促进了本学科的发展。在进行文献调研过程中发现,国内在知识图谱相关概念、理论、绘制流程、工具等方面的研究还存在许多问题,对知识图谱存在着概念不清、误用、滥用等现象,必须就现况进行系统梳理和澄清。比如对知识图谱与科学地图的关系,还没有进行明确澄清;再比如知识图谱的学科定位,究竟应归属信息可视化还是知识可视化、应归属于"三计学"中的哪一个学科,不同学术论文中有不同的提法;另外还有许多文献将引文分析方法、多元统计方法、网络分析方法、可视化映射方法等在同一层次上相提并论,而事实上这些方法在知识图谱绘制过程中并不是并列关系,而是分别应用在有先后次序的不同流程步骤之中。知识图谱是多种方法的综合,其涵盖的内容相当丰富。将知识图谱技术用于舆情分析,能够有效展现舆情事件中的实体、概念与关系,有效支持舆情研判分析。

1.4 网络舆情知识图谱研究成果分析

1.4.1 文献计量与可视化方法

前几年,天津港爆炸案、红黄蓝幼儿园虐童案等社会热点事件曾吸引广泛的关注和讨论,同时通过互联网持续传播,形成了具有影响力的舆情。在舆情传播中受众辨别能力不一,掌握的信息不尽相同,信息不对称情况实际存在,部分事件详情和真相不能完全被广大受众了解,受众的态度极易受到外界因素影响,一些敏感事件往往在短时间内被广泛传播,其中不乏恶意歪曲或臆造的信息,严重影响社会稳定①。为了维护正常的社会秩序、树立积极的舆论导向、营造清朗的网络空间,国内相关部门和广大学者积极开展舆情的相关研究,舆情已经成为涵盖新闻传播学、管理学、社会学等多个学科的研究领域,同时形成了大量的研究成果。这些成果在加强舆论引导、推动社会治理、强化执政能力等方面发挥了重要作用。但是,由于国内舆情研究起步较晚,理论体系还不尽完善,加之国内特殊的舆论环境、庞大的网民群体、海量的网络数据等影响,国内舆情研究在理论和技术创新方面还存在不足②。鉴于上述情况,我们利用文献计量法和知识图谱可视化方法,对2008—2017年有关舆情研究的文献进行分析,总结出舆情研

---

① 黄微,徐烨,肖维泽. 基于知识图谱的国内网络舆情危机响应研究的可视化分析[J]. 情报科学,2018,36(3):64-69.
② 刘亚男. 我国网络舆情研究现状述评[J]. 情报杂志,2017,36(5):95-100.

究的发展现状和趋势,为舆情研究的理论发展和技术应用提供支持和借鉴。

1. 数据来源

运用文献计量法与知识图谱对我国近十年舆情领域研究产生的期刊论文进行了计量可视化分析。以中国学术期刊网络出版总库(CNKI)期刊论文数据库为研究数据来源,以主题词"舆情"进行检索,设定检索时间为"2008—2017 年",设置来源类别为"核心期刊、CSSCI、SCI、EI 和 CSCD",检索条件为"精确",检索到相关文献 4179 篇(检索时间为 2018 年 7 月 1 日),经过筛选剔除征稿启事、目录索引等与研究无关的题录,最终获得有效的期刊论文数为 3959 篇。

2. 研究方法

文献计量法是一种基于数学和统计学的著名的定量分析方法,它以各种科学文献的外部特征为研究对象,以输出量化的信息内容为主要特定[①]。知识图谱是以知识域为研究对象,显示某一科学知识发展进程与结构关系的一种图像,具有"图"和"谱"的双重性质与特征,表示知识单元之间交叉、互动、演化等多重复杂关系[②]。知识图谱一方面使用统计方法实现文献计量,另一方面通过共现分析方法对文献信息要素进行可视化分析。信息共现表明信息要素之间隐含某种关联,比如作者共现代表了作者之间的学术交流和合作,关键词共现代表了关键词之间可能具有相近的含义或者具有一定的演化关系,而作者和关键词共现则可以分析某一领域或方向的代表性学术团体和人物。知识图谱通过统计和共现分析可以发掘领域研究的热点和前沿,并结合图谱可视化分析进行全景式展示。

知识图谱可视化工具有很多,最为知名的是由美国德雷赛尔大学陈超美博士开发的基于 JAVA 运行环境的图谱显示分析软件 CiteSpace。在中国知网以"舆情"为主题词检索近十年舆情研究的期刊论文,以 EXCEL 格式下载题录信息,对论文题录信息进行筛选,通过 CiteSpace 将论文转换为其支持的格式。建立 CiteSpace 图谱分析工程,设置时间片大小为 5 年,即以连续 5 年为一个时间区间进行分析。通过选择词汇来源类型为"Author""Institution""Keyword"或"Cited Reference",对作者、机构、关键词或引用关系进行统计和共现分析,设定合适的布局和寻径算法,绘制知识图谱。通过知识图谱软件对舆情研究论文的年代、作者、机构、期刊、学科和关键词等文献要素进行分析,以一种多元、分时、

[①] 王日芬,路菲,吴小雷. 文献计量和内容分析的比较与综合研究[J]. 图书情报工作,2005,49(9):72-75.

[②] 冯新翎,何胜,熊太纯. "科学知识图谱"与"Google 知识图谱"比较分析——基于知识管理理论视角[J]. 情报杂志,2017,36(1):149-153.

动态的引文分析语言将舆情研究领域数量众多的文献资料显示在知识图谱上,直观展现舆情研究知识全景,识别发展前沿和动态。

1.4.2 舆情研究论文计量分析

1. 舆情研究论文年度可视化分析

论文的年度分析,能够反映某一学科或领域的发展情况和受关注程度。绘制的舆情研究论文发表数量年度分布图如图1-2所示。

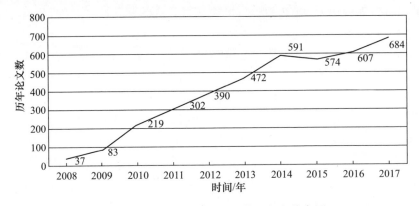

图1-2 舆情研究论文发表数量年度分布图

可以直观看出近几年国内舆情研究发文量呈上升态势,从2008年发文不足百篇,到2017年发文已近700篇。2008—2014年一直保持比较快的发展速度,年发论文数增幅在百篇左右,2015年发文数虽有所回落,但之后2016年、2017年又恢复增长,同时截止9月所查知网已收录2018年内发表期刊论文389篇,可以预见2018年会继续有所突破。因此,可以判定国内舆情研究已成为学术界热门研究领域之一,相关研究还在不断更新发展。

2. 舆情研究论文作者可视化分析

通过分析作者发文情况可以了解某个领域中作者群的成熟度,可以将发文数量较多、学术影响能力较强的作者称为核心作者,核心作者可以根据普莱斯定律来分析。普莱斯定律认为"核心作者中发文量最少的作者,其发文量应为个人最高发文量平方根的0.749倍"。比如,近十年舆情研究发文量最多的是兰月新,其发文量为59篇(含合作发表),根据公式可以得到核心作者最少发文数应为5.75篇,向上取整为6篇,即核心作者群最少发文数应为6篇。

经统计,2008—2017年舆情研究论文总数3959篇,作者数为4798人(包含合著者),其中核心作者(即发文6篇以上)人数为86人,占作者总人数的比例为1.8%,核心作者群累计发文数量为755篇,占总论文数的比例为19%。然而,普莱斯定律认为核心作者应当完成本研究领域一半的论文,这说明虽然舆情研究核心作者群已经初具规模,完成论文数接近全部论文的20%,但距离严格意义上的核心作者群还有一定差距。这里仅将论文数量排名前20位作者列出,如表1-1所列。

表1-1 国内舆情研究论文数排名前20位作者(2008—2017年)

序号	作者	数量	序号	作者	数量
1	兰月新	59	11	张玉亮	16
2	陈福集	51	12	方付建	16
3	曾润喜	39	13	齐佳音	15
4	东鸟	33	14	朱恒民	15
5	李国祥	31	15	谢耘耕	13
6	姜胜洪	25	16	黄微	13
7	喻国明	24	17	徐晓林	13
8	王国华	24	18	张鹏	13
9	李彪	17	19	夏一雪	13
10	刘鹏飞	16	20	丁柏铨	12

另外,通过作者分析舆情研究的知识图谱,可以直观反映作者群体的合作关系和演化历程,如图1-3所示。其中按照时间分片统计,浅色代表2008—2012年作者群体,深色代表2013—2017年作者群体,节点大小反映作者发文的数量。

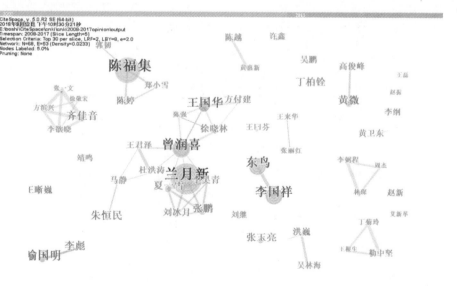

图1-3 舆情研究论文作者图谱

图中一些作者节点由不同颜色的同心圆构成,表示两个时间区间都有发文,不同颜色同心圆的大小代表了各自区间发表文章的数量,比如兰月新、曾润喜等人,2008—2012年间有发文,2013年之后发文数明显增多。还有部分作者只在一个时间区间发文,比如齐佳音教授团队在2013年之后就没有相关中文论文发表,而李国祥、东鸟等人则在2013年后才有发文。

通过图谱中的边连接关系可以分析作者的合作情况,研究团队在图谱上显示为若干个小群体,其中较为典型的如兰月新团队、曾润喜团队、陈福集团队和齐佳音团队等,在图谱中表现为彼此连接的子图。通过节点和边的颜色可以发现,在近几年的舆情研究中兰月新、曾润喜等团队不断吸引了新的研究者加入,同时部分新加入的研究者成为两个研究团体合作的桥梁,比如夏一雪、李昊青等人的加入使得兰月新、曾润喜两团队合作更加紧密,整个舆情研究形成了具有一定规模的研究整体,这对舆情研究的发展无疑是有益的。

3. 舆情研究论文机构可视化分析

当前我国舆情研究的力量主要集中在华中科技大学、中国人民大学、武汉大学、天津社科院等国内知名高校和研究机构,发文量排名前20位的如表1-2所列,机构图谱如图1-4所示。我国舆情研究相关机构按照其性质大概可以分为以下两类:一是具有深厚学科理论积累的高校,比如华中科技大学公共管理学院、人民武装警察部队学院、中国人民大学新闻学院、南京大学新闻传播学院等,这一类高校院系有着深厚新闻传播学、图情档学和管理学理论基础,在舆情研究中起着很重要的理论前沿推进作用;二是有着先进的舆情处理技术和丰富舆情案例的科研院所或媒体单位,比如天津社科院舆情研究所、中国科学院、人民网舆情检测室等,这些单位在舆情案例研究和舆情技术创新方面有着不俗成绩。

表1-2 国内舆情研究论文数排名前20位机构(2008—2017年)

序号	机构名称	数量	序号	机构名称	数量
1	华中科技大学	120	11	清华大学	41
2	中国人民大学	96	12	南开大学	37
3	武汉大学	89	13	中国传媒大学	36
4	天津社会科学院	82	14	南京邮电大学	35
5	南京大学	79	15	北京邮电大学	34
6	武装警察学院	75	16	中山大学	32
7	福州大学	64	17	四川大学	32
8	吉林大学	57	18	复旦大学	32
9	西安交通大学	52	19	中国科学院	30
10	上海交通大学	41	20	南京政治学院	26

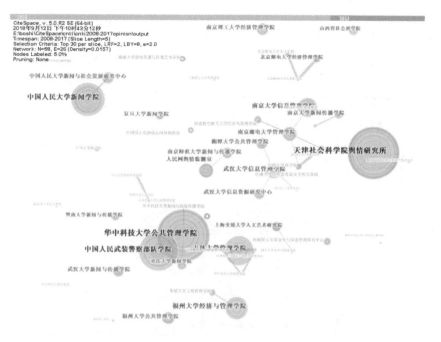

图 1-4 舆情研究机构图谱

4. 舆情研究论文期刊可视化分析

分析舆情研究领域的核心期刊有助于为相关学者查找权威资料和交流投稿提供重要指导。经过统计，2008—2017 年国内发表舆情研究论文的期刊数为 560 种，发文量前 10 位期刊如表 1-3 所列。

表 1-3 国内舆情论文发文量前 10 位期刊（2008—2017 年）

序号	期刊名称	数量
1	情报杂志	294
2	青年记者	220
3	情报科学	136
4	现代情报	110
5	人民论坛	97
6	新闻战线	94
7	电子政务	76
8	新闻与写作	72
9	图书情报工作	70
10	中国记者	69

从发表期刊来看,相关期刊比较集中,尤其是舆情情报与信息管理领域,代表性期刊有《情报杂志》《情报科学》《现代情报》《图书情报工作》等;新闻和传播领域相关期刊也比较集中,代表性期刊的有《青年记者》《新闻战线》《新闻与写作》《中国记者》等;另外还有《人民论坛》《电子政务》《中国党政干部论坛》等其他学科领域期刊。

从论文学科分布来看,如图1–5所示,舆情研究涉及新闻与传播学、图书情报与档案管理、政治学、教育学、管理学、经济学等多个学科,当前舆情研究呈现交叉学科的显著特点。

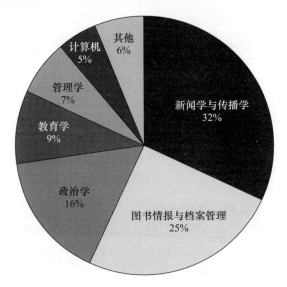

图1–5 舆情研究论文学科分布

1.4.3 舆情研究热点和趋势分析

1. 舆情研究热点可视化分析

舆情研究的热点分析可以借助关键词词频统计的方法。借助 CiteSpace 软件中关键词统计分析功能,导入收集的 2008—2017 年舆情期刊论文 3959 篇,设置时间片大小为 1 年,选择图谱分析的节点类型为"keyword",设定待分析节点频率阈值为 Top50,运行软件进行统计分析和图谱绘制。

统计结果显示,所有论文中关键词总计 18575 个,平均单篇论文关键词个数为 4.7 个,不重复关键词空间大小为 6375,其中最高词频为关键词"网络舆情",共出现 1190 次。关键词词频前 20 如表 1–4 所列,其中"首现年份"代表了该关键词首次出现在舆情研究论文中的年份,比如"大数据"首次出现在《新闻知识》

2013年第12期《大数据时代网络舆情传播形态与引导战略》一文中,关键词首现年份利于分析研究热点的发展演变。

表1-4 国内舆情论文关键词词频排名前20位(2008—2017年)

序号	关键词	词频/次	首现/年	序号	关键词	词频/次	首现/年
1	网络舆情	1190	2008	11	舆情事件	68	2011
2	突发事件	211	2009	12	大学生	66	2010
3	新媒体	161	2009	13	政务微博	65	2012
4	舆论引导	142	2008	14	自媒体	65	2011
5	大数据	115	2013	15	意见领袖	59	2010
6	舆情分析	110	2008	16	思想政治教育	58	2008
7	网络舆论	109	2009	17	信息传播	57	2009
8	舆情传播	82	2009	18	群体性事件	51	2009
9	舆情引导	76	2011	19	舆情应对	47	2011
10	舆情监测	73	2010	20	微博舆情	43	2013

另外,绘制得到关键词图谱如图1-6所示,显示节点的大小代表了关键词词频大小,节点中心不同颜色同心圆代表对应关键词出现年份,圆心颜色代表首现年份所在区间,关键词共现关系表现为节点之间的连接线,其中由于"网络舆情"关键词词频与其他关键词相差较大,不便于显示在图谱上,且该关键词可认为是检索词,对研究热点分析意义不大,暂不考虑。

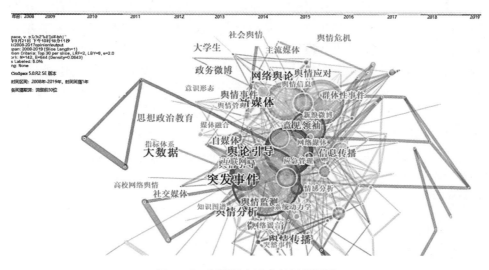

图1-6 舆情研究论文关键词图谱

通过对关键词列表和网络图谱进行分析可以发现,国内舆情研究的热点可以分为以下 4 个方面:

1) 舆情学基础理论研究

舆情学是自然科学和社会科学深度交叉的领域,具有跨学科的显著特点。近几年,舆情研究的成果在各个学科和领域能被广泛应用,除了巨大的应用需求,还离不开舆情学基础理论体系的不断完善和创新。2008 年以来,《情报杂志》《青年记者》《现代情报》等书刊杂志积极开设舆情研究板块,汇总相关研究成果,华中科技大学、天津社会科学院等科研院所的广大学者从新闻学、传播学、社会学、管理学等学科基础理论出发,研究舆情的生成、传播、引导和管控的基本原理和研究范式。2015 年《情报杂志》编辑部汇总历年发表的舆情相关论文,编辑出版了《网络舆情学》一书,该书系统阐述了网络舆情的基础理论、网络舆情的传播机制、网络舆情的治理对策等内容。同年,由工业和信息化部电子科学技术情报研究所网络舆情研究中心首席研究员齐中祥博士主编的《舆情学》一书也正式出版,该书首次提出了"舆情博弈论"的概念,并总结提出了 7 种舆情表达机制,并对舆情研究的客体 – 情绪做了重点研究和探讨。

2) 舆情新媒体传播研究

社会化媒体改变了传统媒体点到面的传播格局,形成了用户制造内容的自媒体传播渠道。社会化媒体背景下新闻信息更易产生和获取,传播更加便捷,用户在网络生活中更易获得满足感,尤其手机移动网络的使用使得人们对社会化媒体的信息依赖逐渐大过对传统广播电视、新闻报刊的信息依赖。广大学者针对新媒体下舆情传播特点,通过模型研究、实证研究等方法对舆情传播的模式和规律进行研究。其中包括对"自媒体""意见领袖""微博舆情""舆情传播""大数据"等内容的研究,通过挖掘自媒体下舆情形成的征兆、舆情传播的渠道、舆情传播的过程等,分析媒体特征和舆情传播的规律。比如夏一雪等①定性分析了大数据环境下网络舆情信息交互机理,并用于对各个媒体平台的网络舆情信息交互趋势开展预测;赵剑华②综合考虑用户的心理特征和传染病模型,分析了用户的追根溯源心理、持续关注心理以及漠不关心心理等心理特征对舆情传播特性的影响。

---

① 夏一雪,兰月新,刘冰月. 大数据环境下网络舆情信息交互模型研究[J]. 现代情报,2017,37(11):3-9.
② 赵剑华,万克文. 基于信息传播模型 – SIR 传染病模型的社交网络舆情传播动力学模型研究[J]. 情报科学,2017,35(12):34-38.

3) 舆情监测和分析方法研究

舆情监测是各类组织和机构掌握舆情发展变化情况,及时舆情预警的主要方式,相关研究主要集中在预警机制和指标体系构建上。相关关键词包括"预警机制""指标体系""安全评估""层次分析法"等。在舆情监测的基础上还需要对舆情进行分析和研判,舆情分析与研判是对舆情进行综合评估的技术工作,是舆情应对和引导前的必要程序,当前主要有定量、定性和两者结合的方法。相关关键词主要有"舆情演化""情感倾向""指标体系""大数据""舆情态势"等。比如丁晓蔚[1]认为基于大数据、情感倾向的舆情分析研判方法是下一步研究趋势;宋余超[2]借助数据立方体和雪花型模式,从舆情主题、舆情传播和舆情受众三个维度构建了网络舆情监测指标体系;于卫红[3]在舆情信息采集、预处理、分析和简报生成中,融入 Agent 技术,研究舆情分析和研判的新方法等。

4) 舆情危机响应研究

舆情危机响应的实质性工作就是针对危机问题制定相应的应急策略,是当前政府机关、高校、企业、业界媒体的重点工作之一。舆情危机响应包括的关键词主要有"舆情引导""危机管理""突发事件""应急策略""高校舆情""政府决策""大数据"等。舆情危机响应研究主要集中在危机等级评价、新媒体管控、危机应对策略和舆情引导工作。比如曹学艳[4]通过建立危机等级评估指标体系对突发事件网舆情进行热度分级;董坚峰[5]认为舆情危机响应还需应对好大数据条件下的挑战,借助与大数据处理技术实现舆情危机响应的自动化、智能化和实时化;还有学者针对舆情传播的不同阶段建议采取不同的应对策略等。

2. 舆情研究趋势可视化分析

研究热点是从横向对比总结关键词推测重点研究方向,趋势分析则需要从纵向对比关联不同时间研究热点的发展、继承和演变情况。CiteSpace 提供了时间线视图分析的方法,在关键词图谱分析基础上,通过关键词聚类形成若干主题,以主题的标号作为纵坐标,主题关键词出现年份为横坐标,形成关键词时间线图谱,展现各个主题发展演变的时间跨度和研究进程。绘制舆情研究论文关

---

[1] 丁晓蔚. 大数据、情绪分析和风险管理:舆情研究的现状评析和态势展望[J]. 南京社会科学, 2017(6):118-124.

[2] 宋余超,陈福集. 基于数据立方体的网络舆情监测指标体系构建[J]. 情报科学,2016,34(06):31-36.

[3] 于卫红. 基于多 Agent 的高校网络舆情监测与分析系统[J]. 现代情报,2017,37(10):53-57.

[4] 曹学艳,张仙,刘樑. 基于应对等级的突发事件网络舆情热度分析[J]. 中国管理科学,2014(3):82-85.

[5] 董坚峰. 基于 Web 挖掘的突发事件网络舆情预警研究[J]. 现代情报,2014,34(2):43-47.

键词时间线图谱如图1-7所示,图中最上方带有时间刻度的横线即为时间线,时间线的节点代表在该时间节点出现的关键词集合,节点大小代表了关键词词频的大小,节点之间的连接线代表了不同年份研究的相关性和继承性。比如"#0舆论引导"为标号的聚类主题,时间从2008年延续到2017年,且在2010—2013年均有比较重要的研究成果,通过关键词分析认为相关研究热点包括2010年"意见领袖""主流媒体"、2011年"微博""自媒体"、2012年"政务微博""媒介素养"、2013年"大数据""自媒体时代"等相关研究内容。

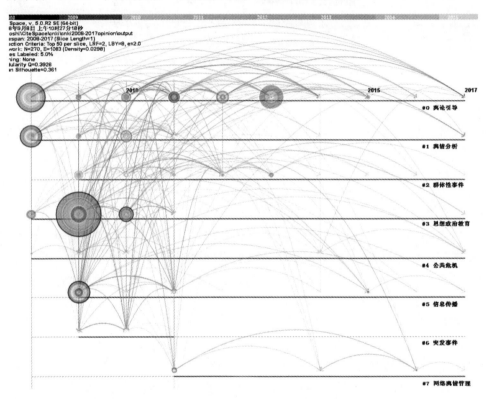

图1-7 舆情研究论文关键词时间线图谱

图1-7中前六个主题关键词主要包括:#0号主题有舆论引导(2008)、意见领袖(2010)、微博舆情(2011)、自媒体(2011)、政务微博(2012)、大数据(2013)等;#1号主题有舆情分析(2008)、舆情信息(2009)、舆情监测(2010)、舆情研判(2010)、舆情演化(2010)等;#2号主题有群体性事件(2009)、互联网(2010)、电子政务(2011)、网络谣言(2012)、食品安全(2013)、网络治理(2013)等;#3号主题有思想政治教育(2008)、新媒体(2009)、大学生(2010)、社会管理(2011)等;#4号主题有舆情问题(2008)、公共危机(2010)、非常规突发事件(2010)、政府

决策(2014)、社会治理(2017)等;#5 号主题有信息传播(2009)、影响力(2010)、新浪微博(2011)、社会网络分析(2011)、系统动力学(2015)、微信平台(2016)等。

通过关键词时间线图谱清晰展示了国内舆情研究领域的发展脉络和趋势,通过#0、#1 号主题发展可以看出国内舆情引导、舆情分析相关研究紧紧跟随前沿领域,在微博舆情、自媒体、电子政务、大数据等方面都有所建树;从#2、#4 号主题发展可以看出面对社会群体性事件、突发事件以及公共危机方面,舆情研究能够从电子政务、政府决策、网络治理、网络谣言、食品安全等方面进行研究和应对;从#3、#5 号主题发展可以看出舆情研究也从网上思想政治教育的角度,利用新媒体,研究舆情传播规律和影响力最大化的方法,更好地实现社会教育管理的目的。

本节以主题词为"舆情"、时间跨度为"2008—2017 年"对 CNKI 期刊数据库中收录期刊进行检索,形成合计 3959 篇论文的研究素材,综合运用文献计量学和科学知识图谱等相关方法,使用陈超美教授设计开发的 CiteSpace 图谱分析软件对论文年代、作者、机构、期刊、学科和关键词等信息要素进行统计分析和图谱显示,再现了近十年国内舆情研究领域的研究历程和代表人物、机构,分析了研究热点和趋势。2008 年以来,逐年增长的论文数目和作者规模说明了国内舆情研究领域发展比较迅速;核心作者群体和相关学术权威机构初成规模,但根据距离普莱斯定律中严格意义上的核心作者群还有一定差距;舆情研究具有比较显著的跨学科特性,新闻传播学、图书情报学、政治学等作为主要研究领域输出大量研究成果;舆情研究的热点主要集中在舆情研究基础理论、新媒体传播、舆情监测和分析、舆情危机响应等方面,同时近几年结合国内舆论环境和大数据等新兴技术进行舆情创新研究也初见成效。

1.5 本书组织结构

网络新媒体环境下针对在网络舆情管理和知识图谱分析中,网络舆情知识图谱的方法理论与技术实现研究的相对缺乏,本书比较全面、系统地研究了网络舆情知识图谱的先进理论、方法和技术,并构建了相关研究成果的实现方法和应用系统,力求在学术上拓展信息管理学科和领域的研究空间和深度,推进相关学科知识的利用水平,力求在实践上推动网络舆情管理和知识图谱分析的结合和应用创新。本书撰写采取的技术路线是:

(1)在网络舆情管理与知识图谱结合的研究价值方面,主要是前言和第 1 章。

前言部分对研究价值和研究内容和方向进行概括。

第1章主要是网络舆情和知识图谱的研究回顾。内容包括:网络舆情管理的方法与实践、知识图谱构建的技术与实践、网络舆情知识图谱研究成果分析、本书组织结构。

(2)在网络舆情管理与知识图谱结合的研究内容方面,主要是第2~5章。

第2章主要研究基于知识图谱的网络舆情管理架构。内容包括:基于知识图谱的网络舆情管理、网络舆情管理架构的总体设计、网络舆情知识图谱的构建引擎、网络舆情知识图谱的存储引擎、基于知识图谱的网络舆情处理引擎。

第3章主要研究网络舆情领域的知识图谱构建方法。内容包括:知识图谱构建的相关知识、使用本体构建知识图谱模式层、百科类网站的知识融合框架及技术、网络舆情知识图谱构建的实证研究。

第4章主要研究基于知识图谱的网络舆情热点事件追踪技术。内容包括:基于知识图谱的舆情事件抽取框架、基于知识图谱的舆情事件抽取模型、基于知识图谱的舆情事件热度分析、知识图谱下舆情热点事件的发现和网络舆情事件抽取与热点发现的应用研究。

第5章主要研究基于知识图谱的网络舆情用户行为评估技术。内容包括:网络舆情的用户画像与行为、用户画像的知识图谱分析、舆情内容的知识图谱分析、上网行为的知识图谱分析和网络舆情行为分析的应用研究。

(3)在网络舆情管理与知识图谱结合的研究方向方面,主要是第6章和第7章。

第6章主要研究网络舆情知识图谱的应用与发展。内容包括:新型媒体环境下的网络舆情、新型技术条件下的网络舆情、事件知识图谱研究的兴起与进展、网络舆情的事理图谱构建和基于舆情事理图谱的热点事件追踪。

第7章主要是网络舆情知识图谱研究总结与创新。内容包括:本书内容总结、知识图谱在情报分析研究中应用、网络舆情在情报搜集研判中应用、多学科视域网络舆情知识图谱研究。

第2章 基于知识图谱的网络舆情管理架构

知识图谱网络舆情管理架构借鉴现有的舆情管理方法,以知识图谱构建引擎、知识图谱存储引擎和网络舆情处理引擎为核心,可实现对领域知识库的有效整合和对舆情信息的精准管理,以进一步提升舆情管理工作的智能化和科学化水平。

2.1 基于知识图谱的网络舆情管理

网络舆情管理方法的创新需要相应的技术体系提供支撑,本节提出了基于知识图谱的网络舆情管理架构。

2.1.1 网络舆情管理的概念

定义 2-1 网络舆情本体(Network Public Opinion Ontology,NPOO)。网络舆情本体主要指用于描述网络舆情事件和网络舆情管理的概念化模型,是网络舆情事件和网络舆情管理相关概念模型的明确规范说明。

网络舆情本体是构建网络舆情知识图谱的基础,是网络舆情管理活动的重要组成部分。网络舆情本体应属于领域本体,是建立在通用本体基础上面向舆情管理任务需求而建立的本体。而领域本体和舆情管理任务本体又是建立在通用本体基础上的。各个本体之间的关系如图 2-1 所示。

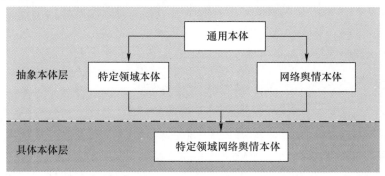

图 2-1 特定领域网络舆情本体与相关本体之间的关系

本书将网络舆情本体描述为一个六元组：$\{E,O,R,A,X,I\}$，其中 E 表示事件类构成的集合，O 表示对象类构成的集合，R 表示类与类、类与实例的关系构成的集合，A 表示类的属性构成的集合，X 表示公理构成的集合，I 表示各种类的实例构成的集合。之所以将事件类和对象类区分对待，主要是因为这两种类从创建方法到使用过程都有明显的不同。

定义 2 – 2 涉军网络舆情本体（Military – related Network Public Opinion Ontology，MNPOO）。涉军网络舆情本体是指面向涉军领域网络舆情管理任务需求而建立的网络舆情本体模型。

涉军网络舆情本体是网络舆情本体在军事领域的具体化，在事件分类、对象构成、实例范围、关系属性等各方面更关注于军事相关内容。本书在构建网路舆情本体过程中，具体以构建涉军网络舆情本体作为具体实践内容。为便于为网络舆情知识图谱下定义，给出知识图谱的定义如下。

定义 2 – 3 知识图谱（Knowledge Graph，KG）。知识图谱是指描述现实世界中概念、常识及其关系的结构化的语义知识库，其基本组成单元是 <实体,关系,实体> 三元组和 <实体,属性,属性值> 三元组。

知识图谱通过两种基本组成单元将知识表达为图结构，易于知识的展现、维护、检索和推理。知识图谱与本体类似，设计之初主要用于表达静态的知识。例如在百度中搜索美国总统，可以给出"唐纳德·特朗普"的答案，但是搜索"2001年美国总统"则不能给出正确答案。因为在传统的三元组知识表示（<美国,总统,唐纳德·特朗普>）中并无法体现时间的概念，认为知识是没有时间属性的。这为使用知识图谱表达舆情信息带来极大不便。通过将时间属性增加到知识图谱的基本组成单元中，使之具备表达动态的知识和事件的能力。网络舆情知识图谱的定义如下。

定义 2 – 4 网络舆情知识图谱（Network Public Opinion Knowledge Graph，NPOKG）。网络舆情知识图谱是指与网络舆情管理有关的结构化的语义知识库和舆情事件库，其基本组成单元是 <实体,关系,时间区间,实体> 四元组和 <实体,属性,时间,属性值> 四元组。网络舆情信息以两种组成单位为基础组织为动态图结构。时间区间是一个形如 $[t_s,t_e]$ 的区间，其中 $-\infty \leq t_s \leq t_e \leq +\infty$。

在网络舆情知识图谱中，表达美国现任总统的四元组为：<美国,总统,[2016.11.9, $+\infty$],唐纳德·特朗普>。

不同类型的网络舆情事件需要从不同时间粒度来进行观察，同一网络舆情事件在不同时期也需要从不同时间粒度进行观察。网络舆情知识图谱有时需要转换为一般意义的知识图谱。为了实现这些需求，在网络舆情知识图谱上定义两个算子：时间算子 τ 和静态算子 δ。

定义 2-5 时间算子 τ。时间算子 τ：NPOKG→NPOKG 可以实现网络舆情知识图谱在不同时间粒度上的映射。给定时间单位：tunit $\in$ {sec, min, hour, day, week, month, quarter, year, …}，则

$$\tau(<e_1, r, [t_s, t_e], e_2>, \text{tunit}) = <e_1, r, [t'_s, t'_e], e_2> \quad (2-1)$$

式中：t'_s 和 t'_e 分别为 t_s 和 t_e 使用 tunit 表达的时间值，例如，给定时间单位"year"，则四元组 <美国, 总统, [2016.11.9, +∞], 唐纳德·特朗普> 在时间算子 τ 作用下转换为 <美国, 总统, [2016, +∞], 唐纳德·特朗普>，从而为问题"2018年的美国总统是谁"提供直接答案。

定义 2-6 静态算子 δ。静态算子 δ：NPOKG→KG 可以实现网络舆情知识图谱向一般知识图谱的转换。给定时间值 t_0，则

$$\delta(<e_1, r, [t_s, t_e], e_2>, t_0) = \begin{cases} \varnothing & t_s > t_0 \text{ 或 } t_e < t_0 \\ <e_1, r, e_2> & t_s \leq t_0 \leq t_e \end{cases} \quad (2-2)$$

给定具体时间 t_0，静态算子 δ 可以将网络舆情知识图谱转换为一般知识图谱，从而实现与其他知识库的共享。

定义 2-7 涉军网络舆情知识图谱（Military-related Network Public Opinion Knowledge Graph, MNPOKG）。涉军网络舆情知识图谱是指与涉军网络舆情管理有关的结构化的语义知识库和舆情事件库，其基本组成单元与网络舆情知识图谱相同，存储的知识侧重涉军网络舆情。

2.1.2 网络舆情管理创新方法

新时代背景下，完善网络舆情监测体系，加强对热点敏感问题和突发事件的监督，构建快速的舆情应对机制，提高危机应对能力，已成为舆情管理工作改进创新的重要切入点和着力点。加强网络舆情管理和引导力，可以重点从舆情信息组织、监测预警指标体系和分析引导机制3个方面进行突破。

1. 构建网络舆情知识图谱

网络舆情的信息组织是舆情分析和引导的基础工作。构建网络舆情专用知识图谱，可以为舆情分析研判和引导提供数据资源、领域知识和典型案例。基于知识图谱的信息组织方式渐成主流，在许多领域得到广泛应用。将知识图谱技术应用于舆情管理，可以利用现有丰富开放知识资源，大大提高构建效率。百度百科和互动百科[①]是目前影响较大的中文知识库，有着丰富的知识，其中关于各

---

① 网址为 https://www.baike.com/，2020年4月30日更名为"头条百科"，本文的研究基于改版前的"互动百科"。

特定领域的内容也较为全面,是建设各个领域知识图谱的优秀在线资源。大量开源知识图谱均是在上述百科基础上建立的。

将知识图谱技术应用于舆情管理,可以提供潜在的跨领域集成能力。网络舆情引导不仅需要某个领域的知识,还需要了解政治、经济、社会、医疗、军事等相关各领域的知识。开放知识图谱为这种领域知识之间的互通提供了基础和便利。例如"魏则西"事件涉及医疗、互联网、军队医院等多个领域,"萨德韩国部署"事件引发了"抵制乐天集团"事件,均需要跨领域互通与协作。

将知识图谱技术应用于舆情管理,可以提供强大的知识计算能力。传统的舆情信息大多存储在关系数据库或全文检索数据库中,使用文本聚类、文本分类等数据挖掘算法发现舆情。开放知识图谱有着规范的结构和丰富的语义,支持高效的查询和复杂的知识计算,可为网络舆情主题发现、热点追踪等提供强大的技术支持。

2. 构建监测预警指标体系

网络舆情监测预警指标体系是由相互联系的反映网络舆情生成、演化、传播等综合情况的系列量化标准指标的总称。该指标体系的科学性直接影响监测分析结果,关系着网络舆情态势掌控的准确性及及时性,是网络舆情工作中的一项重点内容,其指标主要包括:主题发现、舆情热度、内容倾向和演化趋势等方面。主题发现是指依据文本内容,通过文本分类、聚类等技术,发现热点话题,是研判媒体与网民态度倾向、舆情发展趋势等后续步骤的重要基础;舆情热度是舆情被关注的程度与传播范围大小的量化指标;内容倾向是基于情感词库判断用户观点和评论中各类观点和情感的分布情况;演化趋势是根据舆情演化相关数据对舆情发展态势的预判。大数据时代,网络舆情监测预警指标的计算要依靠各种网络舆情采集系统辅助完成,再通过经验丰富的舆情工作人员进行分析和研判,为生成舆情检测报告提供数据支撑。

3. 完善舆情分析引导机制

负面网络舆情发生后很可能急速扩散,然后产生巨大的舆论场,使官方陷入疲于应对的不利局面。当前有些职能部门由于受信息、经验限制,很难正确及时地引导舆情。解决这一问题的关键在于完善舆情引导机制,通过将分属不同部门、不同领域的网络舆情监测机构互联,信息共享,团结协作,构成跨部门、跨领域、跨专业的网络舆情监测网。在这个监测网上,一旦某个机构监测到突发负面舆情,马上通过互通机制,告知与该舆情有关的部门,使其能够尽早掌握情况并及时展开引导工作,尽早将负面舆情处于萌芽状态中,使正面舆情得到广泛的传播。

除了要保证网络舆情发布渠道保持畅通外,还可以培养一定数量的网络"意见领袖",充分利用他们传播正面舆情、引导负面舆情,对敏感话题,及时解答网民的疑点和质询,有指向性地引导舆情走势;在"黄金4小时"内尽快化解流言,坚持将负面舆情扼杀在萌芽状态,从而保证正面舆情有着良好的传播空间。

2.2 网络舆情管理架构的总体设计

为进一步做好新时代网络舆情管理,本节结合已有研究成果,提出了基于知识图谱的网络舆情管理架构,具体如图2-2所示。不同于传统舆情管理的最明显特征就是该架构以知识图谱为主要信息组织方式。

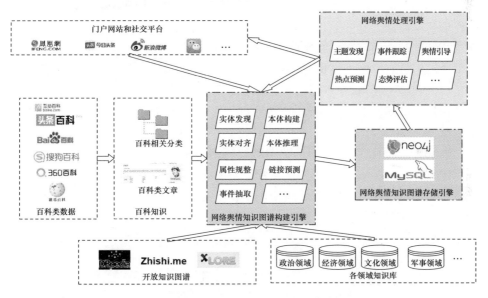

图2-2 基于知识图谱的网络舆情管理架构

该管理架构中主要包含网络舆情知识图谱构建引擎、网络舆情知识图谱存储引擎和网络舆情处理引擎3部分。网络舆情知识图谱构建引擎主要负责从各类异构数据源中抽取实体、关系、属性以及事件,通过一系列的相关技术构建知识图谱,并负责知识图谱的半自动更新;网络舆情知识图谱存储引擎负责知识图谱的存储管理,主要提供知识的存储、检索等服务;网络舆情处理引擎通过定期访问知识图谱,查找舆情热点事件,触发预警,供管理人员决策。

2.3 网络舆情知识图谱的构建引擎

网络舆情知识图谱构建引擎负责知识图谱的构建与动态更新。构建知识图谱首先要选择合适的数据源,然后确定合适的构建方法。知识图谱中的知识必须能够动态更新,不断完善和丰富。

2.3.1 数据源选择

数据主要来自4大数据源,分别是结构化的各领域数据库、知识化的开放知识图谱、半结构化的百科网站和非结构化的门户网站、社交平台等。各领域数据库是最具权威的结构化知识库。这些知识大多存在于各领域信息系统数据库中,优点是具有很高的真实性、完整性和实效性,缺点是不易获取。

开放知识图谱大多提供在线接口,可以通过应用程序界面(API)调用的方式直接获得数据。这些知识大多从百科类网站中抽取后经过人工整理和校对,优点是具有较高的真实性和完整性,缺点是标准不一致且更新较慢。百科网站提供的数据具有一定的结构,有着各自的分类体系,面向所有网民开放,优点是更新较快和易于获得,缺点是分类体系不一致且存在大量噪声。门户网站或社交平台是舆情爆发的主要平台,这些数据大多为文本格式,优点是更新频繁和易于获取,缺点是难以知识化。

根据实践经验,我们用雷达图来对比网络舆情知识图谱4大数据来源的优缺点,如图2-3所示。对于网络舆情管理来说,实效性是最为重要的因素。从图2-3中可以看出,领域数据库实效性最好但最难获取,开放知识图谱最易获得但实效性最差。

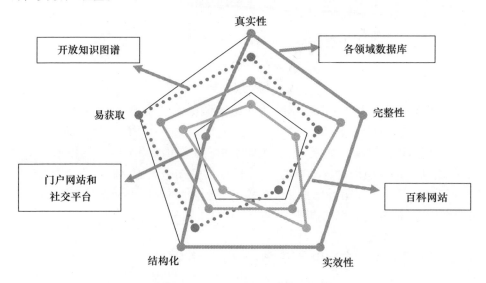

图2-3 网络舆情知识图谱4大数据来源优缺点对比

同时,各类数据源的数据内容也有所不同。例如专业性较强的数据比较适合从各领域数据库中获取,网民对于热点事件的关注度适合从社交平台中获取,百科类网站有着大量各领域相关的公开知识。因此,在构建特定领域网络舆情知识图谱过程中,需要结合该领域相关的结构化数据。在更新阶段,选择该领域中国影响较大的门户网站和社交平台作为知识图谱更新引擎的主要监控数据源。

2.3.2　网络舆情知识图谱构建过程

知识图谱在逻辑上可分为模式层与数据层两个层次[①]。模式层和数据层的构建顺序依据所采用的具体构建方法而有所不同。这里采用自上而下的方法构建知识图谱:首先,根据各类专业知识以及百科类网站知识创建网络舆情本体,邀请领域专家进行验证和完善;然后将此本体作为知识图谱的模式,使用相关技术构建网络舆情知识图谱。本体构建的方法很多,本书主要参照本体构建方法中比较成熟的"七步法",提出网络舆情本体构建的具体方法,在充分利用了现有各类相关知识的前提下,将舆情管理活动的相关概念整合到一个统一的体系中。

评判本体构建工具是否好用,主要参考业界使用是否广泛、是否支持友好的可视化、是否支持 Unicode 字符集、是否有稳定团队维护、是否支持主流的格式等指标。满足上述标准的本体构建工具有十几种,例如 Onto Edit、Protégé、Open-Cyc(或称 Cyc)、WebOnto、DAMLImp(API)等。Protégé 是最为常用的本体构建工具,由斯坦福大学医学院研发。该软件使用 Java 语言编写,现在的最新版本为 5.5。Protégé 提供了友好的图形管理界面,使得用户并不需要关系本体语言的语法等内容,而仅需了解概念、关系、属性和实例等基本概念,即可使用该软件构建本体模型。Protégé 自身不提供推理功能,但通过安装扩展插件可以增加推理、问答等功能。同时,官方还提供了在线版本 WebProtégé。该版本的用户能够在线协同新建、编辑、上传、下载、共享本体,同时还支持权限管理。该软件的界面如图 2-4 所示。

本书在构建网络舆情本体的过程中使用 Protégé 软件辅助完成。网络舆情知识图谱采用了图数据库进行存储,因此需要将网络舆情本体转换到图数据库中,然后对知识图谱构建技术进行研究,重点解决针对百科类网站的知识融合和针对舆情信息的事件抽取技术。

[①] 徐增林,盛泳潘,贺丽荣,等. 知识图谱技术综述[J]. 电子科技大学学报,2016,45(4):589-606.

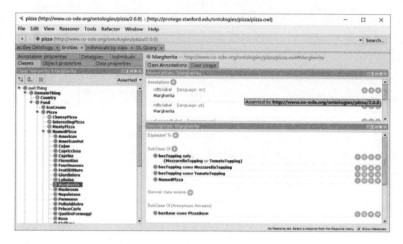

图 2-4 Protégé 桌面版软件界面

2.3.3 知识图谱的更新

本体在描述静态知识方面有着明显的优势,但是更新比较困难。知识图谱的管理比本体更为灵活,适合管理动态变化的知识和事实。在舆情管理过程中,知识图谱必须不断更新,才能为舆情监测和预警提供能力。本书提出了知识图谱的更新机理,具体流程为:①实时监控门户网站和社交平台中影响较大的公众号,不断抓取热点新闻、热门评论和热点文章。通过事件抽取技术抽取相关人员、相关机构、时间地点等实体;②在知识图谱中检索抽取到的实体,如果找到则直接跳转到第⑥步;③在领域知识库、开放知识图谱和百科网站中分别查找相关实体,使用实体对齐技术生成该实体;④按照数据来源的真实性由高到低完善该实体的属性和分类;⑤将该实体和对应分类写入知识图谱中;⑥将该事件写入图谱数据库并与实体建立链接。通过领域知识图谱构建引擎,知识图谱不断更新,实时存储到数据库中,为网络舆情处理引擎持续提供及时的数据。

2.4 网络舆情知识图谱的存储引擎

目前,知识图谱可选择的存储方案主要有资源描述框架(RDF)数据库和图数据库两种。图数据库在存储知识图谱的实体和关系上有着较好的灵活性和性能,逐渐成为主流。目前,图数据库并没有一个通用的标准,相同之处是大都使用了节点、关系和属性这3个概念,其中节点用来存储实体,关系用来表示实体之间的关联,属性表示实体的相关特性。db-engines 网站实时发布各种数据库的排名,

图 2－5 为该网站提供的图数据库前 10 名，可见 Neo4j 得分遥遥领先，长期占据图数据首位。因此，本书选择 Neo4j 数据库作为知识图谱的主要存储数据库。

☐ include secondary database models　　32 systems in ranking, August 2020

Rank			DBMS	Database Model	Score		
Aug 2020	Jul 2020	Aug 2019			Aug 2020	Jul 2020	Aug 2019
1.	1.	1.	Neo4j	Graph	50.18	+1.26	+1.79
2.	2.	2.	Microsoft Azure Cosmos DB	Multi-model	30.73	+0.32	+0.79
3.	3.	↑4.	ArangoDB	Multi-model	5.73	-0.11	+0.61
4.	4.	↓3.	OrientDB	Multi-model	5.02	+0.14	-1.27
5.	5.	5.	Virtuoso	Multi-model	2.65	+0.21	-0.41
6.	6.	↑7.	Amazon Neptune	Multi-model	2.15	-0.06	+0.51
7.	7.	↓6.	JanusGraph	Graph	2.02	+0.00	+0.08
8.	↑9.	↑18.	FaunaDB	Multi-model	1.70	+0.22	+1.30
9.	↓8.	↓8.	Dgraph	Graph	1.47	-0.08	+0.16
10.	10.	10.	GraphDB	Multi-model	1.39	+0.07	+0.25

图 2－5　db－engines 网站提供的图数据库排名

2.4.1　Neo4j 数据库简介

Neo4j 是一个稳定成熟的高性能图形数据库，它具有完整的 ACID 支持、高可用性、高扩展性、高效检索等特征。Neo4j 提供 Cypher 查询语言，该语言是一种可以进行查询和更新的高效语言，语法简单而功能却非常强大。例如在存储社会关系图数据库中它可以轻松查询到任何两个人之间的朋友关系链，而这通过 SQL 语句是很难实现的。Neo4j 提供社区版和商业版两个版本，其中社区版免费提供基本功能，商业版提供分布式部署，具有更好的性能。Neo4j 提供网页版图形化交互界面，提供数据的可视化显示，如图 2－6 所示。

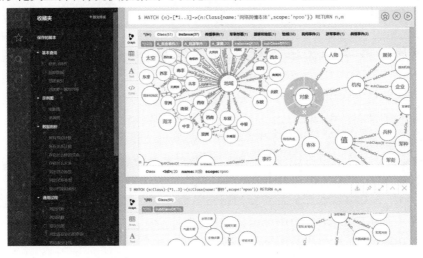

图 2－6　Neo4j 提供的图形化用户界面

2.4.2 Cypher 语句

Cypher 是一种 Neo4j 支持的图查询语言,允许用户使用简单的语句实现对图存储进行高效率的查询和维护。对比命令式语言和脚本语言,Cyper 语句更关注于怎样从图中查找数据,而不是怎样去做。因此,用户可以在不关心实现细节的前提下灵活使用该语言。

Cypher 语言包含 START、MATCH、WHERE、RETURN、MRGE、SET 等几个部分,例如语句:

MATCH(m:Class)-[*1..3]->(n:Class{name:'事件',scope:'npoo'})RETURN n,m

可以查询{事件}类的下位类,但只查询到 3 级。语句:

MERGE(n:人物{name:'张三',scope:'mpoo'})SET n. 出生时间 ='1976.03.13'

可以查询{人物}的实例"张三",将其出生时间设置为"1976.03.13"。另外,Cypher 语言还可以为数据库中的节点属性创建索引,支持复杂的路径查询。

2.4.3 存储效率优化

Neo4j 基于图存储数据,当节点属性较多时会显著降低查询效率,因此我们将查询率较低的非重要属性存储在 MySQL 数据库中,以优化查询效率。Neo4j 主要用于存储实体、实体的主要属性和实体间的关系,MySQL 主要用于存储业务数据和实体非重要属性。MySQL 是一个免费开源的关系型数据库,支持标准的 SQL 语言,因其具有占用空间小、安装便捷、免费等优点,在 WEB 开发方面有着广泛的应用。

2.5 基于知识图谱的网络舆情处理引擎

网络舆情处理引擎负责具体的管理活动,主要包括舆情监测、主题发现、热点追踪和辅助舆情引导等工作。这些工作均基于网络舆情知识图谱完成,需要解决一系列技术问题。基于文本的采集方法是目前较为主流的网络舆情采集方法,相关的分析技术也比较成熟。该方法将文本作为采集单元,主要使用文本、全文检索数据库、NoSQL 数据库等存储方式,对于网络舆情的分析则主要使用文本分类、文本聚类等自然语言处理技术。基于事件的网络舆情采集方法则将事件作为采集单位,主要使用关系数据库、事件演化图等存储方式,对舆情的分析则使用统计、社会网络分析等方法。

本书构建的网络舆情知识图谱中已经为常见的舆情事件进行了分类管理,

每类事件中记录了相关的触发词,同时知识图谱中包含了各领域的大量术语等与抽取事件元素相关的内容。因此现有网络舆情知识图谱可以直接用于网络舆情事件的抽取。基于知识图谱的事件抽取方法主要分为3个步骤:内容采集、文本处理和事件发现。内容采集主要通过网络爬虫从各大网络媒体站点和自媒体账号中抓取新闻语料;文本处理主要是去除新闻中的格式信息、广告、超链接等无用信息,然后拆分成段落和句子,使用自然语言工具进行分词、去除停用词;事件发现首先从处理好的句子中提出主题句,然后根据触发词进行事件分类、要素填充,最后更新到知识图谱中。

网络舆情知识图谱构建引擎不断从各类公开报道中抽取事件并保存在知识图谱中。网络突发事件在一定条件下会演化为网络舆情,甚至存在进一步演化为网络暴力的可能,为了及时发现网络突发事件并且追踪突发事件的发展,必须重点做好话题监测和热点追踪。网络舆情知识图谱中的事件存储有着良好的结构和细节,包括事件发生、传播的整个过程,因此可为发现舆情事件提供极大便利。网络舆情知识图谱可以看作是具有3种节点(类、对象和事件)的有向动态图,图中的有向边即代表节点之间的关系(Object Property)。可以通过社会网络分析法对舆情热点进行分析,同时可以利用图数据库提供的高效语句直接检索热点事件。

本书后面章节将重点研究基于知识图谱的事件抽取技术和热点事件发现技术。同时管理引擎为舆情引导提供发布权威消息的接口,可以在官方网站、论坛、微博和微信公众号中发布各类信息。

2.6 本章小结

本章在分析网络舆情的概念和特点后提出网络舆情管理的方法策略,研究提出了基于知识图谱的网络舆情管理架构,并对架构进行了详细说明。该架构充分借鉴现有的舆情管理方法,研究知识图谱构建引擎、知识图谱存储引擎和网络舆情处理引擎,为之后对领域知识库的有效整合和对舆情信息的精准管理奠定基础。

第3章 网络舆情领域的知识图谱构建方法

基于知识图谱的舆情管理方法,需要构造各领域的知识图谱。本章主要采用自上而下的方法研究舆情知识图谱的构建技术,首先通过构建舆情本体来构建知识图谱的模式层,然后基于百科类网站等对知识图谱数据层进行构建。将领域本体构建技术与知识图谱构建技术进行有机整合,产生一种垂直领域知识图谱构建方法。利用专业领域知识库和百科类知识对知识图谱进行扩充,同时增加时序属性以支持表达舆情事件的动态演化过程。

3.1 知识图谱构建的相关知识

本节在介绍知识图谱构建技术后,研究现有知识图谱、现有专题领域相关本体以及专题领域知识组织工具,这些均作为构建网络舆情知识图谱的基础。本节涉及的专题领域各类知识均来源于公开资料。

3.1.1 知识图谱构建技术

知识图谱的构建方式主要有两种:①自顶向下的方式。该构建方式首先依靠专家经验从高质量数据中提取模式层,然后使用其他知识库来填充数据层,例如 Freebase 项目选择使用维基百科中的大量数据来构建模式层。②自底向上的方式。该构建方式首先通过使用实体抽取、实体对齐、属性消歧等一系列技术从一些开放的知识库中获得数据来构建数据层,然后通过对数据进行分类整理,再构建上层模式层[1]。目前,自底向上的方式是知识图谱选择较多的构建方法。

知识图谱技术是指在建立知识图谱过程中使用的技术,涉及信息检索与抽取、知识表示与推理、知识计算、自然语言处理、数据挖掘等多种技术。知识图谱需要从因特网中抽取知识,相关理论是研究者关注的重点。具体地,知识图谱技术主要包含3方面的研究内容[2]:①知识表示研究对客观世界知识的建模,以方

---

[1] 刘峤,李杨,杨段宏,等. 知识图谱构建技术综述[J]. 计算机研究与发展,2016,53(3):582-600.

[2] 李涓子,侯磊. 知识图谱研究综述[J]. 山西大学学报(自然科学版),2017,40(3):454-459.

便机器识别和理解,模型要兼顾可读性与规范性,同时还要考虑存储和计算的便捷性;②知识图谱构建研究从各种资源中抽取知识的具体步骤,需要针对各种类型的数据采取不同的方法;③知识图谱应用主要研究如何利用知识图谱建立基于知识的智能辅助系统,针对具体问题提供智能化解决方案。

早期的知识图谱构建更多地依赖人工和专家,随着机器学习和相关技术的不断进步,构建过程自动化程度越来越高。整个构建过程主要包括知识抽取、知识融合和知识推理3个步骤①。知识抽取主要解决如何从各种异构数据源中获取知识,数据融合主要解决将不同来源的知识进行合并、对齐、消歧并构建关联关系,知识推理则主要是根据图谱获得更多隐含知识的同时排除噪声干扰。

1. 知识抽取

知识抽取主要包括实体抽取、关系抽取和属性抽取。实体抽取指的是从文本中自动发现各类实体的过程,抽取的准确性和完整性在一定程度上决定着后续步骤的成功率。早期对实体抽取方法的研究主要关注人名、地名等专有名词的识别②。很多研究采用基于规则的方法,该方法不仅耗费人力,而且可扩展性也较差。随后,机器学习在解决命名实体抽取问题上获得了越来越多学者的青睐,例如,Liu 等③利用 K - 最近邻算法和条件随机场模型,实现了对 Twitter 文本的实体识别。随着命名实体识别技术不断取得进展,学术界开始关注开放域的信息抽取问题。2012 年,Ling 等④借鉴 Freebase 的实体分类方法,使用条件随机场模型进行实体识别,其效果显著优于 Stanford NER 等当前主流的命名实体识别系统。Jain 等⑤提出了一种应用于开放领域的无监督学习算法,该算法不需要预先确定分类,而是通过实体的语义特征完成命名实体的识别任务,实体对象的分类则是通过聚类来完成的。

要从文本语料中抽取知识网络,完成命名实体识别仅是第一步。实体间的关联关系拥有着更为丰富的语义,同样需要研究相关技术来完成这一任务。早期研究将重点放在了专家如何构建各类规则上,不仅对人员素质要求高,而且工

---

① 漆桂林,高桓,吴天星. 知识图谱研究进展[J]. 情报工程,2017,3(1):4-25.

② Chinchor N,Marsh E. Muc-7information extraction taskdefinition[C]//Proc of the 7th Message Understanding Conf. Philadelphia:Linguistic Data Consortium,1998:359-367.

③ Liu X H,Zhang S D,Wei F R,et al. Recognizing named entities in tweets[C]//Proc of the 49th Annual Meeting of the Association for Computational Linguistics:Human Language Technologies. Stroudsburg,PA:ACL,2011:359-367.

④ Ling X,Weld D S Fine-grained entity recognition[C]//Proc of the 26th Conf on Association for the Advancement of Artificial Intelligence. Menlo Park,CA:AAAI,2012:94-100.

⑤ Jain A,Pennacchiotti M. Open entity extraction from web search query logs[C]//Proc of the 23rd Int Conf on Computational Linguistics. Stroudsburg,PA:ACL,2010:510-518.

作量大,也不容易拓展到其他领域。为此学术界开始研究采用各种机器学习的方法,替代预定义的语法和语义规则。例如 Kambhatla 等[1]使用最大熵方法仅仅使用自然语言中的各类特征来建模实体关系,从而顺利地解决了关系抽取问题。Carlson 等[2]提出的方式,可以自主完成实体关系识别,基本达到了人工模型的水平,较少了对训练语料的依赖程度。陈立玮等[3]提出的协同训练方法克服了弱监督学习中使用不可靠标注数据带来的干扰,他们主要采用的协同策略是向传统模型中加入 N-Gram 特征,从而增强了模型的适应性,在多语言数据集上提升了性能。大多研究成果均需要在关系抽取之前预先确定关系的具体类型。2007 年,Banko 等[4]专门针对开放领域发布了信息抽取原型系统(TextRunner),通过采用较少的人工标记数据来训练获得分类模型,然后进行分类,最后将结果用于训练实体关系抽取模型获得了非常不错的结果。Wu 等[5]在 OIE 的基础上,研发了类似功能的 WOE 系统,该系统能够使用维基百科自动构造训练集,实际性能超过了较早的 TextRunner 系统。Fader 等[6]通过对上述两个系统的抽取结果展开对比,引入语法限制规则,根据关系指示词首先识别关系类型,之后再开展实体识别,关系识别准确率有了显著提高。当前流行的 OIE 系统在关系抽取任务上的研究重点是如何提高二元实体间关系的抽取准确率,较少考虑到高阶多元实体关系,对隐含语义关系的抽取研究也不多。

实体属性作为除了关系外另一种需要获取的知识,可以把它看做是实体和属性值两者的一种特殊关系,因此属性抽取问题与关系抽取问题拥有一些共性特征[7]。郭剑毅等[8]采用支持向量机算法对人物属性的抽取问题进行建模,

---

[1] Kambhatla N. Combining lexical, syntactic, and semantic features with maximum entropy models for extractingrelations[C]//Proc of the 42nd Association for Computational Linguistics. Stroudsburg, PA: ACL, 2004: 1-22.

[2] Carlson A, Betteridge J, Wang R C, et al. Coupled semi-supervised learning for information extraction [C]//Proc ofthe 3rd ACM Int Conf on Web Search and Data Mining. New York: ACM, 2010: 101-110.

[3] 陈立玮, 冯岩松, 赵东岩. 基于弱监督学习的海量网络数据关系抽取[J]. 计算机研究与发展, 2013, 50(9): 1825-1835.

[4] Banko M, Cafarella M J, Soderland S, et al. Open information extraction for the Web[C]//Proc of the 20th IntJoint Conf on Artificial Intelligence. New York: ACM, 2007: 2670-2676.

[5] Wu F, Weld D S. Open information extraction using Wikipedia[C]//Proc of the 48th Annual Meeting of the Association for Computational Linguistics. Stroudsburg, PA: ACL, 2010: 118-127.

[6] Fader A, Soderland S, Etzioni O. Identifying relations for open information extraction[C]//Proc of the Conf on Empirical Methods in Natural Language Processing. Stroudsburg, PA: ACL, 2011: 1535-1545.

[7] 刘峤, 李杨, 杨段宏, 等. 知识图谱构建技术综述[J]. 计算机研究与发展, 2016, 53(3): 582-600.

[8] 郭剑毅, 李真, 余正涛, 等. 领域本体概念实例、属性和属性值的抽取及关系预测[J]. 南京大学学报:自然科学版, 2012, 48(4): 383-389.

从而实现了将人物属性抽取问题向实体关系抽取问题的转变。如何从海量非结构化数据中抽取实体属性是值得关注的理论研究问题。Wu 等[1]提出一种自动构建训练语料的方法,构建的语料来源于百科类网站中的规则数据,用于训练实体属性标注模型,训练后的模型能够用于一般文本的实体属性抽取。

2. 知识融合

通过知识抽取获得的实体、关系和属性中不可避免的会夹杂着非常多的错误或不准确信息。知识融合技术就是通过各种技术和手段把这些错误信息一一排除,以此来提高抽取知识的高质量。知识融合主要包括实体链接和知识合并两部分内容。

实体链接(Entity Linking)主要完成将抽取到的实体在知识库中检索得到对应实体然后建立对应关系的过程。实体链接的基本思想是通过相似度计算将实体链接到匹配的实体对象。实体消歧是用于消解名称相同实体因具有多个含义而产生分歧的有效技术,例如"苹果"这个名词在不同的语境下,可以对应于水果也可以对应于公司。实体消歧主要采用聚类法。例如 Bagga 等[2]使用向量空间模型计算上下文的相似性,在 MUC6 数据集上取得了很高的消歧精度(F1 值高达 84.6%),然而该方法的缺点在于没有考虑上下文语义信息。Sen[3]采用主题模型作为相似度计算依据,在维基百科人物数据集上获得了高达 86% 的消歧准确率。Shen 等[4]提出的 Linden 模型则同时考虑到了文本相似性和主题一致性,基于维基百科和 Wordnet 知识库,取得了当时最好的实体消歧实验结果。

共指消解(Entity Resolution)技术主要用于解决多个指称项对应于同一实体对象的问题。学术界对该问题有多种表述,例如对象对齐、实体匹配等。共指消解问题最早出现在自然语言处理领域,具有代表性的技术主要有 Hobbs 算法和向心理论等。Lappin 等[5]基于句法分析和词法分析技术提出了消解算法,能够

---

[1] Wu F, Weld D S. Autonomously semantifying wikipedia[C]//Proc of the 16th ACM Conf on Information and Knowledge Management. New York:ACM,2007:41 – 50.

[2] Bagga A,Baldwin B. Entity – based cross – document coreferencing using the vector space model[C]//Proc of the17th Int Conf on Computational linguistics. Stroudsburg,PA:ACL,1998:79 – 85.

[3] Sen P. Collective context – aware topic models for entity disambiguation[C]//Proc of the 21st Int Conf on WorldWide Web. New York:ACM,2012:729 – 738.

[4] Shen W,Wang J Y,Luo P, et al. Linden:Linking named entities with knowledge base via semantic knowledge[C]//Proc of the 21st Int Conf on World Wide Web. NewYork:ACM,2012:449 – 458.

[5] Lappin S,Shalom H J. An algorithm for pronominal anaphora resolution[J]. Computational Linguistics,1994,20(4):535 – 561.

识别语篇中的第 3 人称代词和反身代词等回指性代词在语篇中回指的对象。McCarthy[①]将决策树算法用于处理共指消解问题,在 MUC – 5 公开数据集的多数任务中均取得了优胜。Turney[②] 使用了互信息以区分文档中同名实体的相似度,取得了 74% 的正确率。

另外,专业知识库和结构化数据也可以合并到知识图谱,这时需要用到知识合并技术。知识合并不仅要处理数据层的融合问题,同时还要处理模式层的融合问题。Mendes 等[③]提出了面向开放数据集成的应用框架,通过以下 4 个步骤实现知识融合:获取知识、概念匹配、实体匹配和知识评估。RDB2RDF 技术是一种将关系数据库中的数据并入知识图谱的技术,具体采用了 RDF 作为转换模型,其基本过程是首先将关系数据库的数据转变成 RDF 的三元组格式,然后再使用通过相关接口直接写入知识图谱中。当前支持 RDB2RDF 转换的工具很多,但由于缺少业界标准规范,使得这些工具的推广应用受到极大制约[④]。为此,W3C 于 2012 年推出了 2 种映射语言:Direct Mapping 和 R2RML。其中,Direct Mapping 采用一步到位的映射方式,在保持表名和字段名不变的基础上,直接将关系数据库的数据转换为 RDF 格式。而 R2RML 则具有较好的适应性和可定制性,允许把数据库结构中使用的元数据根据词汇表进行映射转换后再生成 RDF 数据集,其中所用的术语如类的名称,谓词均来自定义词汇表。除了关系型数据库之外,当前还有许多完成转入半结构数据的工具,如 XSPARQL 支持 XML 格式,Datalift 除了支持 XML 外还支持 CSV 格式。

3. 知识推理

知识推理是指以知识库中现有的实体和关系等数据为基础,按照预定义的规则,使用推理机等技术获得新知识或者发现错误的过程。通过知识推理,可以拓展和丰富知识库。知识库推理可以大体分为基于符号的推理和基于统计的推理[⑤]。

基于符号的推理主要包括一阶谓词逻辑、描述逻辑以及基于规则的推理。

---

① McCarthy J F,Lehnert W G. Using decision trees for coreference resolution[C]//Proc of the 14th Int Joint Confon Artificial Intelligence. San Francisco:Morgan Kaufmann,1995:1050 – 1055.

② Turney P. Mining the Web for synonyms:PMI – IR versus LSA on TOEFL[C]//Proc of the 12th European Conf on Machine Learning. Berlin:Springer,2001:491 – 502.

③ Mendes P N,Mühleisen H,Bizer C. Sieve:Linked data quality assessment and fusion[C]//Proc of the 2nd Int Workshop on Linked Web Data Management at Extending Database Technology. New York:ACM,2012:116 – 123.

④ Sahoo S S,Halb W,Hellmann S,et al. A survey of curren tapproaches for mapping of relational databases to RDF[R]. Cambridge,MA:The W3C RDB2RDF Working Group,2009.

⑤ 漆桂林,高桓,吴天星. 知识图谱研究进展[J]. 情报工程,2017,3(1):4 – 25.

在一阶谓词逻辑中,实体和概念可以用个体来表示,关系则可以使用谓词来表示。描述逻辑(description logic)是一阶谓词逻辑的子集,支持对一般关系的简单推理,是OWL语言构建的基础,在本体推理语言中占有重要地位,被W3C所推荐。描述逻辑主要由术语盒(Terminology Box)和断言盒(Assertion Box)两个工具组成。术语盒中包含了一系列的公理,表达着概念之间、关系之间以及概念与关系之间的内在逻辑的公理集。断言盒则是针对事实的一系列公理集合。关系推理则可以通过检查断言盒的一致性来完成[1]。另外,研究者们对于如何提高推理效率也开展了大量研究。Goodman等[2]借助CrayXMT平台通过将RDFS本体的推理放在内存中来完成优化。Motik等[3]充分利用了Datalog程序的高并发性提高内存使用效率的方法来实现逻辑推理的优化,具体做法是使用Datalog程序等价地表示RDFS和OWL RL本体。分布式架构同样可以用于优化大规模本体的推理效率,例如Mavin[4]使用Peer-To-Peer完成了RDF推理的优化工作,Urbani等[5]发布的WebPIE则是使用了开源大数据框架MapReduce来对推理进行优化,Zhou等[6]通过大量的实验证实了这种方法可以用于大规模OWL EL本体的推理中。

知识推理还可以用于新实体关系发现中,这也是近些年学者关注的一个重点方向。有不少学者研究基于统计的推理方法,Nickel等[7]使用双线性模型来获得隐含的实体关系,Drumond等[8]使用张量分解模型来计算潜在关系。基于图

---

[1] Lee T W,Lewicki M S,Girolami M,et al. Blind source separation of more sources than mixtures using overcompleterepresentations[J]. Signal Processing Letters,1999,6(4):87-90.

[2] Goodman E L,Jimenez E,Mizell D,et al. High-Performance computing applied to semantic Databases[C]//Extended semantic Web conference on the semanic Web:research and applications. Springer-Verlag,2010:31-45.

[3] Motik B,Nenov Y,Piro R,et al. Parallel materialisation of datalog programs in centralised,main-memory RDF systems[C]//AAAI Conference on Artificial Intelligence. 2014.

[4] Oren E,Kotoulas S,Anadiotis G,et al. Marvin:Distributed reasoning over large-scale semantic web data[J]. Journal of Web Semantics,2009:305-316.

[5] Urbani J,Kotoulas S,Maassen J,et al. OWL reasoning with Web PIE:calculating the closure of 100 billion triples[M]//the semantic Web:research and Applications. Springer Berlin Heidelberg,2010:213-227.

[6] Zhou Z,Qi G,Chang L,et al. Scale Reasoning with Fuzzy-El+ ontologies based on Mapreduce[C]//Workshop on Weighted Logics for Artificial Intelligence. 2013:87-93.

[7] Nickel M,Tresp V,Kriegel H P. A three-way model for collective learning on multirelational data[C]//International Conference on Machine Learning, ICML 2011, Bellevue, Washington, Usa, June 28-July. DBLP,2011:809-816.

[8] Drumond L,Rendle S,Schmidt-Thieme L. Predicting RDF triples in incomplete knowledge bases with tensor Factorization[C]//ACM Symposium on Applied Computing. ACM,2012:326-331.

的推理方法也取得了很好的效果,例如 Socher 等[1]将知识库中的实体表达为词向量的形式,进而采用神经张量网络模型进行关系推理,在 WordNet 和 FreeBase 等知识库上实验获得了分别达到 86.2% 和 90.0% 的准确率。

3.1.2 知识图谱分类

就使用范围而言,知识图谱可分为通用知识图谱和行业知识图谱。

(1)通用知识图谱。通用知识图谱因为使用范围广泛,往往比较重视覆盖率,包含范围更为广泛的实体、属性和关系,往往依靠众包等技术构建,由于工作量巨大而参与人众多,因此其准确率没有保障,相关公理和约束规则相对较少。通用知识图谱大多应用于领域无关的领域,如在智能搜索等领域取得了广泛应用。

(2)行业知识图谱。行业知识图谱的构建通常有领域专家参与构建,由于应用的环境对图谱的质量要求普遍较高,因此行业知识图谱在注重覆盖率的基础上,对准确性也有一定的要求。行业知识图谱的另一个特点是实体之间的关系更为丰富,实体的属性也较多。知识图谱多应用在相关行业的智能系统中。

1. 通用知识图谱

当前世界范围内存在大量的高质量大规模通用知识图谱,国外主要有 DBpedia[2]、Yago[3]、Wikidata[4]、BabelNet[5]、ConceptNet[6],以及 Microsoft Concept Graph 等。DBpedia 作为大型百科类知识图谱,能够支持多国语言,可以看作是将维基百科经过结构化处理后而成,而 Yago 则是通过将维基百科和 WordNet[7] 链接后形成的大型本体库。Wikidata 是一个采用众包模式基于维基百科构建的多语言百科知识库,BabelNet 是一个多语言百科同义词典,可以看作是一个语义网络。

---

[1] Socher R,Chen Dandi,Manning C D,et al. Reasoning with neural tensor networks for knowledge base completion[C]//Proc of Neural Information Processing Systems. Nevada,USA:NIPS,2013:926 – 934.

[2] Bizer C,Lehmann J,Kobilarov G,et al. DBpedia:a Crystallization Point for the Web of Data[J]. Web Semantics Science Services and Agents on the World Wide Web,2009,7(3):154 – 165.

[3] Suchanek F M,Kasneci G,Weikum G. YAGO:A large ontology from Wikipedia and Word Net[J]. Web Semantics Science Services and Agents on the World Wide Web,2008,6(3):203 – 217.

[4] Vrande D,Tzsch M. Wikidata:A Free collaborative knowledgebase[J]. Communications of the ACM,2014,57(10):78 – 85.

[5] Navigli R,Ponzetto S P. BabelNet:Building a very large multilingual semantic network[C]//Annual Meeting of the Association for Computational Linguistics,2010:216 – 225.

[6] Speer R, Havasi C. Representing general relational knowledge in ConceptNet 5[C]//lr Ec. 2012:3679 – 3686.

[7] Miller G A. WordNet:a dictionary browser[J]. Information in Data,1985:25 – 28.

国内则主要有 Zhishi.me①、Zhishi.schema②、CN-DBpedia③ 和 XLore④ 等。Zhishi.me 是由东南大学创建的首个大规模中文知识图谱,之后创建的 Zhishi.schema 则是另一个大规模中文模式知识库,CN-DBpedia 是由复旦大学构建的一个大规模通用领域结构化百科,XLore 是一个大型的中文知识图谱,同时建立了与英文实体间的跨语言链接。

OpenKG 是一个开放知识图谱联盟,其主要目的是通过建立互联平台促进知识图谱在中文领域的发展,推动知识图谱技术在中国的推广,为中国 AI 创新发展做出贡献。目前该平台已有 70 多家院校和企业等机构参与,吸纳了国内许多优质资源的加入,拥有近百个高质量的数据集,涵盖了来自常识、医疗、生活、社交等 16 个类目的开放知识图谱。OpenKG 已经启动了一个知识工程,计划将目前大型中文知识图谱通过建立链接数据进行关联,从而进一步推动中文通用知识图谱的互联互通。该项工程目前已基本完成,工作成果已向学者和业界免费共享,可通过网站下载 Dump 文件。OpenKG 还计划今后在行业领域开展类似工作。

2. 行业知识图谱

行业知识图谱(垂直型知识库)的应用场景是各自的专业领域,具有代表性的有 IMDB、MusicBrainz、ConceptNet 等。

(1) IMDB。IMDB 是一个关于电影、演员以及电影制作的资料库。目前,IMDB 总共包含了 350 万部优秀作品的信息,包含近 2 亿条数据。IMDB 中的资料是按类型进行组织的。对于一个具体的条目,又包含了详细的元信息。

(2) MusicBrainz。MusicBrainz 是一个著名的音乐类知识库。任何注册用户都可以向网站中添加有关信息。MusicBrainz 通过 Web 服务的方式为诸多音乐站点免费提供元数据,为商业用户提供本地化的数据库与复制包。

(3) ConceptNet。ConceptNet 是一个语义知识网络,网络中的节点代表着某个概念,与自然语言中的单词或词组通过链接进行关联,边代表了各个概念之间

---

① Niu X, Sun X, Wang H, et al. Zhishi.me: Weaving chinese linking open data[J]. The Semantic Web - ISWC 2011, 2011: 205 - 220.

② Wu T, Qi G, Wang H. Zhishi.schema Explorer: A platform for exploring chinese linked open schema [J]. The Semantic Web and Web Science, 2014: 174 - 181.

③ Xu B, Xu Y, Liang J Q, et al. CN-DBpedia: A never-ending chinese knowledge extraction system [J]. In International Conference on Industrial, Engineering and Other Applications of Applied Intelligent Systems, Springer, Cham, 2017: 428 - 438.

④ Wang Z, Li J, Wang Z, et al. XLore: A large-scale english-chinese bilingual knowledge graph[C]// Proceedings of the 2013th International Conference on Posters & Demonstrations Track - Volume 1035. CEUR-WS.org, 2013: 121 - 124.

的语义关系。ConceptNet 中的知识可以被计算机获取并理解,有助于计算机更为便利地实现搜索、问答以及理解人类的意图。

3.1.3 专题领域相关本体

目前,在一些军事专题领域已有研究者构建了多个本体,并应用到不同的场景中。

(1) 仓储领域。钟诚等①通过对当前仓储管理现状进行研究发现,该领域的各种应用系统相对独立,无法实现数据对接,相关知识也无法复用,于是改进了本体创建方法,并给出了创建仓储领域本体的具体步骤。他们以该本体为基础,提出一个基于本体的信息系统集成框架。该框架消除了各个部门、各类系统以及各种平台在知识理解上的差异,为我军后勤物流保障工作信息化建设提供了很好的借鉴。

(2) 通信领域。陈立峰等②分析了我军在指挥一体化建设中对知识模型的使用和共享中遇到的难点,运用了基于本体的解决方案,主要应用于数据间基于语义的查询。作者首先说明了该领域本体的组成,然后详述了其构建方法,对该本体包含的类、关系和属性给出了详细说明,根据先验知识抽取了相关公理,最后对该本体进行了一致性检验和推理。经过研究发现,基于特定领域构架的本体可以支持该领域下信息系统数据集成中的语义检索和互操作。

(3) 医学领域。肖健等③首先调研了国内外典型通用本体和生物医学本体,认为可以将一体化医学语言系统(UMLS)做为医学领域本体构建的理论基础,然后给出了构建医学领域本体的具体途径,最后将医学领域顶层本体作为具体研究对象,详细说明了构建过程并对构建效率和结果进行了评价。

(4) 训练领域。蒋维等④主要研究在训练领域引进本体,即训练领域核心本体的建立。作者在关键环节上引进一些自动化算法,实现了本体构建过程中的部分功能自动完成。虽然他们的整个研究过程中加入了一些人为的干预工作,但也为全自动本体构建提供了宝贵经验。

---

① 钟诚,赵明霞,何秋燕,等. 军事仓储领域本体的构建[J]. 计算机与数字工程,2011,39(9):61-64.
② 陈立峰,宋金玉,石坚. 军事通信领域本体构建与分析[J]. 计算机技术与发展,2011,21(7):90-93,97.
③ 肖健,刘伟,刘鹏年,等. 军事医学本体概念获取方法研究[J]. 中华医学图书情报杂志,2016,25(5):21-25.
④ 蒋维,郝文宁,杨晓恝. 军事训练领域核心本体的构建[J]. 计算机工程,2008,34(5):191-192,212.

3.1.4 专题领域信息组织工具

1. 军用主题词表

《军用主题词表》(简称《军表》)是应用于军事图书情报工作中的叙词表,于1991年发布全军使用同时列入国家军用标准。该表共分为3卷(主表、附表和英汉索引),涵盖军事技术与军事理论相关的52000多个主题词,其中包含42000多正式主题词,分属近百个学科和专业门类。与《军表》一起发布的还有使用手册和释义词典等相关工具书,还配套录制了相关纪录片,对《军表》的推广发挥了重要作用。《军表》在第一卷包含了拼音索引、笔画索引、主表和范畴表,在第2卷中包含了地名、著述名称等附表,在第3卷中包含了英汉双语比照索引。范畴表是为用户提供从分类角度查找主题词的视图,通过将主题词按学科、语义划分为若干范畴来组织主题词。附表收录专用主题词,按照类别排序,配合主表一起使用。英汉对照索引为按照英文检索主题词提供了方便。

2. 军事信息资源分类法

《军事信息资源分类法》简称《军分法》,是一部为方便军事类信息共享而编制的分类法,发布于2005年,并在2015年进行了修订[1][2]。《军分法》主要由简表、详表、复分表、索引等组成,共设23个大类,改变了我军信息资源分类标准不一、各自为政的状况。《军分法》与《中图法》兼容,它的出现为我军信息资源管理快速发展奠定了基础。《军分法》在设计过程中,以军事科学分类最新成果为参照,充分考虑了军队各类相关部门的客观需求,力求为军事信息资源分类提供科学遵循。在设计类目的层级时,尽可能降低总层级数,将相关文献比较多的高频类目设置在高层级,使得分类更容易检索和使用。《军分法》中不少类目的设置使用了复分技术,如有些类目按军兵或兵种来细分,"战役"大类中区分了陆军战役、海军战役和空军战役。《军分法》同样适用于网络信息资源,针对网络资源专门编辑了相关说明。

3. 中国人民解放军军语

《中国人民解放军军语》,简称《军语》,是全军统一使用的规范化用语工具书。最新版《军语》将8000多标准化用语划分为26个类目,同时备注了英文对应的标准名称。与上一版相比,最新版增设了6个新类目,合并了3个类目,同时添加了4000多条新术语。新版《军语》增设了一大批与当时军事任务紧密相

---

[1] 周健.《军事信息资源分类法》的修订原则与方法[J]. 数字图书馆论坛,2016,(11):58-63.
[2] 温敬朋.《军事信息资源分类法》在文献分类中的应用[J]. 大学图书情报学刊,2011,29(1):46-48.

关的内容,同时随着我军参与军事任务的类别增多,增设了"非战争军事行动""非传统安全威胁"等60多个新用语。近几年,随着信息技术的迅速发展以及军队改革的不断深化,军事理论不断创新,新的军事术语不断出现,2011版军语已经不能与当前的军事需求相适应,急需修订完善。但是作为军事术语的权威标准,对当前仍有一定的指导意义。《军语》各版本词目更新情况①见表3-1。

表3-1 《军语》词目更新情况统计表

版本	词目总数	被删减	被保留	不适应率	实际新增	实际新增率
1972版	1348	261	1087	19.36%	—	—
1982版	5227	2322	2905	44.42%	4134	306.68%
1997版	6562	2606	3956	39.71%	3682	70.44%
2011版	8587	—	—	—	4630	70.56%

3.2 使用本体构建知识图谱模式层

近几年随着知识图谱的发展,大量高质量的开放知识图谱和垂直领域知识图谱出现,为建设各个领域知识图谱提供了重要基础。在各个具体领域,一般也都存在领域本体。如在军事领域已经创建了一些面向特定应用的本体,发布了一些权威的工具书,可以作为创建涉军网络舆情知识图谱的重要参考。同时,随着军队信息化建设的不断发展,越来越多的信息系统得到推广应用,并形成了丰富的数据资源,例如装备数据库、人力资源数据库等。以上这些数据,为创建高质量的舆情知识图谱创造了条件。研究如何将这些资源整合的技术显得十分重要。本书构建知识图谱的模式层主要采用首先构建舆情本体,然后再转换为模式层的方法。

目前本体构建尤其是自动化构建的方法仍然不够成熟,也没有统一的构建方法,但学者们普遍认为在构建领域本体的过程当中,应该需要该领域专家的加入。构建本体的方法主要分为两类,一类是直接依靠领域专家利用本体语言将本体描述阐明清楚,是一种自上而下完全手工的方式,因此并不适合复杂应用领域;另一类是直接从文本中获得领域本体,是一种自下而上自动化或半自动化的方式,这种方式可以减少大量的工作量,但需要深入研究概念关系抽取技术。本书研究的网络舆情本体与开放领域本体有很多公共的概念,可以直接在开放领域本体或知识图谱上进行扩展,因此主要采用自上而下的方法。本书参照本体

---

① 杨鲁.集成创新的新版《中国人民解放军军语》[J].中国科技术语,2012,14(3):5-7.

构建方法中比较成熟的"七步法",提出网络舆情本体构建的方法,其基本流程如图 3-1 所示。

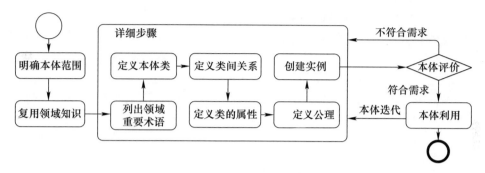

图 3-1 网络舆情本体构建方法

3.2.1 明确本体范围

在本体构建之前应确定如下几个问题:本体覆盖的专业领域范围、本体用来解决哪些问题、本体的使用者及系统维护者是谁等。根据网络舆情管理知识需求,网络舆情本体应该包含舆情事件的分类和描述、事件相关的实体和对象、事件相关的概念及其关系、关注网络舆情的各类用户描述、网络舆情传播和引导的各类机构等。

我们将舆情的用户分为普通用户、管理用户和决策用户共 3 大类。

(1) 普通用户。普通用户主要指在网络环境下关心突发舆情的民众。在突发舆情发生并广泛传播后,会吸引民众的关注和讨论,他们希望了解事件的起因、经过、结果以及该事件相关延伸事件。因此,其知识需求分为两方面:①基本信息,包括事件的发生时间、地点、人物、前因后果等信息;②演化信息,包括与该事件相关的其他事件等。

(2) 管理用户。管理用户主要是舆情分析人员和舆情决策人员。舆情分析人员在分析监控过程中,需要领域相关知识作为支撑。目前突发舆情来源广、内容杂、数量多、变化快,因此知识库的完备性与准确性尤为重要。舆情分析人员除普通用户关注的两个方面外,还需关注:①传播信息,具体包括发布主体信息、传播主体信息、传播速度、传播广度等。②主题信息,包括主题强度、主题热度、主题参与度、情感倾向等信息。

(3) 决策用户。决策用户需要适时对舆情实施干预,及时公布权威信息,引导舆情的健康发展,逐步平息突发事件舆情,维护社会的稳定。因此在舆情引导过程中,除了需要全面了解突舆情态势外,还需要参照舆情处理专业知识,制定科学策略。决策人员除需要关注分析人员关注的4个方面外,还需关注:①舆情案例。包括历史上发生的类似舆情事件以及处理方式。虽然突发事件具有相对独立性,但是对历史上相似案例的分析可以帮助决策人员在短时间内梳理脉络、把握关键要素,及时制定应变策略。②政策法规。在舆情事件时,应该做到有法可依和有规可循,这是对政府行使权力的基本要求。这些法律法规知识能为事件处理提供一些知识参考,为政府舆情政策的制定提供知识依据。③领域知识。为了保证舆情处理和引导的科学性和有效性,决策者需要有领域知识作为理论支撑。

3.2.2 复用领域知识

考察对现有知识的复用,主要包括现有本体、领域知识库、领域数据库等。

1. 现有本体和知识图谱

目前尚未建立网络舆情任务本体,但是网络舆情管理任务主要是处理各类突发事件,因此网络舆情任务本体的建立可以参考事件本体。刘宗田等[①]提出了一种由六要素组成事件与事件类的表示模型,OpenCYC顶层本体中包含了事件本体。还有很多关于事件的表示模型,这些均可以作为建立舆情任务本体的重要参考。国内外现有知识图谱中包含了各个领域的大量知识。这些可以作为建立领域本体的重要参考。

2. 领域知识库

领域专业知识库是准确实时的结构化知识,是快速构建领域本体的捷径。例如在军事领域,军事人力资源数据库是构建军事人物、军事机构的重要来源。军事装备数据库是建立武器装备相关本体的重要来源。另外,《军分法》《军语》等领域知识是建立军事领域专业术语的重要来源。

3. 百科类知识

百科类网站中包含了大量知识,均是半结构化的文本信息,其中包括了大量的军事领域知识。例如百度百科和互动百科的分类体系中,军事作为一个较为重要的分类存在,链接了大量实例。

4. 非结构化知识

互联网上存在大量军事类网站,其中很多专门开设了涉军论坛,吸引了大量军迷的关注和参与,其中不乏军事知识。军队内部局域网也包含了大量的新闻、论坛、博客的站点,涉及的内容更为专业,可信度更高。

以上4类知识各有特色,在构建网络舆情本体可以发挥不同作用。

---

① 刘宗田,黄美丽,周文,等. 面向事件的本体研究[J]. 计算机科学,2009,36(11):189-192,199.

3.2.3 本体详细设计

在明确了本体范围和可以复用的领域知识后,着手开始本体的详细设计。

1. 领域重要术语

这一步列出具体领域内所有术语,为定义本体中类及其关系和属性作好准备。

以下梳理了军事领域概念的几个重要来源,如表3-2所列。

表3-2 军事领域术语来源

军事概念分类体系	概念数	发布时间	说明
军用主题词表(军表)	52500 (47340)	1990年	包括87个学科、专业和部门
军事信息资源分类法(军分法)	8690	2005年	交叉类目321个
中国人民解放军军语(军语)	8587	2011年	共设26个类目,为每个概念提供准确定义
百度百科(军事)	166	2019年	概念间有上下位关系,包括大量实例
互动百科(军事)	1895	2019年	概念间有上下位关系,包括大量实例

这些术语是构建本体和属性的重要来源,是构建本体类间关系的重要依据。

2. 定义本体类

根据定义2-1,网络舆情本体主要包括2个二级类:{事件}类和{对象}类(本书约定使用{·}表示类,使用[·]表示实例),如图3-2所示。

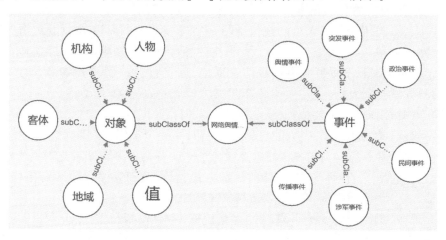

图3-2 网络舆情本体包含的主要类

1) {事件}类

{事件}类用于各类事件的规范说明,主要包括{涉军事件}{政治事件}{民间事件｝｛突发事件｝｛传播事件｝和｛主题事件｝等子类。｛事件｝类并没有严格按照统一分类标准进行分类,而是从方便管理的角度出发。同一事件实例可能属于多个分类。

｛涉军事件｝类用于各类涉军事件的规范说明,主要包括涉及军队机构、军事人物、军事活动、武器装备等信息的事件。

｛政治事件｝类用于各种政治事件的规范说明,主要包括竞选、访问、政变等事件。

｛民间事件｝类用于民间各种事件的规范说明,主要包括出行、就学、工作、就医等民事活动。

｛突发事件｝类用于具有较大影响的紧急事件的规范说明,主要包括自然灾害、人为事故、社会治安、集体上访等突发性事件。

｛传播事件｝类用于事件传播过程的规范说明,主要包括报道、转发、评论等传播活动。

｛主题事件｝类用于相关热点舆情事件的规范说明,主要描述主题事件包含的系列事件、舆情传播过程、网民的反应以及舆情引导过程等。

｛事件｝类的创建主要从方便追踪舆情传播和实施舆情管控的角度出发,并结合领域专家的意见和建议。

2）｛对象｝类

｛对象｝类用于与各类事件相关的各种对象的规范说明,主要包括｛人物｝｛机构｝｛地域｝｛客体｝和｛值｝等子类。

｛人物｝类用于各类人物的规范说明,主要包括｛军事人物｝｛政治人物｝｛公众人物｝｛网络用户｝等。｛军事人物｝类主要参考百科类知识中对军事人物的分类,大量实例来源于军事人力资源信息系统,｛政治人物｝类主要参考其在政府中的职务,｛公众人物｝类主要参考新闻媒体报道的演员、体育明星、歌星等热点人物,｛网络用户｝类主要依据网络媒体类型进行划分。

｛机构｝类用于各类实体机构的规范说明,主要包括｛军事机构｝｛媒体｝｛政府机构｝｛企业｝等。｛军事机构｝重点参考了军队各类人事管理系统中关于机构的信息。｛媒体｝的划分依据媒体的传播方式、影响范围等因素,｛政府机构｝和｛企业｝等分类则是根据实际需要适当补充。

｛地域｝类用于各类地域概念的规范说明,主要包括｛国家和地区｝｛网络｝｛军事基地｝等概念。｛国家和地区｝的分类参考了《军分法》中的世界地区表和中国地区表,｛军事基地｝依据百科类知识建立。另外,还根据网络舆情事件可能发生的地点进行了扩充,例如｛太空｝｛网络｝｛交通工具上｝等分类。

｛客体｝类用于各类客观对象的规范说明,例如｛武器装备｝｛军事术语｝等。

{武器装备}类主要参考了军事装备信息数据库和百科类知识,军事术语则参考《军分法》的分类体系。

{值}类主要规范各种常用数据属性取值的类,例如{军衔}类的实例即为各种军衔等级,这样比直接使用字符串表示更为直观,查询检索也更为方便。

3. 定义类间关系

1)层次关系

层次关系的建立一般有3种方式:自上而下法、自下而上法和上述两种结合的方法。自上而下法适合对领域比较熟悉的研究者,因此研究者可以根据对该领域的熟悉和理解程度选择使用相应的方法。本书采用自上而下法的方法。

层次关系主要包括上下位关系和实现关系,如表3-3所列。

表3-3 网络舆情本体类间关系

类间关系	定义域	值域	含义
has subclass	网络舆情本体类	网络舆情本体类	一个类拥有一个下位类
has invidual	网络舆情本体类	网络舆情本体实例	一个类拥有一个实例

一个类可以有多个下位类,同样一个下位类也可属于多个上位类。在《军分法》中,使用复分表对概念进行多维度划分,在本体构建中则通过上位类来进行划分。例如在《军分法》中,战术包含了陆军战术、海军战术、空军战术等按照军种复分的下位概念,在本体中我们根据复分表创建了相应分类,这样{陆军战术}类就拥有了两个上位类,即{战术}和{陆军}。

2)非层次关系

非层次关系是类间关系中排除上下位关系之外的其他关系,主要有等价关系和排他关系等,如表3-4所列。

表3-4 网络舆情本体实例间的关系

实例间关系	定义域	值域	含义
equivalent	网络舆情本体类	类表达式	一个类与一个类表达式等价
disjoint with	网络舆情本体类	网络舆情本体	一个类与另一个类具有排他性

有时为了方便管理,会创建一些辅助类,这些辅助类的范畴可以通过类表达式来精确定义。例如开国中将指的是建国后,首次推行军衔制时授予中将军衔的将军。因此{开国中将}这个类可以使用类表达式"开国将军 and A_军衔 some 中将"表示。同时一名将军不可能同时属于{开国中将}和{开国少将}两个类,所以{开国中将}和{开国少将}具有排他性。

4. 定义类的属性

属性定义了概念的内在结构。如果排除已经确定为类的术语,其余则很可能就是属性了。通常本体中类的对象属性类型包括以下几种：内在属性（如某种疾病的病因）、外在属性（如疾病的发病地点）、构成结构化事物的一部分（可能是具体的或抽象的）、该类个体与其他类的关系。

类的属性具有继承性，下位类自动拥有上位类的属性。

不同的属性具有不同的特性。属性的特性主要包括函数性、反函数性、传递性、对称性、反对称性、自反性、反自反性。

1）网络舆情本体类的属性

网络舆情本体类的属性是所有本体类具有的公共属性，表3-5列举出了一些主要属性。

表3-5 网络舆情本体类主要属性

属性	值域	含义	特性
A_名称	字符串	正式名称	
A_别名	字符串	其他常用名称	
A_描述	字符串	详细描述	
A_前身	网络舆情本体类	类的前身类	传递性
A_定义	url	本体的全局定义	

2）{事件}类的属性

{事件}类需要描述事件的各个要素，例如事件发生的时间、地点、参与的人物和机构、涉及的客体等，以及与其他事件的关系等。表3-6列出了一些主要属性。

表3-6 事件主要属性

属性	值域	含义	特性
A_开始时间	时间	事件开始的时间	
A_结束时间	时间	事件结束的时间	
A_涉及机构	机构	事件涉及的机构	
A_涉及人物	人物	事件涉及的任务	
A_涉及地域	地域	事件发生的地域	
A_涉及客体	客体	事件涉及的客体	
A_相关事件	事件	一个事件引发另一个事件	传递性,对称性
A_子事件	事件	一个事件是另一个事件的子事件	传递性,反对称性
A_因果事件	事件	一个事件是另一个事件的因果事件	传递性,反对称性
A_触发词	字符串	事件描述中的关键词	

不同事件的属性也不尽相同，传播事件的主要属性见表3-7。

表 3-7 传播事件主要属性

属性	值域	含义	特性
A_传播媒体	媒体	传播事件的媒体	
A_传播人	人物	传播事件的媒体	
A_传播时间	时间	传播事件的发生时间	
A_传播事件	事件	一个类是另一个类的前身	
A_浏览量	数字	被浏览的数量	
A_评论数	数字	被评论的数量	
A_转发数	数字	被转发的数量	
A_点赞数	数字	被点赞的数量	
A_链接	字符串	传播事件的 url	

3) {对象}类的属性

{对象}类的属性用于描述各类对象的特征，{对象}类的公共属性如表 3-8 所列。

表 3-8 对象类主要属性

属性	值域	含义	特性
A_生效时间	日期	表示对象生效的时间	
A_失效时间	日期	表示对象失效的时间	

不同类型的对象属性差别较大，表 3-9 列举了部分对象类的主要属性。

表 3-9 部分对象类的主要属性举例

不同对象类	属性	值域	含义	特性
{机构}	A_位置	地域	机构所处的位置	
{机构}	A_职能	字符串	机构的主要职能	
{机构}	A_所属国家	国家和地区	机构所属国家	
{机构}	A_所属机构	机构	机构隶属的上级机构	传递性
{地域}	A_隶属	地域	地域之间的隶属关系	传递性
{地域}	A_人口	数字	地域的人口数量	
{地域}	A_GDP	数字	地域的国内生产总值	
{地域}	A_面积	字符串	地域的面积	
{人物}	A_姓名	字符串	人物的姓名	
{人物}	A_性别	性别	人物的性别	
{人物}	A_国籍	国家和地区	人物所属的国籍	

续表

不同对象类	属性	值域	含义	特性
{人物}	A_任职机构	机构	人物的任职机构	
{人物}	A_职务	字符串	人物担任的职务	
{人物}	A_军衔	字符串	人物的军衔	
{军事人物}	A_入伍时间	时间	入伍时间	
{军事人物}	A_军衔	军衔	所授军衔	
{军事人物}	A_军种	军种	所属军种	
{军事人物}	A_兵种	兵种	所属兵种	

5. 定义公理

推理机可以根据公理进行知识推理,并验证本体的一致性。例如具有军衔属性的{人物}即{军事人物},射程在5000km以外的导弹属于{远程导弹},等等。表3-10列举了本体中导弹相关公理。

表3-10 网络舆情本体导弹相关公理举例

名称	公理
洲际导弹	导弹 and(A_射程 some xsd:integer[>=8000])
远程导弹	导弹 and(A_射程 some xsd:integer[>=5000])and(A_射程 some xsd:integer[<8000])
中程导弹	导弹 and(A_射程 some xsd:integer[>=1000])and(A_射程 some xsd:integer[<5000])
近程导弹	导弹 and(A_射程 some xsd:integer[<1000])
战术导弹	导弹 and(A_射程 some xsd:integer[<1000])
战略导弹	导弹 and(A_射程 some xsd:integer[>=1000])and(A_弹头 some 核弹头)
巡航导弹	导弹 and(A_发动机 some 空气喷气发动机)
弹道导弹	导弹 and(A_制导方式 some 惯性制导)

通过使用公理进行推理,可以检查本体的一致性。例如[东风-41洲际地对地弹道导弹]的射程为14000km,采用三轴液浮惯性陀螺配合数字式空间计算机的方式制导,装备热核弹头,经过推理可知该导弹属于{战略弹道导弹}。

6. 创建实例

对于军事领域,各类军事领域信息系统中存在类大量的实例,如{武器装备}类、{军事机构}类、{军事人物}类等。涉军网络舆情案例库中存在大量舆情事件的实例,百度百科中也存在大量的实例。地域的实例可以通过《军分法》以

60

及相关国际标准构建。媒体的实例可以通过互联网获取。信息系统中的实例大多存储在各种关系数据库中,可以通过 RDB2RDF 转换工具进行转换。对于百度百科中的实例,将在 3.3 节进行研究。

现有舆情案例库中的案例大多以文本方式存在,大量的舆情事件存在于互联网中。本书在第 4 章重点研究使用事件抽取技术完成事件实例的创建。

3.2.4　本体评价和利用

邀请领域内专家对创建的本体进行评估,给出具体修改意见和建议,以此为依据对本体进行完善。本体的评价指标主要包括覆盖率和准确率。覆盖率是指本体中包含的概念、关系、实例占该领域所有概念、关系、实例的比例。准确率是指本体中准确定义的概念、关系、实例占本体中概念、关系、实例的比例。

对使用本体过程中发现的问题进行梳理,提出修改意见,对本体模型进行不断迭代。通过将本体应用到具体的系统中,在使用中不断修改和完善。

3.2.5　使用本体构建知识图谱模式层

本体由于具有严格的定义和约束,适合于管理概念和概念之间的关系,而这些知识也相对稳定,我们称之为静态知识。在舆情领域,热点实体、事件的出现具有突发性、动态性,因此更适合使用更为灵活的方式进行管理。通用的知识图谱大多也是强调静态知识的管理,因此在将网络舆情本体转换成为知识图谱模式层增加时间特性非常关键。构造的具体转换方法如下。

(1) 使用知识图谱中的节点表示类和实例,使用 lable 属性进行区分。类的 lable 属性为 class,实例的 lable 属性为 instance,subClassOf 和 instanceOf 关系均使用有向边表示。

(2) 类和实例的数据属性直接转换为节点的属性。

(3) 类和实例的对象属性直接转换为有向边。

(4) 节点和边都增加开始时间和结束时间两个属性,表示节点和边的生命周期。

(5) 本体中的公理无法直接在知识图谱中表达,因此需要将一些常用的公理通过编写相关的基于图的算法来实现,大多图数据库内置了常用的基于图的算法。

使用 Excel 文件格式作为本体向知识图谱转换的中间格式,转换代码详见附录 4。完成知识图谱模式层的转换后,需要进一步研究数据层的构建方法,将在 3.3 节重点研究该问题。

3.3 百科类网站的知识融合框架及技术

本章在3.2节提出了网络舆情本体的构建过程,为构建知识图谱模式层提供了思路。构建知识图谱中的数据层是更为重要的内容。数据主要分为对象和事件两大类。本节将研究如何丰富对象类实例,在第4章将重点研究如何动态更新事件类实例。

在构建对象实例的过程中,往往需要从异构数据源中提取知识。不同数据源的数据如何整合是必须解决的关键问题之一。中文开放知识联盟将国内主要开放知识图谱建立了参照关系,包含了开放领域大量实例。但是某些特定领域(如军事领域)的实例准确性和完整性均不高,无法满足使用需求。图3-3和图3-4分别列举了"辽宁号航空母舰"在互动百科和百度百科中的信息。从图中可见同一实体在不同百科类知识源中,表现形式和内容都有明显差异。

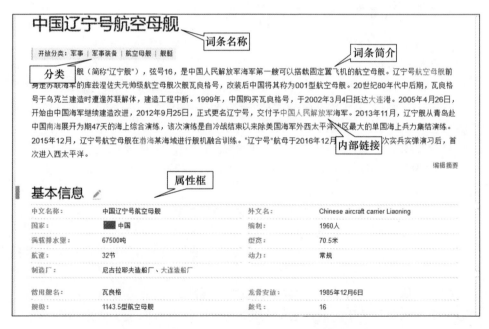

图3-3 "辽宁号航空母舰"在互动百科中的信息

为最大程度减少人工工作量,进一步提高知识图谱的覆盖率和准确率,本书提出一种针对百科类网站的知识融合技术。

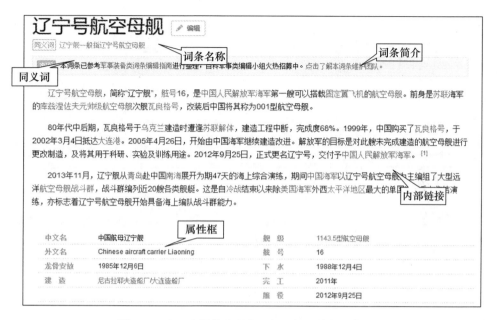

图3-4 "辽宁号航空母舰"在百度百科中的信息

3.3.1 知识融合框架

我们知道,百科类网站中提供了大量的通用知识,同时也拥有丰富的垂直领域知识。这些知识大多由网友提供和整理,是典型的半结构化知识,方便用于知识抽取和知识融合。本书提出了针对百科类网站的知识融合技术,其框架如图3-5所示。

该框架实现的主要步骤是:①从网络舆情本体和百科网站中抽取分类,进行对齐,获得一致的分类体系,以此为依据创建本体类;②根据分类依次抽取数据源中的实例,并对实例进行规范,在此基础上进行对齐,形成本体实例;③依据对齐后的实例,对齐属性进行规范、消歧,形成实例属性。

3.3.2 分类对齐

本书以军事领域为特定研究范围,因此在构建知识图谱对象类的分类体系过程中,主要参考了《军分法》、百度百科(军事)和互动百科(军事)的分类体系。图3-6和图3-7分别列出了3种分类体系的主要类目。

3个分类体系的分类数和最大层级以及特点如表3-11所列。3个分类体系各有特点和侧重。

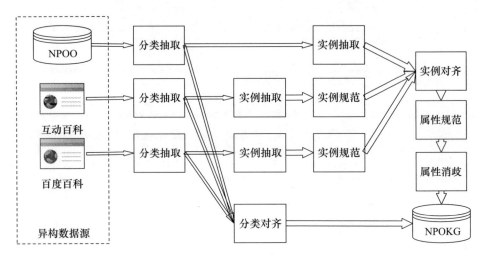

图3-5 针对百科类网站的知识融合技术框架

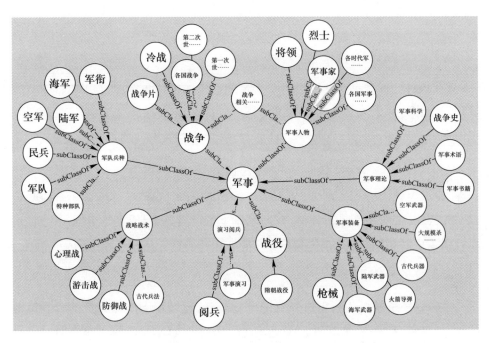

图3-6 百度百科(军事)分类体系

(注:图中仅显示分类的前3级;分类之间的关系均为subClassOf关系)

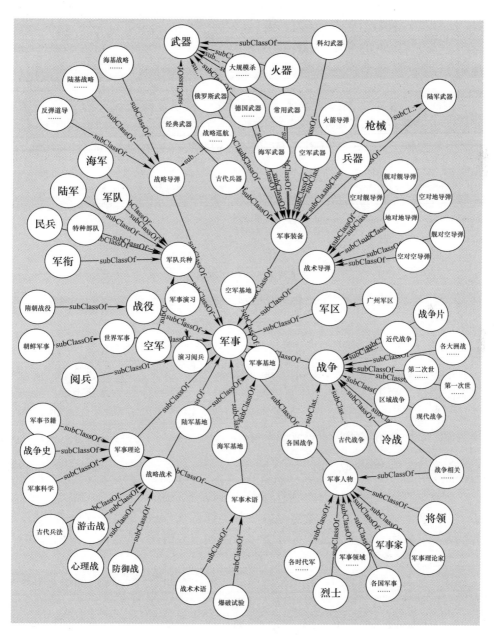

图 3-7 互动百科(军事)分类体系

(注:图中仅显示分类的前3级;分类之间的关系均为 subClassOf 关系)

表3-11 《军分法》、百度百科(军事)和互动百科(军事)分类体系比较

分类体系	分类数	最大层级	特点
《军分法》	481	7	包含了较多的军事术语,更注重理论体系
百度百科(军事)	53	5	分类较为简单,大多为常见的军事术语
互动百科(军事)	521	11	分类较为丰富,武器装备、军事人物的分类较完整

为了说明3个分类体系的关系,分别统计相互之间同名类的数量,使用韦恩图表示为图3-8。从图中可以看出3个分类之间的同名类占比较小,尤其是《军分法》和互动百科之间;百度百科有84%的类目包含在互动百科中。

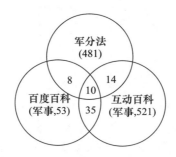

图3-8 《军分法》、百度百科(军事)和互动百科(军事)分类体系韦恩图

这里通过对比各个分类体系的特点,最终选择以《军分法》的分类体系作为知识图谱分类的主要参考,使用百度百科和互动百科的分类体系进行扩充。在分类对齐过程中,主要依靠专家的经验和领域知识来完成,取得了不错的效果,并建立了不同数据源之间的对应关系。

3.3.3 实例抽取

研究从百科类网站抽取实例过程中,遇到以下问题。

(1) 分类体系不完善。虽然提供了分类体系,但是很多自定义分类标签没有纳入到体系中。这主要是因为分类体系由网友来维护,虽然提供了最大的自由度,但是也带来了随意性。

(2) 实例关联不准确。有些实例标记了错误的分类;有些实例漏标了分类;有些实例虽然标记了相关分类,但在对应分类中却找不到该实例。

(3) 内部链接不完整。实例的一些属性应该关联另外一个实例,但却没有标记为该实例的链接。

为了解决上述问题,以下给出算法3-1实现对百科类网站军事相关实例的自动抓取。

算法3-1　从百科类网站抓取涉军知识

算法名称：grabEncyclopediasWeb
相关算法：getInstanceInfo，getCategoryInfo
算法输入：categoryUrl（分类 url）
算法输出：涉军实例及其属性

1. categoryInfo = getCategoryInfo(categoryUrl)	获得分类信息
2. for instanceUrl in categoryInfo. instanceUrls：	遍历当前分类的实例
3.　　instanceInfo = getInstanceInfo(instanceUrl)	获得实例的详细信息
4.　　for internalUrl in instanceInfo. internalUrls：	遍历实例的相关实例链接
5.　　relevantInstanceInfo = getInstanceInfo(internalUrl)	获得相关实例信息
6.　　for categoryurl in relevantInstanceInfo. categorys：	遍历相关实例的分类
7.　　　　if categoryurl is MiliteryCategory：	判断是否是军事相关分类
8.　　　　　yeild grabEncyclopediasWeb(categoryurl)	递归处理相关实例分类
9.　　　　yeild relevantInstanceInfo	返回相关实例信息
10.　　for instanceCategory in instanceInfo. categories：	递归实例的开放分类
11.　　　yeild grabEncyclopediasWeb(instanceCategory. url)	递归处理
12.　　yeild instanceInfo	返回实例信息
13. for sonCategoryUrl in categoryInfo. sonCategoryUrls：	遍历子类
14.　　yeild grabEncyclopediasWeb(sonCategoryUrl)	递归处理子类

算法3-1调用算法3-2实现对实例页面信息的获取。

算法3-2　实例页面信息获取与加工

算法名称：getInstanceInfo
相关算法：getHtmlBody
算法输入：instanceUrl（实例 url）
算法输出：实例的相关信息

1. instanceInfo = InstanceInfo( )	创建实例信息数据对象
2. htmlBody = getHtmlBody(instanceUrl)	获得实例的 html 数据
3. instanceInfo. name = htmlBody. css('#name')	获得实例的名称

4. instanceInfo. ambivalentInstances = htmlBody. css('#ambivalent')	获得同名实例
5. instanceInfo. description = htmlBody. css('#description')	获得实例的描述
6. instanceInfo. properties = htmlBody. css('#propertyGird')	获得实例的属性
7. instanceInfo. internalUrls = htmlBody. css('#internalUrls')	获得实例相关的内部链接
8. instanceInfo. categories = htmlBody. css('#categories')	获得实例的分类
9. instanceInfo. synonyms = htmlBody. css('#synonyms')	获得实例的同义词
10. instanceInfo. ambiguous = htmlBody. css('#ambiguous')	获得实例的多义词
11. yeild instanceInfo	返回实例的数据

指定起始分类名称,即可通过调用算法 3-1 实现对百科类的实例的获取,如调用 getCategoryInfo('http://fenlei. baike. com/军事') 可实现对互动百科军事类实例的抓取,调用 getCategoryInfo('http://baike. baidu. com/fenlei/军事') 可实现对互动百科军事类实例的抓取。

为进一步增加实例覆盖率,可以尝试在不同百科中交叉查询同一实例,以便为实例对齐和属性对齐提供更为全面的数据。

实例抽取完成后需要对实例名进行规范,主要包括特殊符号的处理、大小写处理、同义词的处理和一词多义的处理。

(1) 特殊符号处理。需要把实例名称中的特殊符号去除,例如单引号、双引号、书名号、大括号、小括号、中括号等;需要规范必须使用的标点符号,例如外国人姓名中的点号统一使用'·'符号,'—'和'-'统一使用'-';删除名称中的空格。

(2) 大小写的处理。将所有英文字母统一转换为小写。

(3) 同义词的处理。遇到同义词的情况,可以使用属性"A_别名"进行标注,一个实例可以拥有多个别名。拥有多个同义词的实例在不同的百科中使用的名称可能不同,此时需要统一。

(4) 一词多义的处理。不同百科中对存在一词多义的实例采用了不同的标注方法:互动百科中采用增加区分码进行区分,例如使用"杨梅生[开国中将]"来特指开国中将中的杨梅生,使用"王英杰[海军学院副院长]"表示担任海军学院副院长的王英杰;百度百科中采用了类似方法,只是使用了小括号进行标注。本书统一使用互动百科的方法。

为提高实例对齐过程的准确性,实例抽取完成后需要对分类进行校验。算法 3-3 描述了校验过程,如果校验不通过则返回预测的分类,需要人工进一步审核。算法 3-3 假设同一分类下的实例具有一些公共的属性。实例属性与分类属性差别越大,则越不可能属于该分类。算法中使用置信度(ratio)来表示这个可能性,实际工作中,置信度取 30% 时取得的效果较好。

算法 3-3　实例分类属性计算与校验

算法名称:checkInstanceCatogory
相关算法:getCatogoryProperties
算法输入:instanceInfo,category,ratio(实例信息,实例分类,置信度)
算法输出:校验结果,实例的可能正确分类

1. properties = getCatogoryProperties(catogory,ratio)	获得分类下实例常用属性
2. checkRatio = size(properties|instanceInfo.properties)/size(properties)	计算共同属性占比
3. if checkRatio >= ratio:	如果大于可信度
4. 　　return True,category	校验通过,返回 True
5. maxRatio = 0,checkCatogory = "	初始化临时变量
6. for aCatogory in getAllCatogory():	遍历所有分类
7. 　　properties = getCatogoryProperties(aCatogory,ratio)	计算分类下实例常用属性
8. 　　checkRatio = size(properties|instanceInfo.properties)/size(properties)	计算共同属性占比
9. 　　if maxRatio < checkRatio:	如果大于当前可信度
10. 　　　　checkCatogory = aCatogory	记录可能正确的分类
11. 　　　　maxRatio = checkRatio	记录当前可信度
12. if maxRatio >= ratio:	判断最大可信度
13. 　　return Flase,aCatogory	返回可能正确的分类
14. elif:	最大可信度过低
15. 　　return False,None	返回失败

3.3.4　实例对齐

从不同百科网站中获得实例后,需要进行实例对齐。实例对齐是指将不同数据源中的同一实例使用统一的描述添加到本体库中。通常情况下,同一实例在不同的数据源中使用相同的名称,实例对齐主要处理两种情况:一是同一实例在不同数据源中使用了不同名称,需要统一;二是不同实例在不同数据源中使用相同的名称,需要加以区分。

假设可以从 n 个维度测量两个实例 I_a 和 I_b 的相似性,定义实例 I_a 和 I_b 的相似性为

$$\text{Sim}(I_a,I_b) = \sum_{i=1}^{n} \alpha_i \text{Sim}^i(I_a,I_b) \tag{3-1}$$

式中:α_i 是加权系数,满足 $0 \leq \alpha_i \leq 1$,且 $\sum_{i=1}^{n} \alpha_i = 1$。实例相似性越大,表明实例

越可能是同一实例。

以下从名称、简介和属性等3个维度来计算2个实例的相似性。

实例名称是字符串。计算字符串相似度的算法有很多,例如余弦相似性、欧几里得距离、编辑距离、海明距离等。这里使用余弦相似性来计算实例名称的相似性,假设实例 I_a 和 I_b 向量化后的向量分别为 A 和 B(本书使用 TF-IDF 模型),则名称相似性为

$$\text{Sim}^{名称}(I_a, I_b) = \frac{\boldsymbol{A} \cdot \boldsymbol{B}}{\|\boldsymbol{A}\|\|\boldsymbol{B}\|} = \frac{\sum_{i=1}^{n} A_i B_i}{\sqrt{\sum_{i=1}^{n} A_i^2} \sqrt{\sum_{i=1}^{n} B_i^2}} \quad (3-2)$$

实例的简介是一段文字。我们同样使用与实例名称相同的方法。假设实例 I_a 和 I_b 向量化后的向量分别为 C 和 D(本书使用 TF-IDF 模型),则简介相似性为

$$\text{Sim}^{简介}(I_a, I_b) = \frac{\boldsymbol{C} \cdot \boldsymbol{D}}{\|\boldsymbol{C}\|\|\boldsymbol{D}\|} = \frac{\sum_{i=1}^{n} C_i D_i}{\sqrt{\sum_{i=1}^{n} C_i^2} \sqrt{\sum_{i=1}^{n} D_i^2}} \quad (3-3)$$

实例具有相同属性(属性名和属性值均相同)的个数越多,则实例越可能是同一个实例。假设实例 I_a 和 I_b 的属性使用词袋模型向量化后,得到 E 和 F,同样使用向量余弦相似性计算属性相似性为

$$\text{Sim}^{属性}(I_a, I_b) = \frac{\boldsymbol{E} \cdot \boldsymbol{F}}{\|\boldsymbol{E}\|\|\boldsymbol{F}\|} = \frac{\sum_{i=1}^{n} E_i F_i}{\sqrt{\sum_{i=1}^{n} E_i^2} \sqrt{\sum_{i=1}^{n} F_i^2}} \quad (3-4)$$

根据式(3-1),实例 I_a 和 I_b 的相似性可表示为

$$\text{Sim}(I_a, I_b) = \alpha_1 \text{Sim}^{名称}(I_a, I_b) + \alpha_2 \text{Sim}^{简介}(I_a, I_b) + \alpha_3 \text{Sim}^{属性}(I_a, I_b) \quad (3-5)$$

假设现有两个知识库 KB^a 和 KB^b,其中实例总数分别为 iNumber^a 和 iNumber^b。容易计算,如果求解两个知识库的所有实例的相似性,需要计算各种相似性的次数是 $3 \times \text{iNumber}^a \times \text{iNumber}^b$。当两个知识库非常大时,计算量也是非常大的,而且绝大部分实例是不相关的,因此该算法效率是非常低的。

当两个实例在不同知识库中所属不同分类时，属于同一实例的可能性极小。因此我们可以仅计算同类下实例的相似性来减少计算量。另外还可以通过实例的简介相似性来预判实例的相似性。如果实例的简介相似性较大，则不再比较其他相似性。优化后的实例对齐算法如算法3-4所示。

算法3-4　实例对齐的优化算法

算法名称：alignInstance
相关算法：getInstanceFromKB，caluTextSimilarity，caluTotalSimilarity
算法输入：kbnameA，kbnameB，summarySimT，totalSimT
　　　　　（知识库 A 的名称，知识库 B 的名称，简介相似性阈值，综合相似性阈值）
算法输出：对齐实例集合

1. instancesA = getInstanceFromKB(kbnameA，nil)	获得知识库 A 中的实例
2. instancesB = getInstanceFromKB(kbnameB，instancesA. type)	获得知识库 B 中的同类实例
3. for instanceA in instancesA：	遍历知识库 A 中的实例
4. 　for instanceB in instancesB：	遍历知识库 B 中的同类实例
5. 　　summarySim =	
6. 　　caluTextSimilarity(instanceA. summary，instanceB. summary)	计算摘要的相似性
7. if summarySim > = summarySimT	如果摘要相似性大于摘要阈值
8. 　　totalSim = caluTotalSimilarity(instanceA，instanceB)	计算综合阈值
9. 　　if totalSim > = totalSimT	如果综合阈值大于阈值
10. 　　　yield instanceA，instanceB	返回对齐的两个实例

算法3-4调用了3个相关算法：getInstanceFromKB，caluTextSimilarity，caluTotalSimilarity。其中，getInstanceFromKB 是从知识库中查询指定类别的实例列表的算法；caluTextSimilarity 是计算两段文本的相似性的算法；caluTotalSimilarity 是计算两个实例的相似性的算法。

3.3.5　属性消歧

实例对齐后需要对实例的消歧进行对齐。属性消歧是指将同一实例在不同数据源中的属性进行比较，计算出最终属性值的过程。当一个实例的同一属性在不同数据源中取值不同时，需要使用属性消歧技术进行处理。实例属性消歧遇到的几种情况及处理方法见表3-12所列。

在进行属性消歧之前需要对属性名和属性值进行规整。例如，在互动百科中描述人物"出生时间"的相关属性名有"出生年月""出生日期"，时间的格式有"1981年6月5日""2001-12-7""2018年6月"等各种方式。

表3-12 实例属性消歧的几种情况分析

属性名	属性值	原因分析	处理方法
相同	相同	正常	直接合并
相同	不相同	可能是表达格式不同,也有可能是数据源有误	人工辅助,检验是否是格式不同
不相同	相同	不同属性;同一属性	人工辅助,检验是否是同一属性
不相同	不相同	正常	不予处理

3.4 网络舆情知识图谱构建的实证研究

本节主要对3.3节提出的各种算法进行评价,对建立的知识图谱进行简单评估,并列举了知识图谱中的部分内容。

3.4.1 算法评价

在3.3节中分类对齐和属性消歧主要由人工参与完成,在此仅对实例抽取和实例对齐两个具体算法进行评价。

1. 评价指标

准确率(Precision)和召回率(Recall)是广泛用于信息检索和统计学分类领域的两个度量值,用来评价结果的质量。准确率和召回率并不是相互独立的,当准确率增加时,召回率可能会下降;当召回率上升时,准确率可能会下降。为了方便对算法进行综合评价,往往使用综合评价指标(F-Measure)进行评价,该指标是准确率和召回率加权调和平均,即

$$F = \frac{(\alpha^2 + 1) P \cdot R}{\alpha^2 (P + R)} \tag{3-6}$$

当 $\alpha = 1$ 时,就是最常见的 F_1,即

$$F_1 = \frac{2 P \cdot R}{P + R} \tag{3-7}$$

准确率和召回率在具体评价任务可能会有不同的具体定义。一般认为 F_1 取得最大值时,算法具有最好的综合性能。

2. 实例抽取

评价实例抽取算法主要关注军事领域,准确率和召回率的定义如下:

$$准确率 = \frac{抽取的军事实例数}{抽取的实例总数} \tag{3-8}$$

$$召回率 = \frac{抽取的军事实例数}{军事相关实例总数} \qquad (3-9)$$

实例主要从互动百科和百度百科两个知识库中抽取。最简单的策略是遍历知识库下的分类目录,抽取每个目录下的所有实例(记为"方法 1")。由于百科网站分类体系不完善、实例关联不准确、内部链接不完整的问题,很难达到满意的召回率。

第一种优化方法是充分利用网页中的内部链接和开放分类进行扩充(记为"方法 2",伪代码描述见算法 3-1)。在实例简介或属性值中存在大量的内部链接,链接往往也指向其他实例,而这些实例可能因某种原因并没有关联到目录体系中,所以在"方法 1"中会被遗漏。通过访问这些链接可以进一步增加搜索范围从而获得更多的实例。

在第一种优化方法基础上,还可以利用跨知识库进行交叉(记为"方法 3")。在第一个知识库中发现的实例很可能在另外一个知识库也存在同名实例,通过交叉搜索的方法可进一步提高实例抽取的召回率。

在互动百科和百度百科进行实例抽取,需要根据页面结构定义各个元素的抽取路径。表 3-13 和表 3-14 分别列出了互动百科和百度百科实例抽取路径。

表 3-13　互动百科实例抽取路径

页面	要素		路径
分类页	分类名称		response.css('div.f_2-app > ul > li > h5::text')
	下位分类链接		response.css('div.f_2 div:nth-child(2) p:nth-child(2) a attr(href)')
	所有实例链接		response.css('span.h2_m > a:nth-child(2)::attr(href)')
实例列表页	实例链接		response.css('#all-sort > dl > dd a::attr(href)')
实例页	实例名称		response.css('div.content-h1 > h1::text')
	实例简介		response.css('#anchor > p:nth-child(1)')
	第 i 个属性	属性名	response.css('#datamodule div table tr td:nth-child(i) strong::text')
		属性值	response.css('#datamodule div table tr td:nth-child(i) span::text')

表 3-14　百度百科实例抽取路径

页面	要素	路径
分类页	分类名称	response.css('div.g-row.bread.log-set-param > h3::text')
	下位分类链接	response.css('div.g-row.p-category.log-set-param div.category-title a::attr(href)')
	所有实例链接	response.css('#pageIndex > a::attr("href")')

续表

页面	要素	路径
实例列表页	实例链接	response.css('div.grid-list.grid-list-spot > ul > li > div.list > a::attr(href)')
实例页	实例名称	response.css('dl.lemmaWgt-lemmaTitle.lemmaWgt-lemmaTitle-dd h1::text')
	实例简介	response.css('div.lemma-summary div.para::text')
	第 i 个 属性名	response.css('dl.basicInfo-block:nth-child(1) > dt:nth-child(i)::text')
	属性 属性值	response.css('dl.basicInfo-block:nth-child(1) > dd:nth-child(2*i)::text')

本书使用 Python 语言实现互动百科和百度百科实例抽取过程。Scrapy 是一个广泛使用的开源爬虫框架，完美支持 Python 语言。Scrapy 的使用过程较为规范简洁，主要工作是根据需求实现爬虫（spider）类。由于互动百科和百度百科具有很多相似性，因此可以将爬取过程抽象为一个爬虫类（BaikeSpider）。BaikeSpider 首先根据 url 判断百科类型，再根据表 3-13 和表 3-14 确定抽取路径，递归完成爬取过程。

为对前面提出的 3 个方法的抽取覆盖率进行评价，本书选取{军事装备}类作为评价对象。在计算准确率和召回率时需要计算 3 个数值（见式（3-8）和式（3-9）），其中"军事相关实例总数"不容易精确计算，需要专家辅助预估。3 个方法在互动百科和百度百科中获得性能如图 3-9 所示。

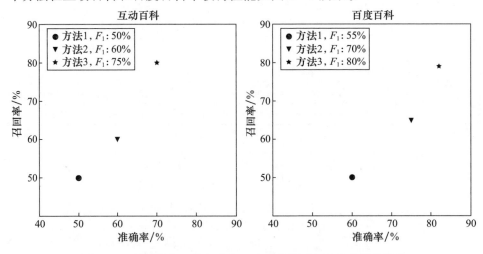

图 3-9 实例抽取 3 种方法在互动百科和百度百科获得的性能

通过比较发现,"方法 2"和"方法 3"明显提高了 F_1 值。"方法 3"在百度百科获得提升更为明显,说明百度百科中存在更多的实例没有关联到分类体系中。

3. 实例对齐

在对实例对齐算法进行评价主要使用准确率、召回率和 F_1 值 3 个指标。其中准确率和召回率的定义如下:

$$准确率 = \frac{算法对齐正确数}{算法对齐总数} \quad (3-10)$$

$$召回率 = \frac{算法对齐正确数}{实例对齐总数} \quad (3-11)$$

为了评测 3.3.4 节提出的算法 3-4,我们选取百度百科和互动百科中军事分类下的所有词条作为实验数据。实验数据统计情况见表 3-15 所列。从表中可以看出,两个百科中有 3033 对实例虽然名称不同,但属于同一实例。

表 3-15　百度百科和互动百科军事分类下实例统计

百科	抓取的词条总数	同名的实例对	不同名实例对
百度百科	24825	23377 对	3033 对
互动百科	29292		

表 3-16 列出了 20 对不同名实例对。

表 3-16　百度百科和互动百科不同名实例对举例

百科	互动	百科	互动
001A 型航空母舰	中国第二艘航空母舰	022 型导弹艇	双体穿浪隐形导弹艇
001A 型航空母舰	山东舰	031 型潜艇	中国 031 型潜艇
022 型导弹艇	中国 022 型双体穿浪隐身导弹艇	033G 型潜艇	中国 033G 型潜艇
022 型导弹艇	中国 022 级隐形导弹艇	033 型潜艇	R 级 033 型
022 型导弹艇	中国 022 级隐身导弹艇	033 型潜艇	中国 033 型潜艇
035 型潜艇	明级潜艇	03 型潜艇	中国 03 型潜艇
037 型猎潜艇	中国海南级(037 型)猎潜艇	051B 型驱逐舰	中国 051B 型驱逐舰
037 型猎潜艇	海南级 037 型	051B 型驱逐舰	中国"旅海"级导弹驱逐舰
037 型猎潜艇	海南级反潜护卫艇	051C 型驱逐舰	中华俄式神盾
039B 型潜艇	中国 039B 型潜艇	051C 型驱逐舰	中国 051C 型驱逐舰

在使用 3.3.4 节提出的算法 3-4 进行实例对齐过程中,使用了名称、简介和属性共 3 个维度来计算 2 个实例的相似性。为了比较 3 个维度在实例对齐中发挥的不同作用,下面首先尝试使用一个维度实现实例对齐算法。图 3-10、图 3-11 和图 3-12 分别展示了使用名称、简介和属性一个维度达到的性能。

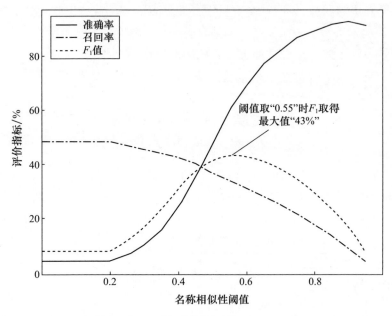

图 3-10　仅使用名称相似性实现实例对齐算法性能

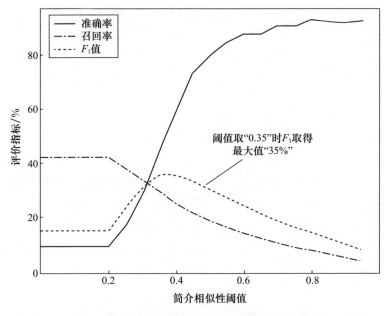

图 3-11　使用简介相似性实现实例对齐算法性能

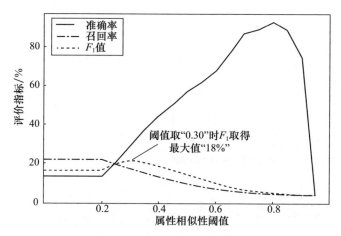

图3-12 使用属性相似性实现实例对齐算法性能

通过比较发现,单独使用名称相似性获得最好性能,F_1值达到43%;单独使用简介相似性获得一般性能,F_1值达到35%;单独使用属性相似性获得最差性能,F_1值仅达到18%。

算法3-4需要确定名称、简介和属性3个相似性的加权系数$\alpha_i(i=1,2,3)$。由于$\sum_{i=1}^{3}\alpha_i=1$,所以仅需确定前两个系数即可。本书使用穷举法确定加权系数。首先对α_1和α_2进行穷举(步长选择为0.01),记录算法在测试数据集上取得的性能。图3-13以三维方式展示了性能变化情况。

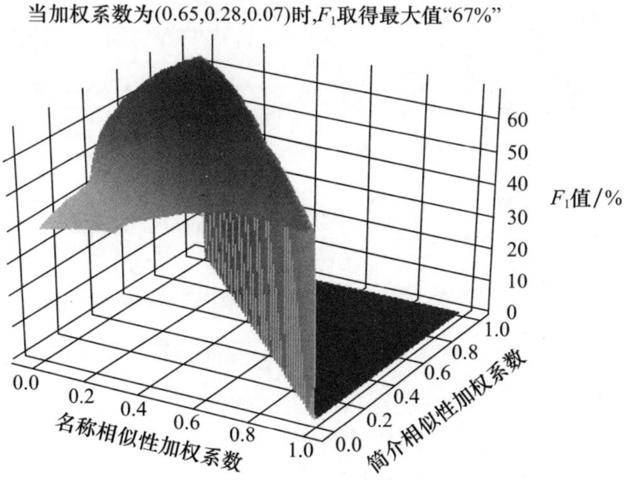

图3-13 实例对齐算法性能随加权系数变化情况

经过比较发现,当 $\alpha = (0.65, 0.28, 0.07)$ 时,算法取得最佳性能,此时 F_1 值达到67%,相比单独使用名称相似性(43%)有了较大性能提升。

3.4.2 知识图谱举例

1. 对象类

{对象}类的创建主要用于描述事件的各要素,其下位类主要包括{人物}{机构}{地域}{客体}和{值}等5个子类,在图3-2中已经说明。之所以没有将事件因素创建类,主要是考虑时间的概念相对比较简单,直接使用字符串表示即可以实现常用的时间计算。

{人物}类包含的下位类主要分为两种,如图3-14所示:一种是真实的人物,如军事人物、政治人物等;另一种对应网络上的虚拟用户,如微信公众号、新浪微博账号、论坛账号等。

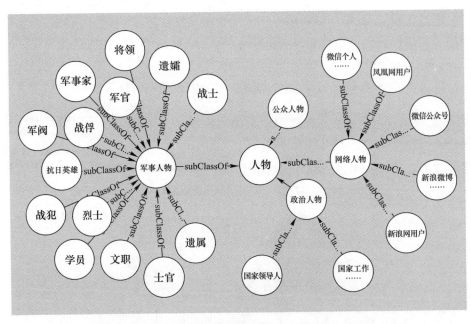

图3-14 网络舆情知识图谱{人物}类层次关系例图

{机构}类包含的下位类主要有两种,如图3-15所示:一种主要包括军事机构、政府机构以及企业等;另一种是媒体,主要是各种传统媒体和网络媒体。

{地域}类包含的下位类比较多,如图3-16所示。该类的创建主要参考了《军分法》的地域复分表,并在此基础上扩充了太空、军区、战区、基地等军事领域常用的地域概念。

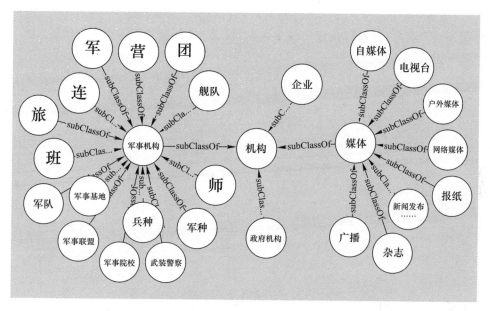

图 3-15 网络舆情知识图谱{机构}类层次关系例图

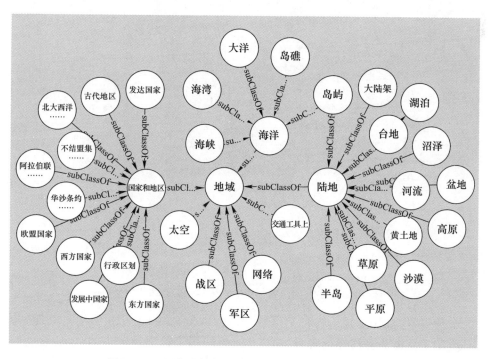

图 3-16 网络舆情知识图谱{地域}类层次关系例图

79

{客体}类应该包含涉军事件经常涉及的各种客体,如图3-17所示。由于时间和精力有限,这里仅创建了一个下位类,即{武器装备}类,该类基本包含了各类军用武器和装备。

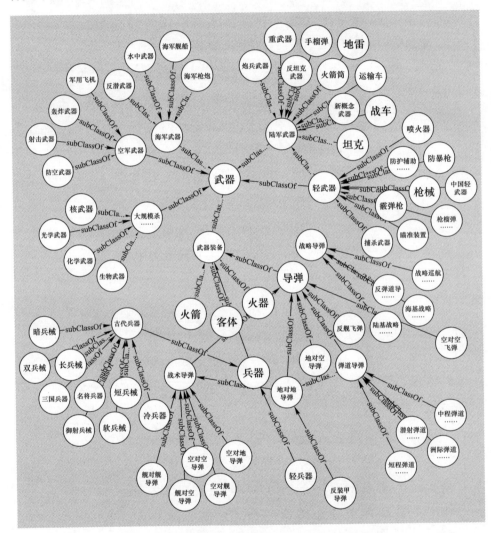

图3-17 网络舆情知识图谱{客体}类层次关系例图
(注:图中仅显示分类的前4级;分类之间的关系均为subClassOf关系)

{值}类主要用于规范各种常用数据属性取值,如图3-18所示。例如{军衔}类的实例即为各种军衔等级,这样比直接使用字符串表示更为直观,查询检索也更为方便。

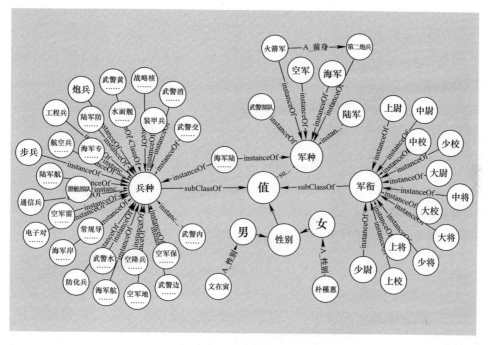

图3-18 网络舆情知识图谱{值}类层次关系例图

(注:大圆代表类,小圆代表实例;类间关系是 subClassOf,类和实例间关系是 instanceOf)

2. 事件类

{事件}类是网络舆情知识图谱中最重要的类,是舆情管理的直接对象。在创建{事件}类的下位类时,本书主要参考了杨丽英等[①]构建的突发事件语料库分类体系,并在此基础上扩充了{战争}子类,增加了{涉军事件}子类,如图3-19所示。

3. 对象实例

网络舆情知识图谱中包含两大类对象,同样包含了两大类实例,分别是{对象}类的实例和{事件}类的实例。其中{对象}类实例通过针对百科类网站的知识融合技术实现更新,{事件}类的实例则在下一章进行详细介绍。图3-20显示了{海洋}类的部分实例,图3-21 显示了{军用飞机}类的部分实例。

---

① 杨丽英,雷勇. 面向信息处理的突发事件语料库分类体系研究[J]. 网络安全技术与应用,2012,21(3):29-31.

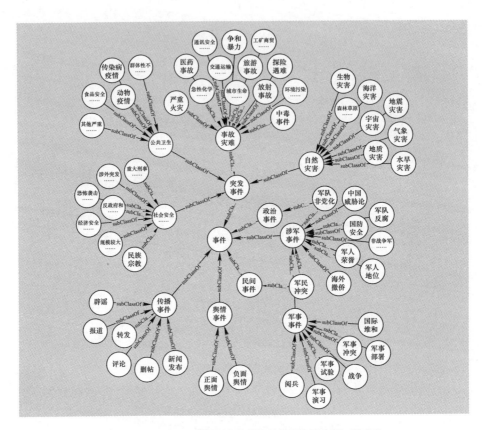

图 3-19 网络舆情领域本体{事件}类层次关系例图

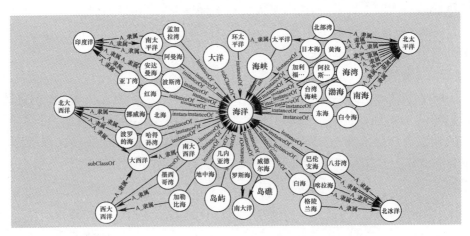

图 3-20 网络舆情领域本体{海洋}类实例隶属关系例图
(注:大圆代表类,小圆代表实例;类间关系是 subClassOf,类和实例间关系是 instanceOf)

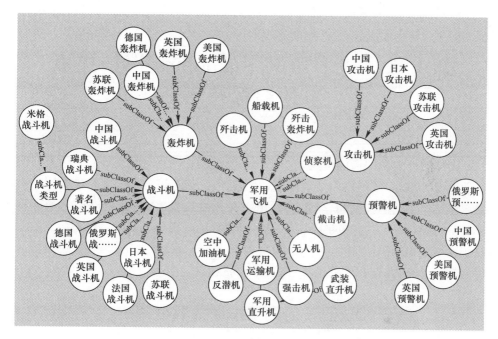

图3-21 网络舆情领域本体{军用飞机}类实例关系例图
（注：大圆代表类，小圆代表实例；{中国战斗机}类列出了部分实例）

3.5 本章小结

本章首先介绍了知识图谱构建相关知识，然后研究网络舆情本体构造方法，并将构造的本体转换为知识图谱；在此基础上，研究提出针对百科类网站的知识融合技术，具体对知识图谱中的类和实例进行填充；最后展示了网络舆情知识图谱中与军事相关的主要类和实例。本章将领域本体构建技术与知识图谱构建技术进行了有机整合，实现了网络舆情知识图谱的构建过程，同时通过增加时序属性使其支持表达舆情事件的动态演化过程。

第4章 基于知识图谱的网络舆情热点事件追踪技术

网络舆情知识图谱的构建是一个动态的过程。网络舆情事件的发生具有突发性特点,迫切需要网络舆情事件实例的发现实现自动化。本章充分利用已有知识图谱提供的语义信息,辅助自然语言先进处理技术,在保证准确率的前提下,有效地减少人工参与的工作量,提高舆情分析的智能化水平。将舆情事件记录到网络舆情知识图谱中,在动态图视角下,定义一系列量化指标,实现舆情事件的精确计算,并在真实的网络环境中得到验证。

4.1 基于知识图谱的舆情事件抽取框架

前面构建的网络舆情知识图谱已经为常见的舆情事件进行了分类管理,每类事件记录了相关的触发词,因而可以直接用于事件句的抽取。同时,该知识图谱中包含了涉军领域的大量术语等与抽取事件元素相关的内容。现有网络舆情知识图谱可以用于网络舆情事件的抽取,本节将具体介绍该方法。

4.1.1 事件抽取框架

第3章所建立的网络舆情知识图谱可用于事件抽取过程,它为事件抽取过程提供事件分类、事件触发词以及事件要素等。基于知识图谱的事件抽取框架如图4-1所示。

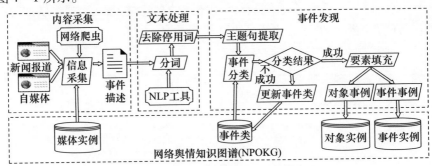

图4-1 基于知识图谱的事件抽取框架

基于知识图谱的事件抽取框架主要分为以下 3 个步骤：内容采集、文本处理和事件发现。内容采集主要通过网络爬虫从各大网络媒体站点和自媒体账号中抓取新闻语料；文本处理主要是去除新闻中的格式信息、广告、超链接等无用信息，然后拆分成段落和句子，使用自然语言工具进行分词、去除停用词；事件发现首先从处理好的句子中提出主题句，然后根据触发词进行事件分类、要素填充，最后更新到知识图谱中。

4.1.2 内容采集

事件内容采集的数据源主要包括新闻报道和自媒体信息，具体的数据源由网络舆情知识图谱中的{媒体}类的实例提供。事件内容的采集需要用到网络爬虫技术，也可以直接采购舆情公司提供的数据。

1) 新闻报道的采集

不同新闻站点的网页往往采用不同的 html 格式，因此需要为每个站点定制包装器，用于解析网页内容，主要包括：新闻标题、发布者、发布时间、新闻内容等。图 4-2 列举了凤凰网新闻网页的样式，并标注了各事件要素的位置。

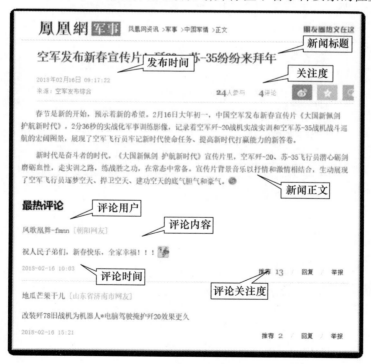

图 4-2　凤凰网新闻网页举例

这里针对该网页定制一个包装器,该包装器使用表4－1中的路径进行要素提取。

表4－1 凤凰网新闻网页内容提取路径

要素		路径
新闻标题		response.css('#artical_topic')
发布时间		response.css('.ss01')
关注度		response.css('#js_comment_box03')
新闻正文		response.xpath('//*[@id="main_content"]/text()')
第i个评论	用户	response.css('div.mod-articleCommentList:nth-child(i)>div>p:nth-child(1)>a')
	时间	response.css('div.mod-articleCommentList:nth-child(i)>div>div>span:nth-child(2)')
	内容	response.css('div.mod-articleCommentList:nth-child(i)>div>p:nth-child(3)')
	关注度	response.css('div.mod-articleCommentList:nth-child(i)>div>div>span:nth-child(1)')

提取后的事件描述采用 xml 格式,如图4－3 所示。

```
<?xml version="1.0" encoding="UTF-8"?>
<Body>
    <CraeTime>2018-02-16 18:10:22</CraeTime>
    <Report>
        <Url>http://news.ifeng.com/a/20180216/56079155_0.shtml</Url>
        <Agent>凤凰网资讯</Agent>
        <Time>2018 年 02 月 16 日 09:17:22</Time>
    </Report>
    <Title>空军发布新春宣传片!歼20、苏-35 纷纷来拜年</Title>
    <Content>
        <Paragraph id="p1">
            <Sentence id="s1">春节是新的开始,预示着新的希望。</Sentence>
            <Sentence id="s2">2月16日大年初一,中国空军发布新春宣传片《大国新佩剑护航新时代》,2 分 36 秒的实战化军事训练影像,记录着空军歼-20 战机实战实训和空军苏-35 战机战斗巡航的宏阔图景,展现了空军飞行员牢记新时代使命任务、提高新时代打赢能力的新答卷。</Sentence>
            <Sentence id="s3">...</Sentence>
        </Paragraph>
        <Paragraph id="p2">...</Paragraph>
    </Content>
    <Join count="24"></Join>
    <Comments count="4">
        <Comment id="c1">
            <User id="6356804">凤歌凰舞-fmnn</User>
            <Date>2018-02-16 10:03</Date>
            <Text>祝人民子弟们,新春快乐,全家幸福!</Text>
            <Ups count="13"></Ups>
        </Comment>
        <Comment id="c2">...</Comment>
    </Comments>
</Body>
```

图4－3 事件描述 xml 格式示例

在事件描述文件中,标记了新闻的各要素,并且已经将新闻内容拆分成为句子并编号,便于之后的事件抽取。

2) 自媒体的采集

按照类型划分,自媒体主要包括论坛、微博、微信等形式。自媒体的采集除了使用采集新闻报道使用的技术外,还需要使用模拟登录、动态 IP 等技术。大多自媒体网站均需要身份认证通过后才能够正常访问。常用的身份认证方式是用户名和密码认证,有些还需要输入图形验证码。网络爬虫在模拟登录时主要有两种方法:第 1 种是通过自动填写用户名和密码的方式,该方法简单但是遇到使用图形验证码时往往会失效;第 2 种是使用 Cookies 直接登录,跳过认证环节,该方法适应身份认证复杂的情况,但需要通过人工登录截取 Cookies。

大型社交网站为防止未授权的爬虫程序访问,往往会增加很多防爬虫策略,例如限制同一 IP 在一定时间内访问网站的次数。爬虫程序破解该限制的方式是使用动态 IP 代理并同时随机变换 http 请求头数据。另外,有时还需要部署分布式爬虫技术来提高抓取速度。现有很多开源的爬虫框架支持分布式部署。

自媒体数据还可以通过购买商业服务的方式获得。有些舆情采集公司与各大自媒体网站开展合作,使用内部接口直接获得大量实时数据。在某些公共应用场合,直接购买特定领域特定主题的相关内容是一种高效稳定的途径。

4.1.3 文本处理

通过内容采集后,事件已被处理成结构化的 xml 格式。在文本处理阶段主要是对事件各要素进行处理。

事件要素中的时间格式需要统一。本书统一使用的时间格式为"yyyy - mm - dd hh:mm:ss",缺省的日期部分使用"01"填充,缺省的时间部分使用"00"填充。例如"2018 年 1 月"将被格式化为"2018 - 01 - 01 00:00:00"。

事件标题、事件内容等文本需要进行处理。这里,使用哈尔滨工业大学社会计算与信息检索研究中心研发的"语言技术平台(LTP)"作为文本处理工具。LTP 提供了一套免费在线的工具,功能包含分词、词法分析、命名实体识别、语义角色标注等常用的功能,拥有多项核心技术,其架构如图 4 - 4 所示。

LTP 提供的语义角色标注功能可为事件发现提供初步分析。例如,"2 月 16 日大年初一,中国空军发布新春宣传片",使用 LTP 进行分析后,结果如图 4 - 5 所示。其中所使用的各种标签符号详见附录 3。

角色标注后,"发布"标记为核心动词,"2 月 16 日大年初一"标记为时间(TMP),"中国空军"标记为动作的实施方(A0),剩余部分被标记为动作施加的影响(A1)。

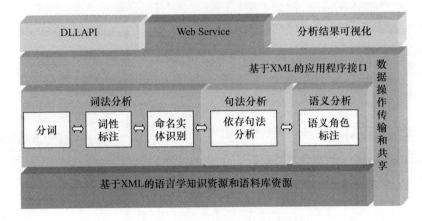

图 4-4 语言技术平台(LTP)架构

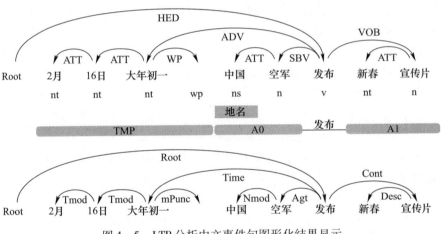

图 4-5 LTP 分析中文事件句图形化结果显示

4.1.4 事件发现

在事件发现过程中,有些事件可以从事件描述文件中直接获取,如新闻的评论事件、论坛的回复事件、微博的转发事件等,在这里将重点研究文本中的事件发现技术。

1. 主题句提取

一篇新闻报道中往往包含很多事件的描述,但往往只有主题句描述的事件才是核心事件。主题句的定义见定义 4-1。

定义 4-1 事件主题句。在一篇新闻报道中,如果某个句子含有事件的主体、谓词和宾语等主要要素最能表达主旨,则称此句为事件主题句。

在新闻报道中,有时可能存在不止一个主题句,有时却找不到一个主题句。对于规范的新闻报道,在开始部分往往会有总结性的语句表达报道主题,该句就可以作为主题句。

定义 4-2 事件触发词。它是指一组能够代表描述事件核心内容的动词、动名词或名词组合。

在图 4-3 中列举的新闻报道中,显然第 1 段第 2 句是事件主题句。不同事件具有不同的触发词,表 4-2 中列举了部分常见军事事件的触发词。

表 4-2 常见军事事件触发词举例

事件类型	触发词
军事演习	军事演习 练兵 联合作战演习 军演 联合军演 联合军事演习 兵棋推演 实兵演习 实弹演习 红军 蓝军 红蓝对抗
战争	战争 战事 战乱 战祸 烟尘 战火
非战争军事行动	抗震救灾 抗洪抢险
军事冲突	武装冲突 军事冲突
武器试验	核试验 导弹试验 试飞 试航
国际维和	维和部队 维护和平部队 维和
军队改革	军改、军队改革 领导指挥体制改革 授旗 国防和军队改革
阅兵	阅兵 检阅 阅兵式 队列式

确定一个句子是否是主题句,重点考虑以下 5 项指标:是否包含事件触发词($score_1$)、包含领域词汇的比例($score_2$)、与标题的相似性($score_3$)、在所属文本的位置($score_4$)以及与本书主题的相似性($score_5$)。

1) 事件触发词特征

假设句子 S_i 代表文本 T 的第 i 个句子,则 S_i 的各项指标的计算公式为

$$score_1(S_i) = \begin{cases} 1 & S_i \text{ 中包含事件触发词} \\ 0 & S_i \text{ 中不包含事件触发词} \end{cases} \quad (4-1)$$

事件触发词来源于网络舆情知识图谱中,每类事件包含不同的触发词。

2) 领域相关性特征

领域相关性特征可以用句子 S_i 中包含的领域词汇数量表示,即

$$score_2(S_i) = |scopeWords(S_i)| \quad (4-2)$$

领域词汇来源于网络舆情知识图谱中与军事相关对象的名称。

3) 句子与标题相似性

对于主题句的选取,标题有着很好的参考作用。一般情况,标题高度概括了

报道的主题,句子与标题相似性特征使用句子与标题中重复的词的个数来表示,即

$$\text{score}_3(S_i) = |\text{Words}(T.\text{title}) \cap \text{Words}(S_i)| \quad (4-3)$$

4) 句子位置特征

句子的在文本中的位置与该句是否是主题句有较大关系。根据统计,大多主题句位于比较靠前的位置,如图4-6所示。

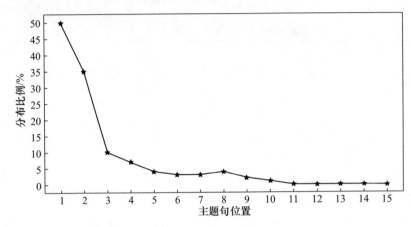

图4-6 新闻标题主题句位置统计

句子位置特征具体公式如下:

$$\text{score}_4(S_i) = 1 - \frac{\log(i)}{\log|T.\text{sentences}|} \quad (4-4)$$

其中$|T.\text{sentences}|$表示文本的句子总数。

5) 句子与主题相似性

主题句显然会包含较多的主题词汇,我们使用句子与主题包含的主题词数量来表示该特征:

$$\text{score}_5(S_i) = |\text{Words}(T.\text{subject}) \cap \text{Words}(S_i)| \quad (4-5)$$

我们通过计算词汇在整个语料中的TIIDF值来选择主题词汇。我们首先将文本中的词汇按照TIIDF值进行排序,取Top20的词汇作为该文本的主题词汇。

因此句子S_i的得分可以用一个五维向量来表示,即

$$\textbf{score}(S_i) = [\text{score}_1(S_i), \text{score}_2(S_i), \text{score}_3(S_i), \text{score}_4(S_i), \text{score}_5(S_i)] \quad (4-6)$$

整篇文本可以用一个二维张量来表示,即

$$\mathrm{score}(T) = [[\mathrm{score}(S_1)][\mathrm{score}(S_2)]\cdots[\mathrm{score}(S_I)]] \qquad (4-7)$$

同样,我们使用一个一维张量来表示文本的主题句,假设第 j 句为文本 T 的主题句,则张量的第 j 个元素用 1 表示,否则用 0 表示,即

$$\mathrm{subject}(T) = [0,0,\cdots,1,\cdots,0] \qquad (4-8)$$

如何由得分向量确定主题句将在 4.1.5 节实证研究部分详细说明。

2. 事件分类

如果主题句中包含已收录事件触发词,则将事件归入相应分类中;如果不包含触发词,则可能包含了未收录的事件触发词或者出现了新的事件分类,这种情况需提交人工审核。

由于同一事件触发词可能同时属于多个事件类,所以事件可能同时被划分到多个分类中。

3. 要素填充

不同事件包含的要素对应的本体类可能不同,例如报道事件的施事方往往为媒体,演习事件的施事方往往为军队。以演习事件主题句"据伊朗国家电视台 22 日报道,伊朗军方当天在该国南部海域举行大规模实弹军事演习"为例,使用 LTP 进行语义角色标注后,如图 4-7 所示。

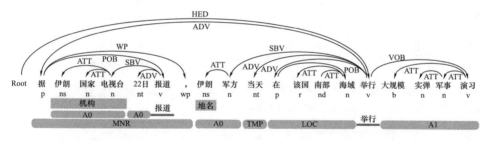

图 4-7 使用 LTP 工具对例句进行语义角色标注

经过语义角色标注后,两个谓语"报道""举行"被标注了语义角色,分别对应两个事件:报道事件和演习事件。报道事件中施事方标记为"伊朗国家电视台",同时也被识别为机构,但"22 日"也被识别为施事方明显是错误的。演习事件中施事方标记为"伊朗军方",受事方标记为"大规模实弹军事演习",地点标记为"在该国南部海域",时间标记为"当天"。通过此例可以看出,在事件主题句符合常规语法的情况下,LTP 语义角色标注准确率较高,但是也存在一些错误,标记的语义角色并不一定能够直接对应到知识图谱中的实例,例如:"22 日""今天""该国"等具有上下文语义的词语需要进行处理,"伊朗军方"没有识别为机构。

本书提出了一种基于语义角色分析的事件要素填充算法,算法流程如算法4-1所示。

算法4-1 基于语义分析的事件要素填充算法

算法名称:fillEventPropertyBySemanticAnalysis

相关算法:getOntoClass,checkOntoClass,matchInstance,fillEventProperty,findRealDate,findRealLoc,fillEventRelation

算法输入:words(词序列),arcs(词法树),roles(语义角色标注),postags(词性标注)

算法输出:events

1. events = {}	创建事件集合
2. for role in roles:	遍历每个角色标注
3. event = new Event(role)	创建触发词对应的类别事件
4. events.put(event)	讲事件添加到事件集合中
5. for arg in role.arguments:	遍历每个角色
6. if arg in ('A0','A1','A2','A3','A4','A5')	如果角色是核心角色
7. ontoClass = getOntoClass(event, arg)	计算该角色隶属的本体类
8. ontoClass = checkOntoClass(arg, postags)	修正角色标注错误
9. instanceWords = words[arg.start, arg.end + 1]	获得角色词序列
10. instance = matchInstance(ontoClass, instanceWords)	知识图谱中查找对应实例
11. fillEventProperty(event, arg, instance)	填充事件要素
12. elif arg = 'TMP'	如果角色是时间
13. dateWords = words[arg.start, arg.end + 1]	获得时间词序列
14. datevalue = findRealDate(Events, dateWords)	在上下文中获得精确时间
15. event.startDate = datevalue	为事件对象赋值
16. elif arg = 'LOC'	如果角色是地点
17. locWords = words[arg.start, arg.end + 1]	获得地点词序列
18. locInstance = findRealLoc(Events, locWords)	在知识图谱中匹配精确地点
19. event.location = locInstance	为事件对象赋值
20. fillEventRelation(events)	填充事件之间的关系
21. yeild events	返回事件集合

算法4-1中调用了多个子函数,为节约篇幅,下面简要说明这些子函数的主要工作:

(1) event在创建时以角色标注对象为参数,构造函数中会在角色标注的词序列中查找事件触发词,返回对应类型的事件对象,例如根据触发词"演习"确定事件类型为演习事件。

（2）getOntoClass 函数根据事件类型预判角色应该属于的本体类，例如演习事件的施事方为军队（伊朗军方）。

（3）checkOntoClass 会根据词性进一步校验 getOntoClass 确定的校验类是否正确，例如"22 日"因为被标注为 A1 而由 getOntoClass 函数确定为媒体，但词性却为时间（nt），因此在报道事件中应该被纠正为时间。

（4）matchInstance 函数则在对应本体类中根据词序列查找对应的实例，如果查找到则直接匹配，如果没有则需要进一步分析词序列的词性和语法；假设"伊朗国家电视台"上不存在媒体实例，则根据语法信息获得根词汇为"电视台"（对应到了本体类{电视台}），获得两个定语（ATT）"伊朗"和"国家"，分别匹配了{国家与地区}中的[伊朗]和{媒体级别}中的[国家]；根据以上信息可以创建一个国家级电视台实例[伊朗国家电视台]，所属国家标记为[伊朗]。

（5）fillEventProperty 函数将事件的属性与实例的属性建立关系，例如将报道事件的媒体关联为[伊朗国家电视台]。

（6）findRealDate 函数将时间词序列转换为标准时间格式，例如将"22 日"修改为"2018-01-22"（因为该报道的发布时间为 2018 年 1 月 22 日）；在确定"当天"的具体时间时，会在 events 集合中向前查找时间值，因此会修改为"2018-01-22"。

（7）findRealLoc 函数与 findRealDate 计算方法相似，例如将"该国"修改为[伊朗]。

（8）fillEventRelation 函数将会遍历 Events 集合中的事件，根据在文本中出现先后和事件发生先后建立关联关系，例如将报道事件的"A_传播事件"关联到演习事件。

4.1.5　网络舆情事件抽取举例

本小节选择曾经发生的"凭什么军人必须让座"舆情事件作为实例，使用本章给出的模型进行事件发现，并添加到网络舆情知识图谱中。该事件自发生后在短时间内成为网友关注的热点。图 4-8 列举了关于该事件细节的描述。

事件报道后，各大网站纷纷转载，网民主要围绕"凭什么军人必须让座"这个话题展开热烈讨论，其中大多谴责这些乘客的素质，为军人鸣不平。国防部发言人吴谦也针对此事件发表了评论。

为简化说明，我们挑选少部分事件和评论，具体如表 4-3 所列。每个事件赋予一个唯一编号作为标识。

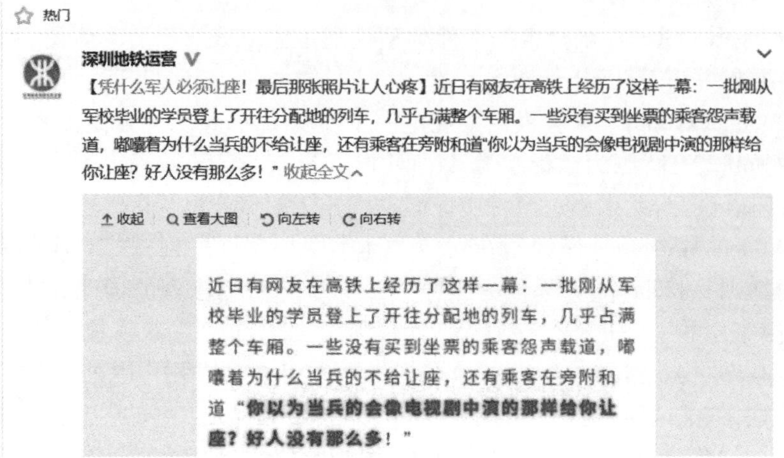

图4-8 "凭什么军人必须让座"舆情事件举例

表4-3 舆情事件"凭什么军人必须让座"部分事件

实例	名称	类
I_E_00046	凭什么军人必须让座	军民冲突
I_E_00047	中国国防部声明:军人合法权益必须得到维护	新闻发布
I_E_00048	新浪新闻:凭什么军人必须让座	转发
I_E_00049	新京报:凭什么军人必须让座	报道
I_E_00050	凤凰网:凭什么军人必须让座	转发
I_E_00051	评论:凭什么军人必须让座	评论
I_E_00052	评论:凭什么军人必须让座	评论
I_E_00053	评论:凭什么军人必须让座	评论
I_E_00054	评论:凭什么军人必须让座	评论
I_E_00055	话题:凭什么军人必须让座	舆情事件

以转发事件"I_E_00050"和评论事件"I_E_00053"为例,表4-4列出了主要属性。

表4-4 转发事件和评论事件属性举例

事件	属性	类型	值
I_E_00050	A_传播时间	dateTime	2018-01-26T00:00:00
I_E_00050	A_链接	string	http://news.ifeng.com/a/20180126/55477996_0.shtml
I_E_00050	A_传播媒体	媒体	凤凰资讯
I_E_00050	A_传播事件	事件	I_E_00049

续表

事件	属性	类型	值
I_E_00050	A_描述	string	……
I_E_00050	A_浏览量	long	265
I_E_00050	A_评论数	long	217
I_E_00053	A_传播事件	事件	I_E_00050
I_E_00053	A_描述	string	终于有人给军人争取合法权益了
I_E_00053	A_传播人	人物	凤凰网用户:47340627
I_E_00053	A_点赞数	long	121
…	…	…	…

"凭什么军人必须让座"事件在知识图谱中的存储如图4-9所示。根据该图,可以详细分析该舆情事件的传播与演化过程。首先,可以根据关系"A_传播事件"追溯事件传播过程,定位起点事件,寻找关键事件;其次,可以根据关系"A_传播媒体"和"A_传播人"查看传播该事件的具体"推手";再次,可以根据关系"A_涉及人物"和"A_涉及地域"分析事件涉及的人物、地点等要素。

可见,在分析网络舆情演化过程中,网络舆情知识图谱提供了更为直观的动态展示过程,可以满足描述涉军网络舆情事件的基本要求。

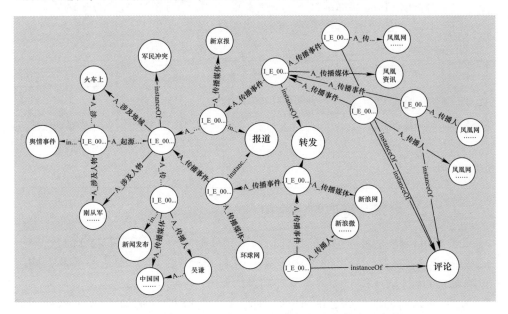

图4-9 "凭什么军人必须让座"事件相关本体类和实例

4.2 基于知识图谱的舆情事件抽取模型

4.2.1 训练语料的构建

为了验证基于知识图谱的事件抽取技术的性能,需要构建训练语料。由于目前没有针对中文新闻开展主题句提取评测的公开标准数据集,本书从凤凰资讯军事频道、环球网军事、新浪网军事3个网站抓取新闻作为测试语料。表4-5列出了3个网站新闻元素爬取的路径。

表4-5 凤凰资讯军事频道、环球网军事、新浪网军事新闻爬取路径

元素	凤凰资讯	环球网军事	新浪网军事
新闻列表	'div. comListBox > h2 > a'	'li. item > h3 > a'	'ul. linkNews > li > a'
标题	'#artical_topic::text'	'. conText > h1::text'	'. main-title::text'
发布时间	'. ss01::text'	'#pubtime_baidu::text'	'. date::text'
来源	'. ss03 > a::text'	'#source_baidu::text'	
内容	'#main_content'	'#text p'	'#article p'

本书构建语料时共抓取文章6000多篇,经筛选与军事无关的报道后,剩余4544篇,作为训练语料。文章统计信息见表4-6。

表4-6 军事类新闻报道语料集

来源	类型	文章	句子数
凤凰资讯军事频道	新闻报道	351	9034
新浪网军事	新闻报道	2420	60299
环球网军事	新闻报道	1773	34814
合计		4544	104147

4.2.2 主题句提取算法实现

我们可以将主题句发现问题转化为多元分类问题,输入句子的分向量,输出分类向量。解决多元分类的方法很多,如 Logistic 回归、机器学习等。本书使用BP(前馈)神经网络模型来解决分类问题。

BP神经网络是由众多科学家组成的小组在20世纪80年代提出的神经网络模型,主要应用于模式识别、分类等领域,是当前使用非常广泛的神经网络之

一。该模型使用误差逆向传播进行训练,所以被形象地称为前馈神经网络。BP神经网络的一次训练过程是首先比较理想输出与实际输出的误差,然后按照反方向逐层修正各层链接的权重,最终回到输入层。训练过程不断重复,一直到输入误差满足要求或者达到预先设定的学习次数为止。如果训练的模型在测试集上获得的误差满足要求则表示训练成功,否则训练失败。

神经网络的输入和输出一般为固定大小的向量,但是新闻报道的句子数并不是固定的。考虑到主题句大多分布在新闻报道前面部分(如图 4-6 所示),我们取新闻报道的前 10 句作为模型输入。每个句子有 5 个特征向量(得分向量 score),这样输入向量的大小为 50,输出向量是大小为 10 的单位向量。该神经网络使用 softmax 函数作为激活函数。Softmax 是常用于多分类神经网络输出的激活函数。假设有一个向量 $V = <v_1, v_2, \cdots, v_n>$,那么 v_i 的 Softmax 值就是:

$$\text{softmax}(v_i) = \frac{e^{v_i}}{\sum_j e^{v_j}} \quad (4-9)$$

网络结构如图 4-10 所示。

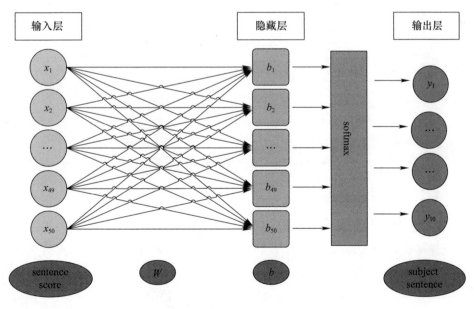

图 4-10 主题句发现预测神经网络模型

以下使用 Goolge 的 TensorFlow 算法库来编码,实现主题句发现预测神经网络模型,代码如算法 4-2 所示。

算法4－2　使用神经网络算法提取主题句算法

算法名称:getKeySentence
相关算法:TensorFlow 算法库
算法输入:traindata(训练数据集),validationdata(验证数据集),testdata(测试数据集)
算法输出:key sentence

1. #构建神经网络模型
2. x = tf. placeholder(tf. float32,[None,4])
3. W = tf. Variable(tf. zeros([4,2]))
4. b = tf. Variable(tf. zeros([2]))
5. y = tf. matmul(x,W) + b
6. y_ = tf. placeholder(tf. float32,[None,2])
7. #定义损失函数和优化函数
8. cross_entropy = tf. reduce_mean(tf. nn. softmax_cross_entropy_with_logits(labels = y_,logits = y))
9. train_step = tf. train. GradientDescentOptimizer(0.5). minimize(cross_entropy)
10. #定义正确率计算方法
11. correct_prediction = tf. equal(tf. argmax(y,1),tf. argmax(y_,1))
12. accuracy = tf. reduce_mean(tf. cast(correct_prediction,tf. float32))
13. #开始训练模型
14. sess = tf. InteractiveSession( )
15. tf. global_variables_initializer( ). run( )
16. for i in range(100):　　#通过观察在验证集上的正确率,确定训练次数
17. 　　sess. run(train_step,feed_dict = {x:traindata. x,y_:traindata. y})
18. 　　print(sess. run(accuracy,feed_dict = {x:validationdata. x,y_:validationdata. y}))
19. return sess. run(accuracy,feed_dict = {x:testdata. x,y_:testdata. y})

4.2.3　算法检验

1. 检验指标

算法检验主要使用准确率、召回率和 F_1 值(定义见式(3－7))来评价主题提取算法,其中准确率的定义为

$$准确率 = \frac{正确抽取的主题句数量}{抽取的主题句数量} \quad (4-10)$$

召回率的定义为

$$召回率 = \frac{正确抽取的主题句数量}{主题句总数} \quad (4-11)$$

由于一篇报道可能包含多个主题句,因此评价召回率是有意义的。

2. 检验结果

随机挑选语料集中 10% 的数据当做测试集,其余 90% 的数据当做训练集。经测试,学习速率 η 取 0.5 左右比较合适,大于 1 则不容易训练出较好的模型,小于 0.1 则学习速度较慢。训练周期和准确率如图 4-11 所示。从图 4-11 中可以看出,模型经过 30 个训练周期后取得最好效果,获得 75.2% 的准确率(Precision)。

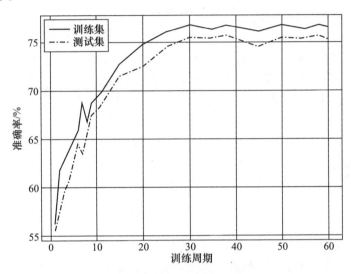

图 4-11 主题句发现预测神经网络训练过程

根据人工标记的主题句总数,计算出模型的召回率为 69.2%,F_1 值为 72.1%。

由于主题句抽取方面没有标准的公开语料,学者的研究多是针对各自的语料,因此,仅通过比较相关指标并不能说明算法的绝对优劣,但是仍有参考意义。王力等[1]提出的基于 LDA 的主题句抽取方法在中药领域获得了 66% 的准确性和 70% 的 F_1 值。李中伟等[2]研究的基于时间多要素模型的新闻主题句抽取方法在新闻报道领域获得 78% 的准确率和 75% 的 F_1 值。与上述两位学者提出的方法相比,本书提出的算法取得了近似的结果,具有不错的性能。

---

[1] 王力,李培峰,朱巧明. 一种基于 LDA 模型的主题句抽取方法[J]. 计算机工程与应用,2013,49(2):160-164.

[2] 李中伟,赖华,周超. 基于事件多要素模型的新闻主题句抽取[J]. 计算机与数字工程,2017,45(6):1156-1160.

4.3 基于知识图谱的舆情事件热度分析

网络突发事件在一定条件下会演化为网络舆情,甚至存在进一步演化为网络暴力的可能,为了及时发现网络突发事件并且追踪突发事件的发展,必须重点做好话题监测和热点追踪。关于网络舆情生命周期的划分存在多种观点:谢科范等[①]根据舆情演化规律将生命周期划分为潜伏、萌动、加速、成熟和衰退5个阶段;宋海龙等[②]依据网民情绪不断转换的角度将生命周期区分为形成、高涨、波动和淡化等阶段;方付建[③]依据生命周期理论,将网络舆情生命周期划分为孕育、扩散、变换和衰减4个阶段;佘廉等[④]依据生命周期理论和政府危机管理方法把生命周期区分为孕育、爆发、蔓延、转折和休眠等阶段。不管是划分为4个阶段还是5个阶段,在网络舆情发展的第2阶段均是发现舆情最为关键的阶段,直接决定着舆情产生的影响和舆情引导的最终效果。网络舆情知识图谱构建引擎不断从各类公开报道中抽取事件并保存在知识图谱中。事件的存储有着良好的结构和细节,包括事件的发生、传播的整个过程,因此为发现舆情事件提供了极大的便利。本节提出了基于知识图谱的舆情事件发现算法。

4.3.1 网络舆情知识图谱的动态特征

我们可以把网络舆情知识图谱看做是具有类、对象和事件3种节点的有向图,该图中的有向边即代表节点之间的关系。该图作为动态图是因为节点和边都是随时间动态变化的:①一个类代表的概念有其生命周期;②一个对象在不同时间可能有不同的属性,例如军种"火箭军"是由"第二炮兵"转隶而来;③一个事件有其发生时间和结束时间,例如"建军90周年阅兵"从举行到退出大众视野时间并不长;④一个关系同样有其生命周期,例如美国总统在不同时期由不同人担任。

4.3.2 相关指标定义

在描述计算模型前,需要首先定义一些指标。

---

① 谢科范,赵泜,等. 网络舆情突发事件的生命周期原理及集群决策研究[J]. 武汉理工大学学报(社会科学版),2010(4):482-486.
② 宋海龙,巨乃岐,等. 突发事件网络舆情的形成、演化与控制[J]. 河南工程学院学报(社会科学版),2010,25(4):12-16.
③ 方付建. 突发事件网络舆情演变研究[D]. 武汉:华中科技大学,2011:63-89.
④ 佘廉,叶金珠. 网络突发事件蔓延及其危险性评估[J]. 工程研究——跨学科视野中的工程,2011(2):157-163.

定义 4-3 事件新鲜度(Freshness)。给定时刻 t,事件 e 的新鲜度是指网民对于事件 e 关注程度的一种度量。

按照常识,事件 e 发生前对网络舆情无影响,刚发生时最易受到网民的关注,之后随时间逐渐递减,直到该事件结束。事件 e 在时刻 t 新鲜度的计算公式为

$$\text{Freshness}(e,t) = \begin{cases} 0 & t < t_{\text{begin}}^{e} \\ -\alpha e^{\alpha(t-t_{\text{begin}}^{e})}\text{Weight}(C(e),t) & t \in [t_{\text{begin}}^{e}, t_{\text{end}}^{e}] \\ 0 & t > t_{\text{end}}^{e} \end{cases} \quad (4-12)$$

式中:$[t_{\text{begin}}^{e}, t_{\text{end}}^{e}]$ 为事件 e 发生的时间段;$\alpha(\alpha<0)$ 为新鲜度衰减率;Weight $(C(e),t)$ 表示事件 e 所属分类 $C(e)$ 在 t 时刻的权重。

显然,事件 e 仅在 t_{begin}^{e} 之后、t_{end}^{e} 之前的时间内保持一定的新鲜度,并且新鲜度呈递减趋势,计算可得:

$$\int_{-\infty}^{\infty} \text{Freshness}(e,t)dt = \int_{t_{\text{begin}}^{e}}^{t_{\text{end}}^{e}} \text{Freshness}(e,t)dt = 1 - e^{\alpha(t_{\text{end}}^{e}-t_{\text{begin}}^{e})} \quad (4-13)$$

且当 $t_{\text{end}}^{e} \gg t_{\text{begin}}^{e}$ 时,式(4-13)≈ 1。

假设一个事件 e 发生在时间区间[5,40],当 Weight$(C(e),t)=1$ 时,在各时刻关系 e 的新鲜度变化情况如图 4-12 所示。

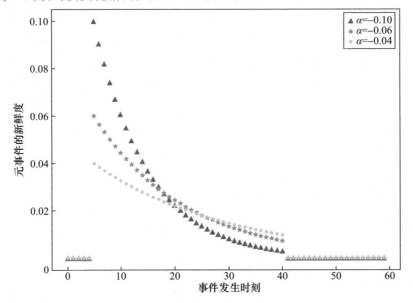

图 4-12 元事件 e 的新鲜度随时间的变化情况

通过图 4-12 可以看出 α 越大,曲线越陡,表示新鲜度随时间衰减越快。在实际应用中,需要根据实际情况调节 α 取值。

定义 4-4 事件演化度(Evolution)。给定时刻 t,事件演化度是指事件演化过程的一种度量,具体指在 t 时刻前由该事件衍生出的所有事件加权和,即

$$\text{Evolution}(e,t) = \text{Weight}(C(e),t) + \sum_{(e_i,e) \in R} \text{Evolution}(e_i,t)\text{Fressness}(e_i,t)$$

(4-14)

由于该定义是一个递归定义,因此要求事件之间不存在环。在实际情况中,事件之间的关系是按照时间顺序建立的,因此符合要求。

通过定义可以看出,事件引起的衍生事件越多演化度越大,接近 t 时刻产生的衍生事件越多演化度越大。因此,事件演化度反映了一个事件被持续关注的程度。

定义 4-5 事件直接受众(Audience)。给定时刻 t,事件直接受众是指在时刻区间 $[t-\Delta t+1,t]$ 中直接参与该事件的用户集合,即

$$\text{Audience}(e,t) = \bigcup_{r=(u,e) \in R, r.t \in [t-\Delta t+1,t]} u$$

(4-15)

式中:Δt 为时间段常量。引入 Δt 是因为事件对受众的影响也是随时间逐渐衰减的。

定义 4-6 事件传播广度(Range)。给定时刻 t,事件传播广度是指在时间区间 $[t-\Delta t+1,t]$ 中由参与该事件及衍生事件的用户构成的集合,即

$$\text{Range}(e,t) = \text{Audience}(e,t) \cup \bigcup_{(e_i,e) \in R} \text{Range}(e_i,t)$$

(4-16)

之所以采用∪操作是因为需要重操作(避免同一用户被多次计算)。事件传播广度可以表达事件传播范围的大小,是计算舆情传播的重要指标。

定义 4-7 对象活跃度(Activity)。给定时刻 t,对象活跃度是与对象与各类事件关联程度的一种度量,即

$$\text{Activity}(o,t) = \text{Weight}^{out}(C(o),t) \sum_{(o,e) \in R} \text{Evolution}(e,t)\text{Fressness}(e,t) +$$
$$\text{Weight}^{in}(C(o),t) \sum_{(e,o) \in R} \text{Evolution}(e,t)\text{Fressness}(e,t)$$

(4-17)

式中:$\text{Weight}^{out}(C(o),t)$ 表示对象 o 所属分类 $C(o)$ 在 t 时刻的出度权重;$\text{Weight}^{in}(C(o),t)$ 表示对象 o 所属分类 $C(o)$ 在 t 时刻的入度权重。

上述定义中使用 Weight 函数,可以方便区分不同类、不同实例、不同关系所占的权重。例如评论事件和点赞事件在热度计算时应该被区分。同时该函数为算法提供了更大的灵活性,可以根据使用场景动态调整。

4.4 知识图谱下舆情热点事件的发现

4.4.1 舆情事件发现算法

舆情事件的发展一般经历形成、高涨、波动和淡化4个阶段[①]。如何在舆情形成和高涨初期及时发现舆情事件,是舆情管理中的重要环节。

一个事件演化为舆情事件有3个必要条件:关注高、传播范围大、受众观点出现分歧。事件的关注度可以由事件的演化度表示,事件传播范围可以由事件传播广度表示。受众观点是否出现分歧超出本书研究范围,此处不涉及。本书使用舆情热度描述事件可能成为舆情事件的指标。

定义4-8 事件热度(EHeat)。给定时刻t,事件热度是指在t时刻事件演化度和传播广度变化趋势的一种度量,即

$$\text{EHeat}(e,t) = k_e \times \text{Evolution}(e,t) + k_r \times \text{Range}(e,t) \quad (4-18)$$

式中:k_e、k_r为加权系数(满足$k_e \geq 0, k_r \geq 0, k_e + k_r = 1$),可根据实际情况灵活调整。根据事件热度查找舆情事件的方法见算法4-3。

算法4-3 根据事件热度查找舆情事件

算法名称:findHeatEvent
相关算法:findInitialEvent,Evolution,Range
算法输入:t(时刻),thresholdIndex(事件热度阈值)
算法输出:舆情事件

1. def EHeat(event,t):	
2. return $k_e \times$ Evolution(event,t) + $k_r \times$ Range(event,t)	返回事件热度
3. events = findInitialEvent( )	查找原始事件(非衍生事件)
4. for event in events:	遍历每个事件
5. index = EHeat(event,t)	计算事件热度
6. if index > thresholdIndex	如果热度超过阈值
7. yeild event,index	返回该事件及热度

算法4-3引用了算法findeInitialEvent、Evolution、Range。findInitialEvent函数是一个图遍历算法,在图数据库中可以使用查询语句直接获得。Evolution函数计算事件热度,Range函数计算事件传播广度。

[①] 宋海龙,巨乃岐,等.突发事件网络舆情的形成、演化与控制[J].河南工程学院学报(社会科学版),2010,25(4):12-16.

定义 4-9 事件舆情趋势(Trend)。给定时刻 t,事件舆情趋势是指在 t 时刻事件演化度和传播广度变化速度的一种度量,即

$$\text{Trend}(e,t) = \partial(\text{EHeat}(e,t)) = k_e \times \partial_t(\text{Evolution}(e,t)) + k_r \times \partial_t(\text{Range}(e,t)) \quad (4-19)$$

式中:$\partial_t(\text{EHeat}(e,t))$ 为 $\text{EHeat}(e,t)$ 关于 t 的微分;$\partial_t(\text{Evolution}(e,t))$ 为 $\text{Evolution}(e,t)$ 关于 t 的偏微分,$\partial_t(\text{Range}(e,t))$ 为 $\text{Range}(e,t)$ 关于 t 的偏微分。

舆情趋势的计算方法见算法 4-4。

算法 4-4　舆情趋势计算算法

算法名称:calcEventTrend
相关算法:Evolution,Range
算法输入:event(事件),t(时刻)
算法输出:事件舆情趋势

1. evolution_t_d = Evolution(event,t) − Evolution(event,$t-1$)	计算事件演化度偏微分近似值
2. range_t_d = Range(event,t) − Range(event,$t-1$)	计算事件传播广度微分近似值
3. return k_e × evolution_t_d + k_r × range_t_d	返回事件舆情趋势

算法 4-4 中使用了差分近似演化度和传播广度的偏微分。当舆情趋势大于某一阈值时,表示舆情热度增长迅速,可将该事件视为舆情事件并加以重点关注;当舆情热度在一段时间均小于阈值时,表示舆情热度增长缓慢或者在下降,可以取消关注。

4.4.2　热点对象发现算法

在舆情管理工作中,除了关注舆情事件外,同时也需要对重点用户、重点机构进行监控。我们同样使用对象的热度来监控对象。

定义 4-10 对象热度(OHeat)。给定时刻 t,对象的热度是指在 t 时刻与对象存在直接关系的事件热度之和,即

$$\text{OHeat}(o,t) = \sum_{r=(e,o)\in R} \text{EHeat}(e,t) + \sum_{r=(o,e)\in R} \text{EHeat}(e,t) \quad (4-20)$$

热点对象的发现算法如算法 4-5 所示。

算法 4-5　热点对象发现算法

算法名称:findHeatObject
相关算法:findeAllObject,findRelevantOutEvent,findRelevantInEvent,EHeat
算法输入:t(时刻),thresholdIndex(对象热度阈值)
算法输出:热点对象及热度

1. objects = findeAllObject( )	查找原始事件(非衍生事件)

```
2. for object in objects:                              遍历每个事件
3.     oheat = 0                                       初始化对象热度
4.     events = findRelevantOutEvent(object)           获得对象关联的事件
5.     for event in events:                            遍历事件
6.         oheat = oheat + EHeat(event, t)             累加对象的热度
7.     events = findRelevantInEvent(object)            获得关联对象的事件
8.     for event in events:                            遍历事件
9.         oheat = oheat + EHeat(event, t)             累加对象的热度
10.    if oheat > thresholdIndex                       如果热度超过阈值
11.        yeild event, oheat                          返回该对象及热度
```

算法 4-5 中引用了 findeAllObject、findRelevantOutEvent、findRelevantInEvent 和 EHeat 等 4 个相关算法。前 3 个算法是一个图遍历算法,在图数据库中可以使用查询语句直接获得。EHeat 的定义参见算法 4-3。

4.5 网络舆情事件抽取与热点发现的应用研究

4.5.1 数据集构建

铁血网是一个关于我国国防建设和世界军事发展的综合平台,其中铁血论坛有着大量的活跃用户。本书选取该论坛中陆军论坛的热帖来构建验证数据集。首先我们通过爬虫从该论坛爬取近期 100 篇热帖作为研究对象。表 4-7 中列出了几个近期的帖文。

表 4-7 铁血论坛中的部分热帖

序号	热帖	主要谈及	浏览	回复
1	国产航母再现,大批工人上航母拆卸!	航母	88933	398
2	以色列泄密:中国特种部队在叙利亚"秘密行动"	特种部队	136921	345
3	中国电磁炮上舰测试照曝光,进度超越美国	电磁炮,舰艇	94294	123
4	中国要把辽宁号航母卖出去?这话让人振奋	辽宁号	150076	172
5	国防部透露的一个重要信息被大家略过了	洞朗	99643	420
6	官方披露!轰20隐身轰炸机首次现身	轰20	105138	270

4.5.2 模型参数设置

在验证模型前需要确定各个模型参数。首先时间单位选择为0.5天,时间窗口Δt选择为4,即重点关注近2天的舆情。事件新鲜度衰减率α取-0.01,则最近4个时间单位的新鲜度分别为0.074、0.081、0.09和0.1。舆情热度的加权系数k_e取0.6,k_r取0.4。论坛主要涉及4类传播事件:发帖、回帖、转发和浏览。为简化模型,4类事件对应关系的权重不随时间变化,分别取常数0.6、0.2、0.15和0.05。

设定舆情预警值"40",当舆情趋势超过这个值时则是重点关注和引导该舆情的时机。

4.5.3 舆情事件热度分析

经过对100个帖文的综合分析,帖文的舆情演化度和传播广度的变化规律各不相同,两个指标存在一定的关系,大体趋势相同,但并不完全一致。有些帖文演化度持续保持高位,但传播广度维持在较低水平,说明参与该话题讨论的网友局限在某个特定群体,并没有引起大多数网友的关注;有些帖文演化度不高,但传播广度较高,说明该帖可能只是通过标题吸引网友但有没有实质内容。舆情热度则综合反映了网友参与该事件的程度和该事件传播的范围。如图4-13随机列举了4个帖文的演化度、传播广度和舆情热度变化图。

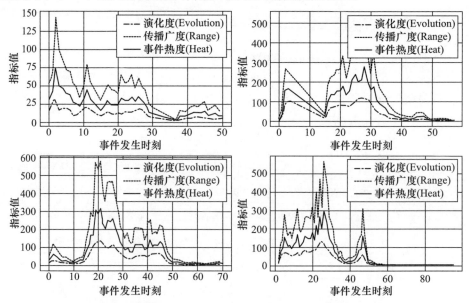

图4-13 铁血论坛部分热帖演化度、传播广度和舆情热度变化趋势图

从图 4-13 可以看出,第 1 个帖文出现多次热点,但总趋势是下降的,第 2 个帖文和第 4 个帖文在持续保持了一段时间的热度后迅速衰减,第 3 个帖文先后出现了两次热点。

4.5.4 舆情热点事件发现

舆情事件发现可以根据设定舆情热度阈值来实现。当舆情热点大于舆情热度阈值时,可以认为该事件是舆情事件。图 4-14 显示了某帖文的各指数的变化情况,在时刻[18,27]舆情热度超过阈值,被认定为热点事件。舆情热点的出现时机可以通过舆情趋势来预测。在图 4-14 中,在时刻[15,16]和[17,20]两个时间段舆情趋势超过预警值,说明该事件很可能是舆情事件。

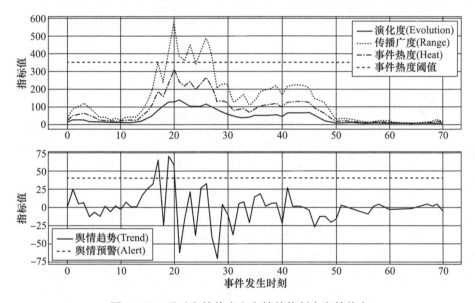

图 4-14 通过舆情热度和舆情趋势判定舆情热点

通过对比发现,使用舆情趋势预判比使用事件热度提前了 3 个时间单位(1.5 天)。经过在实验数据集上测试,在 87% 的帖文中成功实现了预测,取得较好的效果。

4.6 基于知识图谱的网络舆情管理实践

本节针对舆情管理实践中遇到的具体问题,将研究成果应用于专门网络舆情管理系统的改造升级中,在实际应用中得到了检验。

4.6.1 任务描述

1. 相关背景介绍

近年来,某集团公司内部建设的"A"网受到广大用户的一致欢迎,成为公司员工了解公司建设情况、交流工作经验的平台,访问量稳步提升。"A"网中运行的"B"论坛更成为大家建言献策、经验交流、吐槽的活跃地,其发帖和回复数量已然成为公司内网名副其实的大数据,图4-15示出了近几年"B"论坛的访问量。

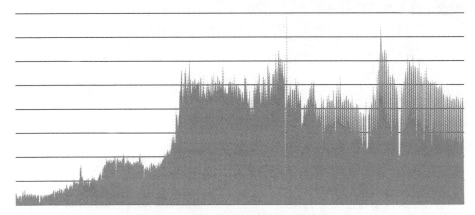

图4-15 近几年"B"论坛访问量变化趋势图
(注:由于具体数据敏感,图中隐去了横纵坐标,下同)

多年来,公司领导层一直重视通过"A"网了解员工的思想心理、生活工作等情况。该网已成为公司网络舆情形成的重要平台。"C"中心是公司领导层指导建设的舆情监测机构之一,主要负责对"A"网的监测和引导工作。"C"中心定期向公司领导层报送"舆情要报"。

"C"中心的主要工作依托"舆情信息管理系统"(简称"D"系统)实时对"A"网进行全网扫描,抓取新闻、帖文以及网友的回复,然后系统根据预定义的主题词对文章进行分类存储在全文检索数据库中,供"C"中心工作人员检索。

"C"中心工作人员定期查看系统抓取的文章,记录工作日志,寻找热点事件,整理网友跟帖和评论,撰写相关舆情报告。

2. 目前存在的主要问题

"C"中心运行以来,为公司领导层报送舆情报告上百篇,有些得到了分公司以上领导的签批肯定,尤其在集团公司改革重组期间,对掌握广大员工思想动态发挥了重要作用,但在工作方式上存在一些问题。

"D"系统是多年前购买的软件,完成的主要工作是新闻抓取、分类和存储,没有提供深度的内容分析、主题发现与追踪、用户行为分析、舆情报告生成等复杂功能。"C"中心的主要工作是撰写舆情要报,目前主要依托人工完成。需要人工处理的工作主要有:查找热点事件、分析演化过程、整理网民观点倾向、提供意见建议等。其中前两项占用了大量时间,而且容易出现遗漏。系统仅按照预定义的关键词对文章进行了分类,没有建立相关关系;对于新出现的关键词(改革重组期间尤为频繁)没有识别能力,需要工作人员手动维护关键词列表;关键词的组织也比较简单,没有上下位关系,也没有同义词族。热点新闻仅按照转发量计算热度,没有考虑点击量和回复数,对论坛回复的采集也存在不少问题。

3. 改进思路

目前市场上的商用舆情管理软件大多采用云服务方式,单机版功能均比较简单。在集团公司内网搭建私有云的代价高昂,也不符合现实需求。"D"系统的简单升级已经远远不满足当前的现实需求。在"D"系统没有较大改进余地的前提下,考虑尽量在现有功能基础上进行扩展。主要思路是:基于本书提出的网络舆情管理技术实现"舆情事件发现系统",与现有系统进行无缝对接。

4.6.2 系统实现与部署

1. 系统架构

"舆情事件发现系统"具体实现了本书提出的事件抽取技术和舆情事件发现技术。该系统首先从"D"系统的存储数据库(全文检索数据库)中检索最新的文章进行事件提取,存储到网络舆情知识图谱中,然后通过舆情事件发现算法自动发现热点事件,并按照相应的预警等级发出预警。系统的部署架构如图4-16所示。

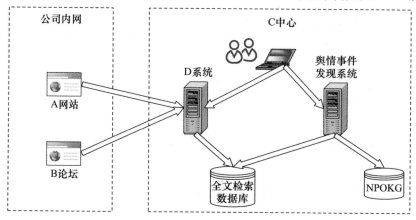

图4-16 舆情事件发现系统部署架构

2. 系统实现

"舆情事件发现系统"选择由 Python 语言来编码实现。随着近几年人工智能的快速发展尤其是深度学习的逐步普及，Python 语言发展势头迅猛，目前已经成为第 3 大编程语言（前 2 位分别为 C 和 Java），如图 4-17 所示。Python 易于学习，可读性强，拥有广泛的优秀标准库，支持与大多高级语言进行交互，具有跨平台运行的能力。例如 Google 开源的 Tensorflow 深度学习平台对 Python 支持得非常好。

2020年8月名次	2019年8月名次	名次变化	程序语言	使用率	变化率
1	2	↑	C	16.98%	+1.83%
2	1	↓	Java	14.43%	−1.60%
3	3		Python	9.69%	−0.33%
4	4		C++	6.84%	+0.78%
5	5		C#	4.68%	+0.83%

图 4-17 Tobie 网站发布的开发语言排行榜（2020 年 8 月）

本书使用 PyCharm 作为 Python 开发环境，主界面如图 4-18 所示。PyCharm 由 JetBrains 公司发布，支持调试、语法高亮、代码跳转、智能提示、单元测试、版本控制等功能，能够大幅度提高用户开发效率，其社区版供大家免费下载试用。

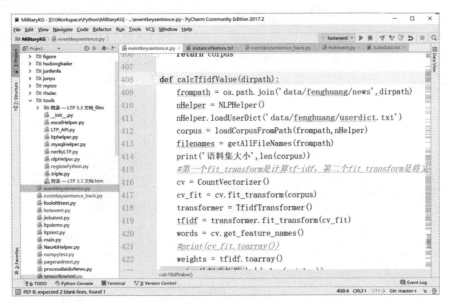

图 4-18 Python 的可视化开发工具 PyCharm

3. 系统部署

由于"D"系统部署在 Windows 2008 操作系统中,为了方便维护,"舆情事件发现系统"同样部署在该操作系统中。由于网络舆情知识图谱存储的图数据库(Neo4j)需要较大的存储空间和计算资源,为提高性能,将其单独部署在一台服务器中。MySQL 数据库需要与 Neo4j 频繁交互,因此部署在同一台服务器中。

系统正式运行前,还需要根据需求和应用情况适配一系列初始化参数,例如事件发现的循环周期、时间基本单位、时间段常量 Δt 等。另外还需要将舆情趋势值划分为不同的区间,分别对应不同的预警等级(一般使用蓝色、黄色、橙色和红色 4 种颜色进行表示)。

4.6.3 系统运行之一:话题舆情热度

在舆情监控具体实践中,一般比较关注单个事件的舆情变化趋势,以便及时掌握网民的反映继而采取具体的引导措施。分析一段时间内某类事件(话题)的舆情热度(EHeat)同样具有重要意义。近两年,该集团公司改革逐步推进,热点话题不断涌现。本书选取 5 个与改革有关的话题,计算话题的舆情热度,绘制曲线如图 4-19 所示。

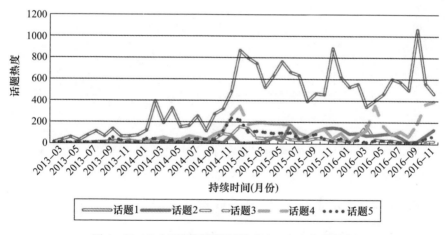

图 4-19 5 个不同话题舆情热度(EHeat)变化趋势

从中可以看出,同一话题可能会多次成为热点,不同话题在同一事件段的舆情热度可能差别也较大。随着时间的推进,热点话题在不断变化,一方面体现了改革不同阶段有不同的改革内容,另一方面也体现出了网民对不同话题的关注度差别也比较大。

4.6.4 系统运行之二:用户活跃度分析

将用户参与的事件按照舆情热度进行累加,可以获得用户的活跃度,分别按照星期和小时进行统计,可以获得用户活跃度周期分布趋势图,如图 4 – 20 和图 4 – 21 所示。

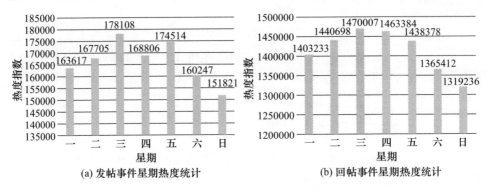

图 4 – 20　用户星期活跃度变化趋势

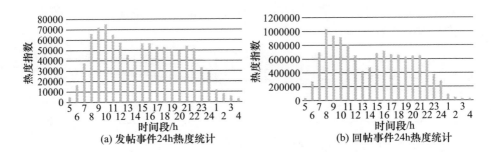

图 4 – 21　用户 24h 活跃度变化趋势

从图 4 – 21 中可以看出,星期周期分布和小时周期分布都存在明显的规律,这对于如何把握舆情监测时间具有重要指导意义。

4.6.5 系统运行之三:用户上网行为分析

用户上网行为分析主要对论坛中热门板块用户群体画像、特定事件用户行为特征统计以及用户上网惯用词语、偏好主题、情绪态度进行统计和图谱分析。根据系统数据对某板块活跃用户个性画像、参与事件讨论的用户情绪分布进行展示,如图 4 – 22、图 4 – 23 所示。

可以发现分析板块活跃用户群体以年轻人为主,主要分布在 25～35 岁之间,男性居多,用户标签可以看出对演讲、PPT(PowerPoint)、PS(PhotoShop)等多

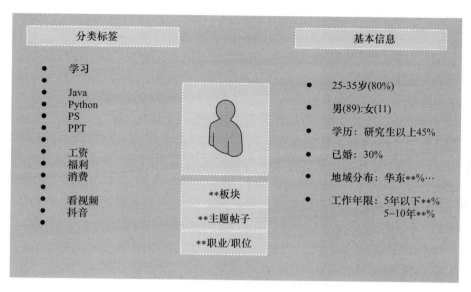

图4-22 某板块活跃用户个性画像

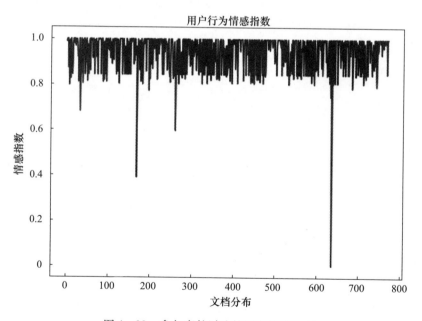

图4-23 参与事件讨论的用户情绪分布

媒体技术等比较感兴趣。情感指数方面,指数越大代表越正面的情绪,对于与改革相关的事件情绪普遍为积极的正面的,个别表现出部分担忧。

4.7 本章小结

本章提出了基于知识图谱的事件抽取框架和模型。该方法充分利用了网络舆情知识图谱中的已有领域知识,构建新闻语句的特征值,并使用神经网络算法抽取新闻主题句,然后进行事件分类和要素填充,并以"凭什么军人必须让座"舆情事件为例进行了说明。该方法充分利用了已有知识图谱提供的有效信息,辅助自然语言处理技术,在保证准确率的前提下,有效地减少了人工参与的工作量。在此基础上提出了基于知识图谱的舆情事件发现算法,该算法以基于图的事件关注度模型为基础,解决了舆情事件和热点对象的发现问题。最后通过构建测试数据集对模型进行了验证。

第 5 章　基于知识图谱的网络舆情用户行为评估技术

本章在论述网络舆情的用户画像与行为基础上,开展用户画像的知识图谱分析、舆情内容的知识图谱分析、上网行为的知识图谱分析,最后对网络舆情行为分析进行应用研究。

5.1　网络舆情的用户画像与行为

用户是网络舆情参与的主体,随着互联网上用户数量的迅速增长,用户创建和访问的内容数量呈指数级递增,网络舆情的用户信息和行为数据逐渐成为网络舆情研究关注的重点内容。然而,从海量的用户数据中得到准确的分析结果并不容易,为了更好地服务于网络舆情用户研究,用户画像和行为分析等被引入网络舆情研究,成为当前较为前沿和热门的研究领域。

5.1.1　用户画像的概念和界定

定义 5-1　用户画像(Persona)。用户画像是真实用户的虚拟代表,是基于一系列真实数据建立的目标用户模型。

用户画像技术最早是由交互设计之父 Alan Cooper[①] 提出的,被用于促进和巩固以用户为中心设计思路(User-Centered Design,UCD)的交互工具。在用户画像最初的研究中,是以"Persona"(由用户画像构成七要素 Primary、Empathy、Realistic、Singular、Objectives、Number、Applicable 的首字母组词命名)表征其概念和内涵。通过将用户的多方面信息集中在一起并形成一定类型上的特征集合,形成独特的"用户画像",也称为"用户原型""用户模型"或"用户角色"等。需要注意的是用户画像本身是虚拟的、抽象的,但是反映出的是用户的真实行为习惯与特征。

用户画像设计之初是作为一种勾画目标用户、联系用户诉求与设计方向的

---

① Cooper A. The inmates are running the asylum:Why high-tech products drive us crazy and how to restore the sanity[M]. Sams Publishing,2004.

交互工具,之后在各领域应用十分广泛。在产品设计等实际应用中用户画像的构建不能脱离预定产品和市场环境,用户画像所表现出的各类虚拟代表需要能代表产品的真实受众和目标群体。国外学者 Gauch、Speretta 等[1]将用户画像视作一种用户形象特征的集合,他们认为用户画像主要是由加权关键词、语义网以及概念层次结构几方面组成。国内学者王英等[2]从科研活动、基本信息与数据来源等方面分析设计了高校科研用户的个人属性、行为属性和数据属性等画像构成要素,通过网络爬虫技术获取科研人员的特征数据,使用特征标签描绘构建高校科学研究的用户画像;廖运平等[3]将智慧图书馆用户画像划分为面向设计的用户画像与面向营销的用户画像,前者将用户特征植入独特的人物角色并扎根于团队成员的产品设计中,后者则通过与推荐算法结合运用,完成智慧图书馆"书"与"读者"的精确匹配,通过用户画像不仅能将用户属性、行为、目标和动机等特征进行展现和实时更新,还能在设计层面为图书馆的信息组织开发、业务规划等提供依循,切实做到"每个读者有其书"的服务宗旨,而这些是常用的统计术语和泛化描述所做不到的;另外周林兴[4]、袁润[5]、任中杰[6]、万家山[7]等分别面向档案研究、博客论坛、突发事件以及社交网络等不同研究主题和应用场景研究网络用户画像的构建技术和行为分析方法,揭示网络用户在不同领域的行为规律。

通过相关研究可以发现,用户画像的研究思路主要有两种:一种是传统的,应用于产品设计、商业运营领域的,从产品目标受众和应用场景中抽象出典型用户画像的,我们称之为"User Personas";另一种则是面向互联网环境,尤其是大数据条件下,根据每个用户在产品使用、接受服务或参与网络社交时

---

[1] Gauch S,Speretta M. User profiles for personalized infor - mation access[C]. The Adaptive Web,Methods and Strate - gies of Web Personalization DBLP,2007:54 - 89.

[2] 王英,胡振宁,杨巍,等. 高校科研用户画像特征分析及案例研究[J]. 图书馆理论与实践,2020(04):35 - 40.

[3] 廖运平,卢明芳,杨思洛. 大数据视域下智慧图书馆用户画像研究[J]. 国家图书馆学刊,2020,29(03):73 - 82.

[4] 周林兴,徐承来,周丽. 用户画像视域下档案用户隐私问题研究[J]. 档案学研究,2020(02):58 - 64.

[5] 袁润,王琦. 学术博客用户画像模型构建与实证——以科学网博客为例[J]. 图书情报工作,2019,63(22):13 - 20.

[6] 任中杰,张鹏,兰月新,等. 面向突发事件的网络用户画像情感分析——以天津"8·12"事故为例[J]. 情报杂志,2019,38(11):126 - 133.

[7] 万家山,陈蕾,吴锦华,等. 基于 KD - Tree 聚类的社交用户画像建模[J]. 计算机科学,2019,46(S1):442 - 445 + 467.

的记录数据,生成描述用户特征的标签集合,我们称之为"User Profiles"。当前,研究者普遍认为网络环境下的用户画像是一种用户信息的标签化技术,即在足够的网络用户数据条件下,通过抽象出信息标签呈现出用户特征属性,通过构建信息标签体系最终形成虚拟的用户信息全貌,即用户画像(User Profiles)。

定义 5 – 2 网络舆情的用户画像(NPOUP)。网络舆情的用户画像(Network Public Opinion User Profiles,NPOUP)是指标签化的网络舆情用户模型化方法,由一系列最能描述用户特征(如性别、年龄、职业、兴趣爱好、行为习惯等)形象的标签集合而成。

当前,作为日益成熟的数据分析工具,用户画像全面细致地抽象出网络用户的信息全貌,可以了解用户身份、行为规律、态度、认知情况,可以跟踪用户需求变化并分析其变化的深层逻辑,帮助理解互联网上复杂的信息行为。信息行为的概念最早起源于20世纪60年代的"信息需求和信息使用"的研究,现在泛指人们需要、搜寻、获取和使用信息的行为总合,是外部环境与人的内在因素相互作用的结果[①]。在网络舆情研究中,用户的信息行为包括了信息寻求、信息检索、信息使用等行为,是用户参与网络舆情生成和传播的行为总和,对网络舆情信息生态构建和研究具有重要的指导意义。网络舆情用户画像可以非常直观地体现用户偏好的主题、用户情感、态度倾向、用户认知与感知等,从而有助于深入研究用户的情感倾向与群体行为,但目前综合考察用户情感倾向与群体行为特征的研究成果还较为缺乏[②]。

5.1.2 用户画像的构成要素和标签体系

用户画像是基于真实用户的抽象化和虚拟化表达,是针对某一特定产品或场景的目标受众或群体的差异化区分。不同目标产品和应用场景下的用户画像,其构成要素一般是不同的。在用户画像最开始的研究中,研究人员提出了用户画像构成的"七要素",即基本性(Primary)、同理性(Empathy)、真实性(Realistic)、独特性(Singular)、目标性(Objectives)、数量性(Number)、应用性(Applicable);Idoughi 等[③]认为用户画像是由用户特征、目标和需求等信息构成的用户描

---

① 乔欢,乔人立. 信息行为学[M]. 北京:北京师范大学出版社,2018:8 – 10.
② 刘海鸥,孙晶晶,苏妍嫄,等. 国内外用户画像研究综述[J]. 情报理论与实践,2018,41(11):155 – 160.
③ Idoughi D,et al. Adding user experience into the interactive service design loop:a persona – based approach[J]. Behaviour & Information Technolo – gy,2012,31(3):287 – 303.

述模型;国内研究方面,陈军[①]研究认为一个完整的用户画像由目标、方式、组织、标准、验证5部分组成;索晓阳等[②]提出了一种基于社交网络数据的用户群体画像构建方法,从基本特征、内容特征、统计特征、行为特征等方面对用户群体进行全面精准刻画;钱露[③]指出用户画像就是对所有用户进行标签化、信息结构化,用户画像的核心工作是为用户打标签;吴翔宇[④]认为用户画像是目标用户的标签化模型,其作用不仅仅用来抽象用户信息,其中还应该涵盖用户与用户、用户与用户群体间的关系等。

用户画像的标签体系,就是用户信息的标签化,在构建用户画像之前,需要建立标准的标签体系,来全方位、多层次地反映出用户画像的基本内容。标签体系的完善程度,对于用户画像的精准构建将起到至关重要的作用。用户画像标签的建立,需要对数据进行采集和处理,基于数据的不同,以及需求的不一致,在采集标签时,大致采用两类方法:一类是基于人工手动归纳并标注用户的标签;另一类是运用机器算法进行半人工方式的提取[⑤]。

用户画像的标签体系的构建需要解决几个关键问题。首先,是用户数据来源问题,根据目标用户的社会属性、生活习惯和消费行为等,对用户数据的采集和积累是进行用户画像的基础;其次,是要有明确的业务应用场景和需求分析,用户画像与业务应用密不可分,通常需要对符合业务需求的特定用户进行画像和分析;最后,是要有合适的的用户建模方法,从已有的用户数据中挖掘深层次的、能触及用户需求的信息,比如根据用户的基本属性、行为特征、性格偏好、生活习惯、购买能力、社交网络等信息而抽象出来的标签化用户模型等。这里的"标签"是通过对用户信息分析而来的高度精炼的特征标识,而标签化用户画像模型的核心工作即是给用户打"标签",通过打标签可以利用一些高度概括、容易理解的特征来描述用户,可以让人更容易理解用户,并且可以方便计算机处理,从而对用户进行基于标签的分类和抽取,如图5-1所示。

---

① 陈军.基于大数据的ZQ就业推荐平台设计及运维管理机制研究[D].广州:广东工业大学,2018.

② 索晓阳,王伟.基于社交网络数据的用户群体画像构建方法研究[J].网络空间安全,2019,10(9):55-61.

③ 钱露.基于iOS平台的小型社交网络的关键技术研究[D].北京:北京邮电大学,2015.

④ 吴翔宇.基于用户画像的推荐技术研究[D].青岛:青岛科技大学,2018.

⑤ 徐海玲,张海涛,魏明珠,等.社交媒体用户画像的构建及资源聚合模型研究[J].图书情报工作,2019,63(9):109-115.

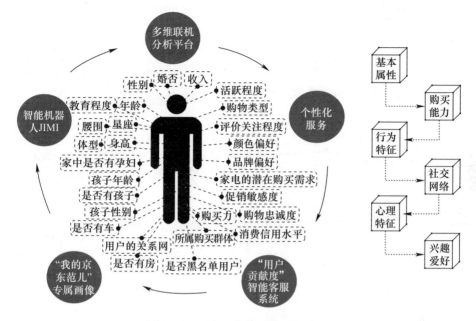

图 5-1 用户画像标签体系示意图

5.1.3 用户画像的构建模型和方法

用户画像是对现实世界中用户的建模,其模型构建包含目标、方式、组织、标准、验证这 5 个方面[①]:①目标,即描述人,认识人,了解人,理解人;②方式,分为形式化手段(数据的方式来刻画人物的画像)、非形式化手段(使用文字、语言、图像、视频等方式刻画人物的画像);③组织,指的是结构化、非结构化的组织形式;④标准,指的是使用常识、共识、知识体系的渐进过程来刻画人物,认识了解用户;⑤验证,依据侧重说明了用户画像应该来源事实、经得起推理和检验。

用户画像必须从实际业务场景出发,解决实际的业务问题。从用户画像应用的场景来看,可以分为企业画像、产品画像、社会画像、经济画像、人群画像、行为画像和舆情画像等。根据不同的业务内容,会有不同的数据,不同的业务目标,也会使用不同的数据。在互联网领域,用户画像数据主要包括人口属性、兴趣特征、消费特征、位置特征、设备属性、行为数据、社交数据等,其主要应用场景涵盖了用户属性画像、用户偏好画像、用户行为画像、网络舆情画像、产品设计和

---

① 陈军. 基于大数据的 ZQ 就业推荐平台设计及运维管理机制研究[D]. 广州:广东工业大学,2018.

个性化推荐等。

面向不同应用场景和用户数据,用户画像的构建模型和方法主要有基于主题的用户画像方法、基于行为的用户画像方法、基于兴趣的用户画像方法、基于情绪的用户画像方法以及基于特征融合的用户画像方法。

1. 基于主题的用户画像方法

基于主题的用户画像方法是指通过主题模型或话题模型发现文本信息中隐含的主题或话题,进而据此刻画出用户。用户产生的文本信息通常包含多个主题或话题(Topic),它们表现为一系列相关的词语,且具有不同的概率[①]。文本主题或话题提取的典型方法是 LDA 主题模型、贝叶斯文本分类器、Kmeans 聚类等方法。

马超[②]提出基于主题模型的半监督的用户画像算法(User Profiling based Topic Model,UPTM),该算法将社交网络结构转换为文档结构,将社交网络用户画像问题转变为文档分析问题,然后利用主题模型对文档进行建模分析,这是主题模型用于用户画像的主要方式。在 UPTM 模型的设计中,文章参考了 LDA 模型的设计思路,将用户已知的部分属性信息作为监督信息加入到图模型中用来进一步限制每个用户可选的标签集合范围。在这样的图模型之下,每个用户被分配到的主题,首先必须是在其所在文档关联的标签集合中,其次这个主题也必须在他自己所关联的标签集合中[②]。例如,如果某个用户的属性文档中有{"北京""上海""深圳"}的标签,那么 UPTM 模型可以将他和其中任何一个关联到一起,但不能超出这个标签集合范围,如果他自身的"居住地"一栏填写为"北京",那么他就被分配到"北京"的主题,而不会被分配到"上海"等其他主题了。

其他相关研究还包括,Veningston 等[③]基于用户查看的内容记录文本构建用户、文档主题模型,对文档信息主题排序,完成用户画像和信息推荐;林燕霞等[④]基于社会认同理论,构建用户微博主题模型,获取用户主题的概率分布,通过分布计算相似度,实现用户群体的分类。

通过相关研究可以发现,基于主题的用户画像方法根据用户发布文本形成主题聚类,通过有限主题词细致描述用户关联内容主题的多样性,减少用户画像的存储空间,增强算法的有效性,但该方法需要足够的资源文本,同时是一个静

[①] 高广尚. 用户画像构建方法研究综述[J]. 数据分析与知识发现,2019,3(3):25-35.
[②] 马超. 基于主题模型的社交网络用户画像分析方法[D]. 北京:中国科学技术大学,2017.
[③] Veningston K, Shanmugalakshmi R. Combining user interested topic and document topic for personalized information retrieval[C]//In the proceedings of the 2014 International Conference on Big Data Analytics. Springer, 2014:60-79.
[④] 林燕霞,谢湘生. 基于社会认同理论的微博群体用户画像[J]. 情报理论与实践,2018,41(3):142-148.

态模型,也未考虑用户自身属性特征,无法建立包含自身属性的全生命周期用户画像模型。

2. 基于行为的用户画像方法

利用丰富的行为、日志和点击等数据加强用户属性刻画,切实反映用户当时的真实心理需求,是对用户画像内容的重要补充。国外学者对用户行为研究较早,早期的研究从数据挖掘和知识发现的角度研究用户行为,例如 Fawcett 等[1]、Adomavicius 等[2]分别从电话记录中欺诈行为的欺诈指数、用户商品交易记录中的行为数据中挖掘相关知识,借助专家系统构建用户画像系统;Nawaz 等[3]基于电子邮件用户结构和行为的语义亲密度对用户进行分组,提出一种基于用户个性化图像的邮件社区识别算法。国内研究相对起步较晚,主要面向大数据、移动网络、社交平台等研究用户画像技术,比如张慷[4]结合手机套餐、手机终端、手机业务等信息分析用户的上网行为,汪强兵等[5]通过使用手机 Web 阅读工具收集用户阅读时产生的单击、双击、滑动、拖动、放大/缩小等各种手势数据,结合手势对应的阅读内容和阅读时间,构建用户画像;段建勇等[6]通过对用户查询日志进行聚类分析,发现用户经常使用的查询词,以此构建用户兴趣画像等。

基于行为的用户画像方法有助于剖析用户决策行为不同阶段表现出来的特征行为、变化过程、动因要素等,有助于分析用户群体分布,当前不少企业和各类研究机构都倾向于研究基于用户画像的行为分析。同时需要注意到,大数据时代海量的用户行为数据给用户画像带来不小挑战,如何基于大数据处理技术构建面向用户行为大数据的画像模型,是大数据时代用户画像落地服务领域的关键核心问题。

3. 基于兴趣的用户画像方法

根据用户历时数据记录分析出用户的兴趣和偏好,然后根据不同用户兴趣和偏好为其推荐不同的内容,这种新的信息获取方式被称为个性化推荐技术,基于兴趣的用户画像是个性化推荐的关键环节。用户兴趣体现了用户在特定领域的某

---

[1] Fawcett T, Provost F. Combining data mining and machine learning for effective fraud detection[C]// Proceedings of the 2nd International Conference on Knowledge Discovery and Data Mining. 1996:14 – 19.

[2] Adomavicius G, Tuzhilin A. User profiling in personalization applications through rule discovery and validation[C]//Proceedings of the 5th ACM SIGKDD International Conference on Knowledge Discovery and Data Mining. ACM,1999:377 – 381.

[3] Nawaz W, Khan K U, Lee Y K. A multi – user perspective for personalized email communities [J]. Expert Systems with Applications,2016,54:265 – 283.

[4] 张慷. 手机用户画像在大数据平台的实现方案[J]. 信息通信,2014(2):266 – 267.

[5] 汪强兵,章成志. 融合内容与用户手势行为的用户画像构建系统设计与实现[J]. 数据分析与知识发现,2017(2):80 – 86.

[6] 段建勇,魏晓亮,张梅. 基于网络日志的用户兴趣模型构建[J]. 情报科学,2013,31(9):78 – 82.

种兴趣或特征,其研究关注点与基于主题的用户画像较为类似,但相关研究更注重于从机构或商业服务的角度审视用户的兴趣领域,从而更好的进行用户的个性化推荐服务。在网络平台信息推荐系统中常使用的几种用户兴趣画像建模方式有:关键词(标签)列表、布尔向量、向量空间模型、主题模型等。比如有研究者从用户产生的标签入手发现用户的兴趣:Li 等[1]提出一个系统的用户兴趣分布挖掘框架(User Interest Distribution Mining,UIDM)提取可解释的用户兴趣;Wu 等[2]面向社交网络,提出用户兴趣与社交关系的共同演化模型,通过该模型能在社交元素动态演化条件下更好地构建用户画像;Hoang[3] 提出社区和个人兴趣(Community and Personal Interest,CPI)模型,利用内容和行为,将微博用户与社区用户的兴趣进行联合建模。当前基于用户画像开展个性化推荐,有基于规则的推荐、基于内容过滤的推荐、基于协同过滤的推荐、基于知识的推荐等。需要注意的是用户的兴趣和偏好并非一成不变的,用户兴趣有着产生、持续直至消亡的过程。

4. 基于情绪的用户画像方法

情绪一定程度上反映个人对特定事物的情感、态度,也能反映用户个人的性格特质。在互联网环境中,产品设计、电子商务、应用服务、网络舆情更加注重用户情绪的研究。有研究者认为网络用户行为模式与用户个性特质相关,用户情绪反映了网络用户的行为特征。例如,S. Schiaffmo 等[4]在其著作《智能用户画像》中指出用户群体的情绪状态具有相似之处,且会随着时间的推移而变化,提出将情绪建模作为完善用户画像的一个方向;纪庆楠[5]对国内外现有的智能公交 APP 分别从功能、视觉上进行对比分析,结合分析结果设计调查问卷,进行调研,以此建立用户画像与情绪波动图,得出用户的痛点;郭雅婷[6]认为对于用户画像在设计领域的应用而言,典型用户的动机、情绪、态度等心理细节对设计师更具有创作的同理性;任中杰等[7]则认为在公众情感倾向出现变动之前,若能利

---

[1] Li J,Zuo X Q,Zhou M Q,et al. Mining explainable user interests from scalable user behavior data[J]. Procedia Computer Science,2013,17:789 – 796.

[2] Wu L,Ge Y,Liu Q,et al. Modeling users' preferences and social links in social networking services:A joint – evolving perspective[C]//Proceedings of the 30th AAAI Conference on Artificial Intelligence. 2016:279 – 286.

[3] Hoang T A. Modeling user interest and community interest in microbloggings:An integrated approach [C]//Proceedings of the 2015 Pacific – Asia Conference on Knowledge Discovery and Data Mining. Springer,2015:708 – 721.

[4] Schiaffmo S,Amandi A. Intelligent user profiling[M]. Springer,2009:193 – 216.

[5] 纪庆楠. 基于用户体验的智能公交 APP 交互设计研究[D]. 西安:西安理工大学,2017.

[6] 郭雅婷. 基于大数据分析的用户画像研究与应用[D]. 长沙:湖南大学,2019.

[7] 任中杰,张鹏,兰月新,等. 面向突发事件的网络用户画像情感分析——以天津"8·12"事故为例[J]. 情报杂志,2019,38(11):126 – 133.

用用户画像数据,对用户提前进行情感倾向预测,就能提早对具有不同用户画像特点的用户进行针对性引导。

5. 基于特征融合的用户画像方法

互联网环境下,用户画像单纯的采用主题数据、行为数据、兴趣数据和情绪数据等明显具有局限性,存在分析较为简单、维度不够、动态数据分析不足等问题。基于特征融合的用户画像方法通过多种特征类型的数据从多个维度对用户进行刻画,可以综合考虑用户多方面的特征,使用多级模型或从多角度分析属性之间的关联信息。有学者进行了相关研究,比如,An 等[①]基于 YouTube 社交媒体数据,以及从其他社交媒体渠道收集的用户数据,包括人口数据、客户互动和话题兴趣等,对各类数据进行自动匹配,实时自动构建用户画像;索晓阳[②]对社交网络用户整体进行群体画像研究,用户群体覆盖面广,构建了基本特征、内容特征、统计特征、行为特征等四大类二十小类的特征维度,提出了社交网络用户群体画像的构建模型(图 5-2),更加完整地揭示社交网络中用户群体的构成及特点。

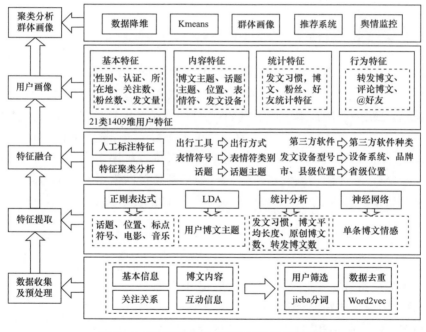

图 5-2 社交网络用户群体画像的构建模型

---

① An J, Kwak H, Jansen B J. Automatic generation of personas using YouTube social media data[C]//In the proceedings of the 50th International Conference on System Sciences. 2017.

② 索晓阳,王伟. 基于社交网络数据的用户群体画像构建方法研究[J]. 网络空间安全,2019,10(9):55-61.

5.1.4 用户画像与行为分析作用

网络用户行为数据是用户从事网络活动的重要数据,用户画像的一个核心问题就是对用户行为的分析。利用丰富的行为、日志和点击等数据加强用户属性刻画不仅是对用户画像的重要补充,也是网络用户行为分析的重要路径。

网络舆情的用户画像和行为分析的研究可以在微观层面揭示用户的信息行为特征,实现对用户基本信息与舆情信息的有效收集、识别、情感计算与标签化管理,为网络舆情信息生态的发展指明方向;在宏观层面,可以集合用户画像数据,构建舆情信息资源库,营造功能完善的网络舆情信息生态系统,实现对舆情的实时监测、敏感信息过滤、重大事件及时追踪等,提高舆情话题追踪与舆情治理的效果。

5.2 用户画像的知识图谱分析

5.2.1 研究概述

随着大数据、人工智能、自然语言处理等技术的发展,用户画像在用户创造内容的主题识别、用户行为分析、用户兴趣发现、用户情绪检测和多维特征分析等方面,涌现很多新的技术应用。例如:用户画像结合机器学习可计算出精准的基于用户的信息流,使得模型涵盖的特征维度不断增多,推送的内容也越为精准[①];基于本体和知识图谱、基于数据挖掘和机器学习可用于改进用户画像中用户特征的分析,增强用户画像建模能力[②];今日头条等网络平台借助机器学习完成资讯产品和信息用户的自动画像和关联匹配,可实现产品信息和新闻资讯的精准推送等。

知识图谱是当前人工智能研究领域的前沿技术之一。知识图谱作为强大的知识表示和知识组织工具,能够充分挖掘用户数据中概念信息、语义信息、结构化信息和关系信息精准刻画用户。同时,基于本体的知识图谱具有知识推理功能,能够对用户本体知识、领域知识和用户交互行为知识进行推理,预测和判定用户画像的关键属性和用户行为趋向,强化用户画像的模型准确度和泛化能力。

---

① 沈正赋. 人工智能时代新闻业次生矛盾的生发纠结与调适[J]. 编辑之友,2018(07):37-43+68.

② 唐晓波,高和璇. 基于特征分析和标签提取的医生画像构建研究[J]. 情报科学,2020,38(05):3-10.

用户画像的知识图谱分析相关研究才刚刚起步,目前主要借鉴领域知识图谱的本体、概念和实体等扩展和关联用户画像的标签体系,也有研究者试图研究用户画像知识图谱的构建问题。例如 Calegari 等[①]基于 YAGO 本体构建用户画像本体模型,对词语信息进行赋权,满足用户个性检索需求;Issam 等[②]基于通用本体,设计了用户建模方法;Hawalah 等[③]将用户兴趣表示为本体概念,并通过将用户访问的网页映射到参考本体来构建,然后被用于学习短期和长期兴趣的挖掘与分析;贾伟洋[④]利用 Web 领域本体或者领域本体中的概念来表示用户画像;姚远等[⑤]基于本体构建图书馆读者学术行为的用户画像,以知识图谱的视角考察用户画像的构建方法,包括个体用户画像和群体用户画像的知识图谱的构建。相关研究对网络舆情的用户画像具有重要借鉴意义。

网络舆情是广大网民对国家政治、经济、文化和社会发展趋势以及关注的社会热点、难点的普遍认识在互联网上的集中体现,是网民表达情绪、诉求、行为倾向的信息集合。网络舆情的用户画像是对作为网络舆情参与主体的广大网民的特征化分析和建模。传统的社会舆情具有明显的新闻叙事性,以新闻媒体为传播源头,舆情主体分析维度较少。网络舆情的不同之处在于,在虚拟的网络空间中,用户身份易隐匿,信息发布门槛低、渠道多,发布的内容除了新闻叙事外更多的是各种评论、观点、情绪、意见以及生活痕迹记录等混合交织的信息集合。同时,移动网络、手机终端、自媒体、短视频等新技术应用吸引更多用户创造内容加入舆情讨论,加快了网络舆情传播速度,加大了网络舆情传播范围,加强了网络舆情传播强度,加剧了网络舆情传播影响。网络舆情的生成、传播、讨论和治理逐步转移到网络社交和媒体平台上,政府机关、新闻媒体、企事业单位、公众人物等纷纷认证官方宣传账号,加之广大网民中的意见领袖,承担起了信息创造、发布、传播、讨论和引导的主体责任。网络舆情研究中的主体特征维度也越来越多,影响方式越来越多元,作用也越来越大,传统的基于单一特征维度的简单画像已不足以应对当前越来越复杂的用户画像任务,需要建立网络舆情用户的多维画像模型。基于此,本文从特征融合的角度,研究网络舆情用户画像的知识图谱分析方法。

---

① Calegari S,Pasi G. Personal ontologies:Generation of user profiles based on the YAGO ontology [J]. Information Processing & Management,2013,49(3):640 – 658.

② Issam A,lahmar B,habib E,et al. Modeling and construction of a user profile on the ontology's structure basis[J]. International Journal of Computer Science Issues,2014,11(3):42.

③ Hawalah A,Fasli M. Dynamic user profiles for web personalization[J]. Expert Systems With Applications,2015,42(5):2547 – 2569.

④ 贾伟洋. 基于群组用户画像的农业信息化推荐算法研究[D]. 杨凌:西北农林科技大学,2017.

⑤ 姚远,张蕙,郝群,等. 基于本体的用户画像构建方法[J]. 计算机科学,2018,45(10):226 – 232.

5.2.2 用户画像多维特征属性标签体系设计

理想的用户画像中的标签是一种使人方便理解的语义标签,具有语义化特征;同时为了避免歧义等每个标签只表示一种含义,同时无需过多进行文本分析处理工作,具有标准化的信息能够方便机器进行编码和解析。用户画像多维特征属性标签体系设计是在用户画像构成要素解析基础上,对用户画像的多维特征属性标签进行分类、分级和设置等操作,如图5-3所示。

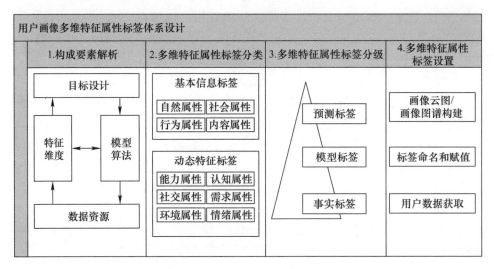

图5-3 用户画像多维特征属性标签体系设计图

1. 用户画像构成要素解析

网络舆情的用户画像面向网络舆情研究领域,涉及用户画像的目标设计、模型算法、特征维度和数据资源等多个要素。

网络舆情的用户画像的目标就是对网络舆情参与主体的基本特征、社交关系特征、内容特征、行为特征、影响力特征等刻画,探寻用户在网络舆情传播中的角色和作用。

网络舆情的用户画像的模型算法是为实现用户画像目标而研究使用的相关模型和算法,是数据资源分析、特征属性计算、目标模型生成的基础架构,比如网络舆情知识图谱中的人物、机构、地域等本体模型,网络舆情事件的概念模型,内容主题模型,兴趣模型,影响力模型,知识发现算法,知识关联算法,文本挖掘算法等。

网络舆情的用户画像的特征维度是基于用户数据资源,面向用户画像目标而抽取的关联特征属性维度,比如基本信息特征属性维度、社交关系特征属性维度、内容特征属性维度、行为特征属性维度以及影响力特征属性维度等,每一个特征属性维度,都包含若干个特征属性。特征属性值是由对应用户数据基于数学统计、特征工程和一定的模型或算法计算得到的。

网络舆情的用户画像的数据资源是用于画像的用户数据,是通过技术手段可观测到的、可收集的、可组织的数据资源集合,比如用户基本信息数据、用户创作内容数据、用户行为数据等。

一般认为,网络舆情研究内容包含了舆情主体研究、舆情本体研究、舆情传播研究、舆情环境研究、舆情背景研究、舆情技术研究等。用户画像是属于舆情主体研究的范畴。网络舆情主体通常是指网络舆情事件所涉及的当事人和主要参与人,还包括参与讨论和事件传播的网民、媒体等。网络舆情主体是网络舆情的核心要素之一,没有网络舆情主体也就不存在网络舆情。另外,网络舆情主体还承载了网络舆情的隐形因素,例如网民的情绪、意见、观点和行为等都是通过主体表达。舆情主体的研究是最为复杂的、也是最为重要的研究内容,基于用户画像的网络舆情主体研究是实现网络舆情分析和管控的重要路径。

2. 用户画像多维特征属性标签分类

网络舆情研究中,不同媒体平台所拥有的用户画像标签体系不尽相同,即使在同一平台中不同人群画像的标签也存在一定差异性,一定程度上可以认为用户画像具有不可复用性,这主要是因为用户画像的标签代表了特定平台特定人群的基本特征,而不同平台、不同人群基本特征的表征词(以此生成的用户画像标签)的含义和概念并不相同。例如:两个用户群体的标签分别是"华为笔记本"和"华为手机",虽然从标签含义上都与"华为"相关,但概念上一个是"笔记本",一个是"手机",无法实现画像复用。因此,需要增强用户标签体系,设计概念标签并突出其作用,提高用户画像刻画的准确度。

一般地,用户画像标签可以分为基本信息标签和动态特征标签。基本信息标签主要是指用户自然属性、社会属性等,用户自然属性指用户客观属性,多是描述用户真实人口属性的标签,比如姓名、性别、出生日期、年龄、民族、出生地、籍贯等。社会属性则指用户社会地位、所处职务、身份标识等,比如知名专家、公众人物、公职人员、娱乐明星、职业类别等。动态特征标签与自身的业务有很大的关联,由于业务的差异化和过程性,其标签体系结构往往是在动态演变的,并不存在特定的模板和统一的特征维度,需要对业务数据进行多维分析,比如可以从业务内数据(业务关联的产品功用、产品参数、投放的市场、业务平台和业务指标等)、业务外的数据(竞品数据信息、相关企业信息、区域经济形势、地区民风民俗、社会突发事件等)、实时在线数据(原创帖数、转发数据、评论数据、在线情绪等)以及线下历时数据(历代产品数据、历时用户数据、舆情案例数据等)等进行分析。用户画像标签分类体系一般采用结构化(比如人物基本信息等)、半结构化(比如用户各类需求、使用习惯、表达风格等)和非结构化(比如用户兴趣、常用搜索词汇等)的标签分类体系。基于以上研究,设计网络舆情用户画像多维特征属性标签分类主要包括自然属性标签、社会属性标签、行为属性标签、内容属性标签等。行为属性包括浏览、转发、评论、收藏、点赞等,内容属性则包括主题、偏好、兴趣等。行为属性和内容属性是用户画像的分析基础也是分析需求,是用户参与网络舆情活动的客观展示,部分属性直接获取进行直观展示即可,部分属性则需要进行深层次的模型计算得到。

针对社交网络中特定主题网络舆情用户的画像设计用户画像的能力属性标签、认知属性标签、社交属性标签、需求属性标签、环境属性标签、情绪属性标签,具体的比如内容原创度标签、影响力标签、专业标签、价值观标签、人格标签、是否意见领袖、情感倾向标签等。

3. 用户画像多维特征属性标签分级

标签分级包含两个方面的含义,一方面是标签自上而下的逻辑蕴含关系,比如微博平台用户标签体系构建时用户个体信息标签包含姓名、性别、年龄等下级标签;另一方面是指标的运算层级。用户标签体系从运算层级角度可以分为事实标签、模型标签、预测标签三个层级①:事实标签是通过对于原始数据库的数据进行统计分析得来的,如性别、年龄、职业、住址、使用时段、使用频次等;模型标签是以事实标签为基础,通过构建事实标签与业务问题之间的模型,再进行模型分析得到,比如结合用户实际投诉次数、用户购买品类、用户支付的金额等,进行用户投诉倾向类型的识别;预测标签则是在事实标签和模型标签的基础上,通过算法挖掘,对用户未来的行为进行预测,如根据用户以往的兴趣偏好,对用户的近期需求进行预测,或针对用户投诉倾向类型结构的变化,预测平台舆情风险指数。标签分级问题的解决一般基于业务需求,分层分解业务目标,不同的标签层级会考虑使用对其适用的建模方法,比如文本挖掘算法、分类和聚类模型以及回归分析、时间序列等预测方法等。

4. 用户画像多维特征属性标签设置

主要解决三个问题:用户数据获取;标签命名和赋值;画像云图/画像图谱构建。

(1)用户数据获取问题。用户画像的标签体系建立并不意味着用户画像的成功,因为有很大的可能是这些标签是无法获得及赋值的,比如数据无法采集

---

① 蒋成贵. 算法推荐对网络意识形态建设的挑战及应对[J]. 思想理论教育,2019(07):78-82.

（没有有效的渠道和方法采集到准确的数据）、数据库不能打通、建模失败（预测指标无法获得赋值）等。

（2）标签命名与赋值问题。标签属性命名和赋值是指标签体系构建中为各类别、各层级标签命名表征，并基于用户数据形成具体的用户画像标签的过程，比如基于用户数据对用户画像中"姓名"标签指定用户的姓名，"性别"标签指定"男"或"女"的值。在结构化的标签体系中标签命名是在设计之初确定的，非结构化的标签体系中就需要根据用户数据生成的标签内容进行命名，标签命名可以理解为针对标签进行的再标注，这一环节工作的主要目的是帮助内部理解标签赋值的来源，进而理解标签的含义。这里总结了5种用于命名的属性：①固有属性，是指这些标签的赋值体现的是用户生而有之或者事实存在的，不以外界条件或者自身认知的改变而改变的属性，比如性别、年龄、是否生育等；②推导属性，由其他属性推导而来的属性，比如星座，可以通过用户的生日推导，用户的品类偏好，则可以通过日常购买来推导；③行为属性，指产品内外实际发生的行为被记录后形成的赋值，比如用户的登陆时间，页面停留时长等；④态度属性，指用户自我表达的态度和意愿，比如通过一份问卷向用户询问一些问题，并形成标签，如询问用户是否愿意结婚，是否喜欢某个品牌等；⑤预测属性，指来自用户的态度表达，但并不是用户直接表达的内容，而是通过分析用户的表达，结构化处理后，得出的预测结论，比如，用户填答了一系列的态度问卷，推导出用户的价值观类型等。值得注意的是，一种标签的属性可以是多重的，比如个人星座这个标签，既是固有属性，也是推导属性，它首先不以个人的意志为转移，同时可以通过身份证号推导而来。

（3）画像云图/画像图谱构建问题。即基于应用需求对标签体系进行总结，建立评价指标和关联展示，发现核心标签，绘制画像云图和画像图谱等。

5.2.3 知识图谱映射和标签扩展

针对大数据条件下网络舆情用户行为所产生的信息，我们以显性知识的有效结构化为目标，利用系统采集到的大量真实用户数据，包括用户注册信息、用户发布微博信息、用户关联关系数据、用户转发评论等行为数据等，对所有原始数据进行字段筛选，并进行初步预处理，获得直接反映用户特征的信息标签。采用基于知识图谱的标签实体关联、基于知识图谱的标签语义关联完成用户画像标签的知识图谱映射和标签扩展。

1. 拟解决的问题

标签一般以单词或短语的文本形式呈现（虽然也存在使用简单图表、表情等多媒体标签，但由于无法直接进行量化所以并不多见），比如用户的职业、职务、地区、兴趣、性格标签等。用户的标签来源于多种渠道,通过各种形式的数据收集和计算得到,比如从用户注册的信息,用户发的状态,用户对图片、视频或特定社会事件的评论,用户对电影或某些视频进行标注,以及通过算法从用户上网行为和内容中抽取的特征(比如主题词、关注的领域、评价的商品类型或品牌)等。很显然,用户画像标签是一种异构化的标签集合,涉及多个领域和多个特征维度。

当前网络舆情用户数据广泛分布在网络博客、论坛、社区、微博、微信、抖音等社交网络和自媒体平台,用户的信息、用户的行为数据、用户的内容数据都呈现碎片化的特点,使的基于标签的用户画像存在不准确、不完整、语义不匹配的问题①。用户画像某种程度上的不准确和不完整,一方面是因为前面提到的用户画像数据多源异构,数据内容有一定的偏差性,甚至存在矛盾数据;另一方面是由于网络用户越来越对隐私的注重,用户在微博等社交平台刻意回避不谈自己的政治观念、宗教信仰、家庭情况和真实生活状态等,呈现出的一定是用户加工了的信息,收集到的用户数据难免缺少部分信息,甚至掺杂片面信息和偏离实际的数据。用户语义不匹配主要原因在于一些标签的维度过大或过小、标签表征能力不足,即该标签不能精确区分一些用户的个性化特征。另外,抽取的部分标签计算机无法理解和做出准确判断,错误和其他概念进行了匹配,在跨领域用户画像应用场景下,尤其明显,比如分析用户标签"巴黎圣母院"时,由于领域信息不完整或者相关领域都有涉及,使得计算机无法判断用户关注的是"巴黎圣母院"这个旅游景点还是《巴黎圣母院》这部小说,抑或两者都有涉及。

2. 用户标签的知识图谱映射

利用知识图谱中的概念类别、实体信息、同义词或近义词信息以及跨领域关联信息等可以对已有标签进行补充、纠偏和完善,从而一定程度上解决用户画像不准确、不完整和语义不匹配的问题。具体的就是将用户标签与知识图谱中的节点建立关联映射,借助知识图谱中(实体或概念)节点的关系对用户标签进行关联和扩展,构建用户标签网络图谱,通过网络聚类等方式抽取合适维度的概念标签用以准确表征和区分不同用户群体。

第一个任务就是标签实体识别和实体连接。知识图谱通过三元组的形式存储了大量异构的结构化的知识,包括实体、实体类别(概念)以及关联关系。用户标签是基于词或短语的,其反映的用户特征,比如用户的姓名、性别、出生时间、出生地、内容主题、兴趣偏好等通常就作为实体或概念存储在知识图谱中。

---

① 肖仰华,等. 知识图谱概念与技术[M]. 北京:电子工业出版社,2020:427.

实体识别是序列识别问题,即通过按顺序将用户标签中的名词或动名词表征的实体类型标注出来。实体识别的效果受实体的表达多样性、一词多义等影响较大,比如实体简称、缩写、别名等很难通过一般的特征模型去识别。高准确率的实体识别是较难的,相对实际工程来说,一个好的实体库远比一个好的模型来的更有效果。通过知识图谱中实体库的构建,在实体识别中可以获得更高的召回率。借鉴相关研究,知识图谱中实体库的构建通常参照百科知识图谱(比如维基百科、百度百科、互动百科等),同时也可以参照开源知识图谱来完成,如wikidata、freebase、DBpedia 等开放知识图谱。同时针对中文知识图谱,有中文开放知识图谱 OpenKG. CN 网站,其上发布了使用较多的知识图谱,其中包括新冠肺炎专题、常识、金融、医疗、出行、地理、生活等类别,开放知识图谱总数据集达到了 135 个。

基于知识图谱的实体识别,一个重要任务就是实体链接,主要任务就是将文本中的实体提及(即提到的实体名词)链接到具体知识库中的实体。实体链接主要难点在于同义词和多义词:同义词是指文本中多个词都可能对应实体库中的一个实体,如实体的标准名、别名、名称缩写等都可以用来指示该实体;而多义词是指一个词可能对应知识库中多个实体,比如典型的"苹果"一词可能是指"水果"也可能是"手机"。具体例子,有文本语句"朱婷出生于河南周口郸城县秋渠乡朱大楼村一个普通农民家庭,她进入排球领域完全是因为她的身高出众。"这里的实体提及为"朱婷",仅仅通过百科知识图谱链接可以发现 6 个同名实体,如所图 5-4 所示。

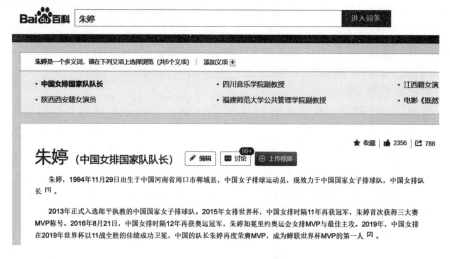

图 5-4 百度百科"朱婷"页面

这里提及的"朱婷"是哪一个实体,就需要结合上下文信息进行判断,比如文本中提及的"河南周口郸城县秋渠乡朱大楼村,排球,身高"等信息,同时我们可能更倾向于大众熟知的"中国女排队长朱婷",这就相当运用了先验知识,百科页面中义项的排列顺序一定程度上反映了这种先验知识(实际是由义项拆分人确定的,一定程度反映知名度,第一位默认显示)。所以实体链接的实现,就转换为借助文本实体提及的上下文特征、先验知识与知识图谱中实体特征的分类问题,常用模型包括 TF – IDF 频率和反文档频率、支持向量机、LDA 主题模型、贝叶斯网络、神经网络等。

3. 用户标签的扩展

前面提到由于网络用户出于对隐私的保护,其在网络上发表的言论内容进行了刻意加工,我们收集到的用户数据难免缺少部分信息,甚至掺杂片面信息和偏离实际的数据。以此数据产生的用户标签并不完整,也可能存在偏差,需要根据知识图谱中实体关系对用户标签进行扩展。介绍一个简单的例子,某用户通过用户画像生成的兴趣标签中有"姚明"一词,按照背景知识和经验,该用户应该对篮球比较感兴趣,但没有出现"篮球"的标签,那么需要按照一些方法将"篮球"的标签加入该用户的标签集合。扩展的思路就是充分利用用户之间、标签词之间、标签实体之间存在的各种关联关系,找寻用户数据中未出现过但有可能属于该用户的标签,即扩展标签集合。扩展标签实际是对用户基本特征、内容特征和行为特征的预测。

用户之间的关系主要是社交关系,比如微博平台的粉丝和好友关系、兴趣圈子关系,微信中的群、朋友圈等。研究者通常称之为社会网络或社交图谱。社会网络或社交图谱是人物知识图谱构建的基础,通过社会网络分析,使用 PageRank 等网络分析算法,分析用户关系越亲密其用户标签应具有趋同性,用户的某个朋友圈(社群)中共有的标签,该用户也大概率会有,这是基于用户关系扩展标签的两个重要依据。

标签词的组合可以构成主题或话题,同一类标签词同现概率比非同类标签词同现概率要高,同现的概念即在同一用户标签集合中出现。标签词 i 和 j 同现概率 P_{ij} 一般使用公式 $P_{ij} = F_{ij}/(F_i + F_j - F_{ij})$ 计算,其中 F_{ij} 为标签词 i 和 j 的同现频率,即在几个用户标签集中共同出现,F_i 和 F_j 表示标签词 i 和 j 的各自的出现频率,$F_i + F_j - F_{ij}$ 表征了标签词 i 和 j 出现的总频率(将重复计算的频率去除后结果)。显然 P_{ij} 的值域为 $[0,1]$。

标签实体之间的关系则表现在知识图谱中实体之间的边连接路径,路径长度越小的实体关系越紧密。一种思路通过标签实体将其一步路径关联的实体或观念加入标签集合;第二种思路是将通过分析可知密切相关的两个实体之间最短路径的实体都加入标签集合;然后再通过权重计算等方法对扩展的标签集合进行筛选或删减。

基于上述三种关系主要完成同领域相关标签实体的关联和扩展,但用户标签中往往存在跨领域的标签扩展问题,这就需要借助知识图谱的语义关联分析。

在知识图谱中不同领域的实体语义关联主要通过共有概念、共有实体、共有对象、共有人物、共有实体属性等实现,这也是异构知识图谱融合的基础。比如电影知识图谱、音乐知识图谱和世界地理知识图谱的关联问题,电影和音乐可以通过主题曲、片尾曲、插曲等关系关联,电影和世界地理(地理位置)可以使用拍摄地、取景地等关联,而音乐和世界地理可以使用作曲家的出生地、居住地等进行关联。这里所举的例子比较简单。针对网络舆情用户画像的标签跨领域扩展,具体思路是利用 CN – DBpedia(复旦大学)、思知(OwnThink)、Zhishi.me(狗尾草科技)、XLore(清华大学)、Belief – Engine(中科院自动化所)、PKUPie(北京大学)等开放中文知识图谱等把用户数据集里提到的候选实体之间的语义关联建立起来,建立用户画像标签实体语义网络。

基于标签语义网络的标签扩展,就是从一个标签节点遍历与之相连通的节点,找寻符合条件的关联最紧密的目标节点作为扩展标签,相关方法有随机游走、支持向量机等模型算法。

5.2.4 用户画像知识图谱生成和展示

1. 用户画像的概念标签模型构建

网络舆情的用户画像多维特征属性标签十分具体,多是来自用户文本数据中的特征词,通过 IF – IDF(频率和反文档频率)等特征词权重计算方式得到的,对用户具有十分强的表征功能。但标签太具体可能造成类似的用户,其标签空间的差异性可能比较大,比如图 5 – 5 中的案例①。

图 5 – 5 类似的用户 A 和用户 B 标签空间举例

---

① 肖仰华,等. 知识图谱概念与技术[M]. 北京:电子工业出版社,2020:428.

从标签空间上可以发现两个用户画像的标签刻画得比较精细,从标签共现分析来看,两个用户没有任务相似之处,但仔细观测可以发现两个用户其实是十分相似的,所使用的标签都存在大学生群体、上海高校、学生手机的典型标签。分析原因这是由用户画像标签的粒度和语义层级所决定的,解决办法就是增加标签粒度和语义层级,简单来说就是引入标签的概念信息构建用户画像概念标签模型。用户画像概念标签模型构建本质是用户画像概念标签的生成过程,也是用户标签的理解过程。

用户画像概念标签是区别于用户画像实体标签的一类标签,相比实体标签具有更强的概括性,同时用于用户群体的划分区分度高,即需要找到一个合适的概念层级,既能对群组内用户标签有高的覆盖率,又能与群组外的用户标签有所区别。

用户画像概念标签的生成,一种方法是对实体标签进行知识图谱反向概念查询,查询方式是先将实体标签集进行统计,按标签频次依次查询知识图谱的直接上层加入标签集,再对扩充的标签集进行引用次数统计,设定频次阈值,过滤掉低于阈值的概念标签,保留合适的具有较多覆盖度的概念标签,构建用户画像的概念标签层。用户画像的标签一般是离散的,只与具体用户或虚拟用户代表关联(因面向个人或群体画像任务而不同),但概念标签之间却是有关联关系的,这种关联关系是继承自知识图谱的,因此也可称之为概念标签图谱,如图5-6所示。

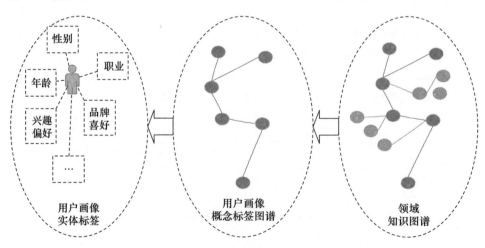

图5-6 用户画像概念标签的生成示意图

用户画像概念标签的生成中标签语义覆盖通过知识图谱可以解决,但需要寻找合适的策略以确保群体拥有足够的区分度。肖仰华等指出了"最少概念"

的选择策略,"最少概念"反映了人们倾向于用尽量少的概念概括语义的心理学特征。设计采用了最小描述长度(Minimal Description Length,MDL)的方法,将概念选择问题转为最短编码问题,重点实现两个目标:①即用尽可能少的概念去覆盖这些标签实例,概念自身的编码代价要尽可能小;②利用这种概念去给知识图谱的标签编码的代价尽可能小,也就是基于知识图谱的条件的长度尽可能小。对应计算公式为

$$CL(X,C) = L(C) + L(X,C) = \sum_{c_i \subset C} L(c_i) + \sum_{x_i \subset X} L^*(x_i | C)$$

(5-1)

式中:X 为输入的标签实例;C 为输出的概念集合;$L(C)$ 为概念集合 C 的编码长度(概念数量),$L(X,C)$ 为选择概念集合 C 对输入标签实例 X 的编码长度,即在概念集合 C 基础上需要多少语义空间对输入 X 进行编码(包含了 C 以及未被 C 覆盖的 X 标签)。

之后还指出概念标签生成时的另一个问题,即有很多像"人口、总统、地点",实际上最好的概念是"国家",但注意到"国家"跟"人口、总统、地点"不是严格的"概念-实体"的隶属关系,而是"概念-属性""实体-属性"的隶属关系,总统都是"国家"的一个属性,人口也只能说是国家的一个属性。所以在建模的时候不仅仅要考虑"概念-实体"关系,还需要能够应用"概念-属性""实体-属性"的属性关系,以优化概念标签模型生成效果。另外,概念标签的生成中典型的同义词、近义词、一词多义问题需要在用户标签的知识图谱映射环节进行消解,所以知识图谱映射的质量高低决定了概念标签模型的好坏。

2. 用户画像展示

用户画像的概念标签模型即用户画像的概念知识图谱,加上离散的用户标签,可以结合可视化图谱和标签云图对用户画像进行展示,如图5-7展示了基于主题的用户画像的知识图谱(结合了标签云图)示例,图中数据采用了人民网疫情防控栏目板块的基本信息数据、新闻发帖和评论员文章等内容数据等。

不同于知识图谱中知识节点和关系的展示,用户画像知识图谱的展示更多还是对用户画像核心标签及其关系的展示。核心标签一般采用标签权重的大小进行表征,权重从大到小排列展示,或使用标签云图以节点大小表征权重大小。文档中权重计算一般在标签赋值时计算,广泛采用 TF-IDF、互信息等权重计算算法,网络分析中权重计算则一般采用 PageRank、基于度、基于中介度等进行计算。

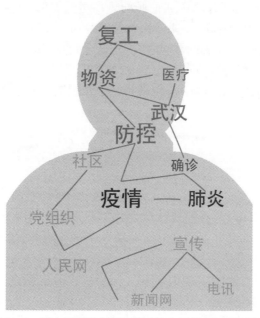

图 5-7 用户画像的知识图谱(结合了标签云图)示例

5.3 舆情内容的知识图谱分析

5.3.1 研究概述

互联网、新媒体以及移动网络等技术的发展催生网络用户行为的多级发展,信息生成、获取和传播的技术手段多样化和易用性,以及海量的网络用户规模促使多源数据的爆发式增长,加快了内容信息与知识的传播扩散。其中,用户生成内容(User-Generated Content,UGC)成为一种典型数据,广泛用于网络舆情分析、竞争情报分析、产品评价分析等,用户生成内容对网络舆情研究更加重要。网络舆情指的是公众在互联网上对于社会现象所表达的态度、意见和情绪表现的总和。用户生成内容是网络舆情的信息载体,基于用户生成内容数据的网络舆情成为政府了解社情民意、商业公司智能投资和监管、产品方总结产品评论和确定后续发展走向的重要途径。网络舆情内容分析技术希望通过自动化的手段从用户生成内容中挖掘和分析舆情生成、发展、传播和消亡的规律[1]。传统的分

---

[1] 陈华钧,耿玉霞,叶志权,等."知识图谱+深度学习"赋能内容安全[J].信息安全研究,2019,5(11):975-980.

析手段主要利用 NLP 和机器学习的手段对文本进行话题分析、主题发现、情感分析、自动摘要等文本挖掘任务,常用模型和算法包括词频统计、向量空间模型、支持向量机、Kmeans 聚类分析、LDA 主题模型、情感分类模型、神经网络等。比如 Zhao 等[1]在分析新浪微博数据的基础上,构建了一套新的社交网络情感传感器系统,该系统可用来分析网络热点话题,以及话题的情感分布状况;Kim 等[2]收集网民在 Twitter 平台针对两款存在竞争的手机评论内容,利用文本挖掘、情感分析和自然语言处理方法对网民的购买意向做出分类;Abedin 等[3]通过定量方法分析在灾难发生时,使用 Twitter 将有助信息的快速传播,并重点分析了社交网络用户在灾害响应阶段使用 Twitter 的情况。

传统方法存在的问题在于对文本语义理解的粒度不足,比如对文本进行粗粒度的情感分析,但是无法识别该情感针对的对象[4],同时逻辑推理和预测能力不足。基于知识图谱的网络舆情分析方法可以更好地理解舆情内容语义,借助知识图谱的强大实体和概念建模能力,可以对舆情事件包含的对象、情感评论对应的实体或属性进行定位,汇总和分析网络舆情发展的各类因素及其相关关系,评估和预测网络舆情事件的后续发展和影响。

本节从主题分析的角度出发,在用户画像基础上,通过 LDA 模型对用户生成文本数据进行深度语义挖掘,构建网络舆情内容主题图谱,讨论用户生成内容的主题分布、主题词之间的语义关联以及时间分布,并进行可视化分析研究。

5.3.2 网络舆情内容主题图谱构建模型

1. LDA 主题模型

LDA 主题模型(Latent Dirichlet Allocation,LDA)是一个生成模型。生成模型是对用户生成内容的过程的假设,认为用户在生成一篇文档时,按照一定的概率选择主题(表征了用户关注的主题分布),选定特定主题后,再按照另一个概率选择使用的词(表征了主题中的词分布)。

分析过程中,LDA 采用词袋的方式,把每篇文档看成是主题的分布,每个主

---

[1] Zhao Y Y,Qin B,Liu T,et al. Social sentiment sensor:A visualization system for topic detection and topic sentiment analysis on microblog[J]. Multimedia Tools and Applications,2016,75(15):8843-8860.

[2] Kim Y,Dwivedi R,Zhang J,et al. Competitive intelligence in social media Twitter:iPhone 6 vs. Galaxy S5[J]. Online Information Review,2016,40(1):42-61.

[3] Abedin B,Babar A. Institutional vs. non-institutional use of social media during emergency response:A case of Twitter in 2014 Australian bush fire[J]. Information Systems Frontiers,2018,20(4):729-740.

[4] Chen W,Zhang X,Wang T,et al. Opinion-awareknowledge graph for political ideology detection [C]. In the processing of IJCAI2017. San Francisco:Morgan Kaufmann,2017:3647-3653.

题又看成是词的分布,文档 d 中的一个词 w_i 的概率分布 $P(w_i|d)$ 可以表示为

$$P(w_i|d) = \sum_{j=1}^{K} P(z_i = j) P(w_i | z_i = j) \quad (5-2)$$

式中: $P(z)$ 为文本 d 中的主题分布; z_i 为词 w_i 的主题,共 K 个主题, j 代表第 j 个主题。

而 LDA 的文本过程可以用图 5-8 所示的贝叶斯网络图表示。

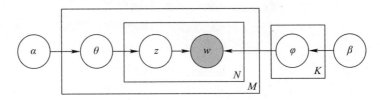

图 5-8　LDA 模型的贝叶斯网络图

对于一篇文本的生成过程:第一步,从参数为 β 的 Dirichlet 分布中抽样主题 - 词的关系 φ,重复 K 次得到 K 个主题的词分布表示(比如主题 k 的词分布 φ_k);第二步,首先从参数为 α 的 Dirichlet 分布中抽样出文档 - 主题关系 θ_d,这里 θ_d 是一个 K 维向量,每个元素代表特定主题在文本中出现的概率,满足 $\sum_K \theta_{d_K} = 1$;接着,从文档 - 主题分布 θ_d 中抽样出当前文档 d 中单词 n 所属的主题 z_{dn};最后从参数为 $\varphi_{z_{dn}}$ 的主题 - 词中抽取出具体单词 w_{dn}。对上述过程重复操作,即得到整个语料,这样语料中所有单词的概率分布为

$$P(w|\alpha,\beta) = \int p(\theta|\alpha) \left(\prod_{n=1}^{N} \sum_{z_n} p(z_n|\theta) p(w_n|z_n,\beta) \right) d\theta \quad (5-3)$$

在 LDA 中,文本的单词是可观测到的数据,而文本的主题是隐式变量。根据文本的生成规则和已知数据,LDA 通过概率推导可以求得文本的主题结构。常用的推导方法有吉布斯抽样等。

关于主题个数的确定以及 LDA 模型的性能评价,通常采用困惑度(Perplexity)评价指标,也称为语言模型复杂度。困惑度常用来度量一个概率分布或概率模型预测样本的优劣程度,定义如下:

$$\text{Perplexity}(D_{\text{test}}) = \exp\left(-\frac{\sum_{d=1}^{M} \ln(p(\mathbf{w}_d))}{\sum_{d=1}^{M} N_d} \right) \quad (5-4)$$

式中: D_{test} 为测试微博样本集; $\mathbf{w}_d$ 为样本文档 d 中的词集合; N_d 表示样本文档 d 的词数目,一般有

$$p(\boldsymbol{w}_d) \propto \sum_{j=1}^{N_d} \ln\left(\sum_{k=1}^{K} p(w_{d_j,k} | \alpha, \beta)\right) \quad (5-5)$$

困惑度表示模型用于预测数据的不确定性,取值越小,则模型越易推广,算法性能越好,模型性能越优。

2. 主题词的提取

LDA 模型的训练结果是各个主题类别的词频分布情况,以及各个文档的主题概率分布。网络舆情主题包含了丰富的内容信息,包括语义信息、结构信息、背景知识等,主题词的选取是从主题模型中选取出主题最有代表性的主题词集合。主题词选取的一般依据是该主题中的词的频率分布,但网络舆情数据中存在一类词汇在各个主题中都有较高的频率,比如一些大的背景词汇等,依赖停用词表的过滤方法效果并不明显。需要设计算法提取具有足够区别度的主题词集合。

通过对主题模型的训练,获取关键词在各个主题上的概率分布为

$$p(k|w) = \frac{n_{k,w} + \beta}{\sum_{k=1}^{K}(n_{k,w} + \beta)} \quad (5-6)$$

式中:K 为主题数目($k=1,2,\cdots,K$),表征微博主题;$n_{k,w}$ 为语料集中词 w 赋予主题 k 的总次数。可以假设,如果从某一主题选出的主题词 w 在其他各个主题上的概率值趋于平均,$p(k|w)$ 则趋向于 $1/k$,即主题词的主题区分度不足,并不适合作主题词。主题区分度的度量可以引入信息论,使用信息熵值的度量。信息熵是对不确定信息的度量,信息熵值越小,信息不确定性就越小,主题区分度就越大(不需要更多信息就可以区分是哪个主题),反之亦然。根据信息论中对熵的描述,定义主题词 w 的信息熵值为

$$H(w) = \sum_{k=1}^{K} p(k|w) \log_2 p(k|w) \quad (5-7)$$

通过对各个主题关键词熵值的计算,得到熵值最小的 Top$N$ 个词作为主题词。

3. 基于主题分布的文档相似度计算

通常研究中,文档主题的选取以最大概率的主题为准。但当前网络舆情文本可能包含若干个相关主题(比如一篇有关疫情舆情的新闻文本可能包含疫情通报主题和疫情防控主题等),通过概率值无法准确判断主题所属。另外,同一类主题文本中可能存在更细化的分组,比如按地区、事件进行分组等。这时需要借助文档相似度计算更好地聚合相关文本,一方面对同一主题事件不同用户的报道文本聚合,另一方面是对同一主题事件历时报道的文本聚合。具体的,可以

通过 LDA 主题模型得到文档 – 主题的概率分布进行相似度计算。一般采用余弦相似度的计算公式为

$$\text{sim}(d1,d2) = \frac{\theta_{d1} \cdot \theta_{d2}}{|\theta_{d1}| \times |\theta_{d2}|} \qquad (5-8)$$

4. 网络舆情内容主题图谱的构建过程

网络舆情内容主题图谱的构建包含节点、关系选择以及权重计算方法。网络舆情内容主题图谱是异构的可扩展的关系图谱,包含了用户(普通用户、认证用户、媒体用户等)、文档、主题、主题词、事件等多种类型节点,各类节点间的关系及其度量由用户–用户、用户–文档、文档–主题、主题–主题词、主题–事件等关系构成。这里的事件实体与事件关系可以借助于事件抽取技术并结合知识图谱进行提取,并与相关主题进行关联,比如"南海军演事件"与军事演习主题关联等。有些关系是显性关系,比如用户的粉丝关系、用户文档的原创转发和评论关系等,有些关系需要借助主题模型、知识图谱等工具进行语义分析得到,比如文档–主题关系、主题–事件关系等。网络舆情内容主题图谱的构建过程模型如图 5 – 9 所示。

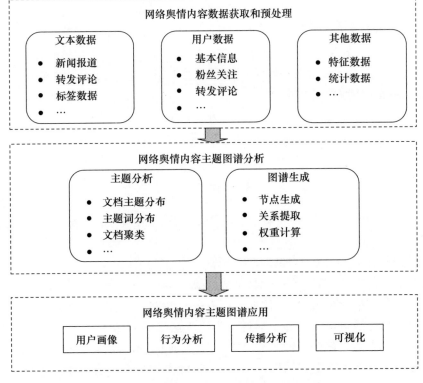

图 5 – 9 网络舆情内容主题图谱的构建过程模型

如图 5 -9 所示,网络舆情内容主题图谱构建过程:①需要进行网络舆情内容数据的采集及清理,包括文本数据(新闻报道、转发评论、社交媒体平台特有的标签数据,比如话题标签、转发标签等)、用户数据(文本相关的用户基本信息、转发评论行为数据、粉丝关注社交数据等)、其他数据(包括 url 等特征数据,转发数、评论数、浏览数等统计数据),对相关数据进行预处理;②网络舆情内容图谱分析,包括使用 LDA 模型进行主题分析,提取主题词,抽取事件知识,对用户文档进行聚类,生成图谱节点,提取关系和权重计算,将数据存入知识图谱数据库;③基于主题图谱应用于用户画像、用户行为分析、用户态度分析、舆情传播分析和舆情可视化等。

5.3.3　实证研究

1. 数据来源

研究数据来源于人民网疫情防控专栏的新闻数据,抓取时间为 2020 年 1 月 22 日至 2020 年 3 月 22 日,进过抽样分析获取新闻报道 400 篇,包括 50 篇评论解读文章,如图 5 - 10 所示。本小节通过抓取新闻数据进行 LDA 主题模型分析、主题关键词分析和知识图谱构建。

序号	文章标题	发布时间	文章链接	文章作者	文章内容
1	国家卫健委：疫情扩大、病例增加时 随时	2020/1/22	http://society.pe	人民网-社会频道	国家卫生健康委员会医政医管局负责人
2	国家卫健委：原则上建议外面的人不要到	2020/1/22	http://society.pe	人民网-社会频道	人民网北京1月22日电 今日上午10时，
3	国家卫健委：将实行更严格的医院感染防	2020/1/22	http://society.pe	人民网-社会频道	国家卫生健康委员会医政医管局负责人
4	国家卫健委：高度重视信息公开 会坚持疫	2020/1/22	http://society.pe	人民网-社会频道	国家卫生健康委员会应急办主任许树强
5	国家卫健委：将新型冠状病毒感染的肺炎	2020/1/22	http://society.pe	人民网-社会频道	人民网北京1月22日电 今日上午10时，
6	全国13个省确诊新型冠状病毒感染的肺炎	2020/1/22	http://society.pe	人民网-社会频道	人民网北京1月22日电 今日上午10时，
7	全国已确诊新型冠状病毒感染的肺炎病例4	2020/1/22	http://society.pe	人民网-社会频道	人民网北京1月22日电 今日上午10时，
8	人民网评：疫情面前要算大账	2020/1/22	http://opinion.pe	秦川	"病例主要与武汉相关，已经出现了人
9	人民网评：越是艰难险阻，愈益众志成城	2020/1/23	http://opinion.pe	苏秦	"1月23日10时起，全市城市公交、地铁
10	人民网评：抗击疫情，人人责无旁贷	2020/1/23	http://opinion.pe	伏特	当前，新型冠状病毒感染导致的肺炎疫
11	人民网评：这个春节，我们以"静"致敬	2020/1/24	http://opinion.pe	嘉佑	没有春节不是流动的，也没有春节不是
12	人民网评：疫情防控万万不可忽视农村	2020/1/24	http://opinion.pe	宫礼	非常之时，在守护人民群众生命安全这
13	人民网评：病毒不过春节，切莫掉以轻心	2020/1/24	http://opinion.pe	嘉佑	马上就是庚子鼠年新年了，新型冠状病

图 5 - 10　研究数据示例

数据集分词、过滤停用词后进行词频统计,通过关键词云对数据集主题内容进行初步展示,如图 5 - 11 所示。

通过数据集关键词词频分析能大概了解数据集涉及的主题,主要包括了新冠疫情、疫情防控、武汉防疫、复工复产等主题。

2. LDA 主题分析

数据预处理后进行关键词云图浏览,大致确定主题数目为 4 个,为了确认合适的主题个数,对主题数选取 2 ~9 个 LDA 模型的困惑度进行记录,并查看主题区分情况,最终确定主题数为 3 较为合适。通过 LDA 训练结果可以发现,主要由于 2020 年 1 月 22 日 ~3 月底疫情防控和复工复产紧密相关,鉴于当时防疫物资短缺(口罩、防

图 5-11　研究数据关键词云图

护服、防疫设施等)的现实,疫情防控和复工复产都与物质的生产和供应相关,使得相关新闻报道两个主题词之前关联性较大,故 LDA 主题模型无法完全区分,后续基于事件的主题内容分析或可进行更细化的研究。LDA 主题模型训练选择基于 Python 平台机器学习包 sklearn 中的 sklearn. decomposition. LatentDirichletAllocation 实现,相关结果如图 5-12 和图 5-13所示。

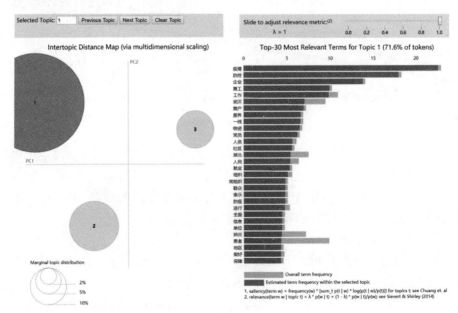

图 5-12　主题词的分布演示图

```
Topic #0:
医院 患者 医疗队 支援 重症 队员 方舱 护士 武汉 医护人员 荆门 救治 他们 湖北 治疗 医疗 附属 疾控中心 病区 首批
Topic #1:
病例 新增 确诊 累计 出院 医学观察 报告 死亡 其中 日时 冠状病毒 疑似病例 市例 新型 肺炎 现有 治愈 密切接触 重症 病死率
Topic #2:
疫情 防控 企业 复工 工作 武汉 复产 服务 一线 物资 党员 人员 社区 湖北 人民 就业 组织 党组织 群众 表示
```

图 5-13　主题词 Top20 列表

从结果可以看出，数据集关注的主题包含了武汉战疫相关内容、新发病例相关通报以及疫情防控与复工复产相关内容。

3. 主题图谱展示

以网络舆情内容主题图谱中主题词关系网络为例，展示图谱可视化成果。对文本中高频主题词进行汇总和统计，计算高频主题词的共现频率，或称同引频率。由主题词作为节点、同引频率作为边构建主题图谱。主题词的选择通常依据词频和语义，词频统计较为简单，语义统计则需对应领域知识图谱中的概念，知识图谱中有明确的概念或实体对应的，则研究意义更大。借助于 Gephi 图谱展示软件，相关结果如图 5-14 所示。

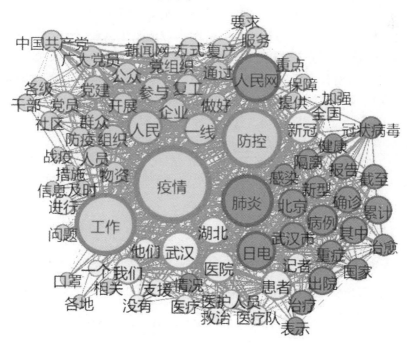

图 5-14　主题图谱展示

5.4 上网行为的知识图谱分析

5.4.1 研究概述

随着新兴媒体和移动网络的广泛应用,网络社交媒体快速发展,极大影响了人们获取信息和交流的方式,微博、微信、QQ、大众点评、抖音和各类手机移动网络APP、电商平台等吸纳了海量网络用户。尤其近几年,随着移动网络的建设完善,各类手机短视频、手机直播平台的兴起,增大了普通用户曝光的机会,涌现了所谓的"网红"文化、"打卡"文化,为了吸引眼球很多青年用户采取夸张的、过激的、怪异的各种网络行为。随着各类媒体平台的界壁被链接共享、分享接口、数据共享等打破,用户行为的跨平台传播也越来越频繁。网络环境下交织着各种用户的操作和行为,以及用户创造的信息内容,网络空间的社会生态系统已初步形成。在网络舆情研究领域,网络空间和现实社会的交叉影响引起广大学者对网络用户行为和内容的普遍关注。李磊等[1]基于不同舆情主题的微博用户行为数据进行聚类分析,认为信息交互过程中的微博用户可分为"一般关注型""主动参与型"和"信息传播型"3种类型,在此基础上对用户的转发行为数据进行分析;朱毅华等[2]利用仿真方法推演分析网络舆情演化机理,分析网络用户个体行为在网络舆情传播过程、传播内容、网民个体属性对舆情演化传播的影响等;廖海涵等[3]使用相关分析、偏相关分析、回归分析等方法采集用户的发布数、评论数、转发数等,得出用户信息行为特征;郭淼等[4]研究社交网络中个体在改进SEIR网络模型的数学表达以及评价个体传播能力的PageRank算法,并利用数值仿真对改进SEIR模型进行了验证以分析用户转发行为;赵丹等[5]使用量化分析方法,构建社交网络环境下网络舆情特征指标,并分析了社交网络舆情的传播过程及传播特征,表明社交网络舆情传播在一定程度上符合优先权选择、兴趣驱

---

[1] 李磊,刘继. 面向舆情主题的微博用户行为聚类实证分析[J]. 情报杂志,2014,33(3):118-121.

[2] 朱毅华,张超群. 基于影响模型的网络舆情演化与传播仿真研究[J]. 情报杂志,2015,34(2):28-36.

[3] 廖海涵,靳嘉林,王曰芬. 网络舆情事件中微博用户行为特征和关系分析——以新浪微博"雾霾调查:穹顶之下"为例[J]. 情报资料工作,2016(3):12-18.

[4] 郭淼,焦垣生. 网络舆情传播与演变背景下的微博信息转发预测分析[J]. 情报杂志,2016,35(5):46-51,37.

[5] 赵丹,王晰巍,李师萌,等. 新媒体环境下的网络舆情特征量及行为规律研究——基于信息生态理论[J]. 情报学报,2017,36(12):1224-1232.

动、兴趣衰减及周期性规律,对相关部门加强社交网络舆情的监管和引导有一定的指导作用。

网络舆情研究领域,网络用户上网行为主要涵盖了用户在社交媒体平台中寻求需求满足时所表现的需求查询、信息获取、信息选择、信息利用等行为。具体到实施受限于特定媒体平台运行模式,比如作为微博平台用户行为包括了用户内容订阅和关注、微博发布、微博转发、评论、收藏、点赞、微博搜索、话题搜索、私信以及话题广场等。用户行为是作为网络舆情主体的用户参与网络舆情讨论的主要渠道,分析用户行为模式和特征是了解用户行为规律和影响的主要路径,是网络舆情分析的重要内容。

网络舆情用户上网行为的知识图谱分析是指基于知识图谱技术,挖掘用户上网行为数据,统计用户上网行为特征,发现用户上网行为模式,并进行可视化分析展示。

5.4.2 用户上网行为本体构建

网络舆情用户上网行为建模是对用户行为主体信息、行为客体信息、行为需求、行为习惯、行为动机等模型化研究。不同领域用户行为分析模型和方法不尽相同。网络舆情用户行为是典型的信息行为。用户的信息行为包括了信息寻求、信息检索、信息使用等行为,是用户参与网络舆情生成和传播的行为总和,对网络舆情信息生态构建和研究具有重要的指导意义。传统的用户行为理论和模型包括最小努力原则、利用和满足理论、作为社会行动的媒介使用、过程模型、认知模型、意义建构模型、本体等。本体是对领域概念及其关系的形式化表达,是知识图谱中模式层的构建基础。用户行为本体相关研究有 Razmerita[1] 提出了一种通用的基于本体的用户行为建模框架(Ontob UMf),并给出了其组成部分及用户行为的本体建模过程;FOAF(Friend of A Friend)本体是在 FOAF 项目中创建的一个描述个人、团体和组织机构的本体,广泛应用于人及其行为的建模;何胜等[2]在 Hadoop 平台上将用户行为本体建模和大数据挖掘技术相结合为用户提供个性化服务等。用户上网行为本体构建有利于将用户上网行为数据有机链接起来,形成大规模用户上网行为知识图谱,有利于规范化本体查询,提高用户行为查询和统计精度,同时利用本体构建用户行为模型,有利于用户个性化研究。

---

[1] Razmerita L. An ontology – based framework for modeling user behavior—A case study in knowledge management[J]. IEEE Trans. on Systems, Man, and Cybernetics—Part A: Systems And Humans,2011,41(4):772 – 783.

[2] 何胜,冯新翎,武群辉,等. 基于用户行为建模和大数据挖掘的图书馆个性化服务研究[J]. 图书情报工作,2017,61(1):40 – 46.

1. 用户上网行为分类和构成要素分析

网络舆情研究领域用户上网行为与舆情信息内容生成有关,与用户的社交关系有关,还与舆情传播交互有关,总体上讲用户上网行为分为用户内容生成行为、用户社交关系维持行为、用户交互行为等。具体的:①用户内容生成行为,是新媒体时代用户创造内容的特征体现,网络信息内容的创造者是广大的网络用户,具体包括信息发布行为(发微博、发朋友圈、发签名状态等)、信息标注行为(用户对文本、图片或视频等网络信息实体打标签,生成个人标记)、网络打卡行为(例如工作打卡、兴趣点打卡、状态打卡、习惯养成打卡等)、特殊信息发布行为(添加表情、url)等;②用户社交关系维持行为,是直接影响用户社交关系的行为,比如微博等用户关注、添加好友、粉丝关系、发消息、私信、信息推荐等行为;③用户交互行为,即围绕生成内容进行舆情讨论的行为,直接影响舆情的发展和传播,比如微博或朋友圈中的转发、评论、点赞、回复、推荐、提及他人等行为。3类行为中,用户内容生成行为体现了新媒体时代用户创造内容的特性,用户社交关系维持行为体现了新媒体的社交特性,用户交互行为则体现了社交网络的媒体特性,3类行为使得互联网社交网络与媒体平台趋于融合发展。

用户上网行为要素是用户上网行为构成组件,相关研究认为用户上网行为作为典型的信息行为,构成要素包括即信息行为主体、信息行为本体和信息行为环境等。结合网络舆情研究,认为用户上网行为构成要素包括行为动机、行为主体、行为载体、行为客体、行为环境等。行为动机为行为产生的根源或刺激;行为主体为行为人;行为载体为行为动作表征,比如"@用户"为提及用户行为表征,微博转发列表、评论列表为转发、评论行为的表征,另外媒体技术一般也作为行为载体;行为客体指行为对象,比如加好友的行为客体为被加好友的用户,转发行为客体为被转发的贴文(由发帖、转发、评论等行为汇总的舆情传播行为的客体是贴文所反映的特定事件)等;行为环境则表征了媒体平台信息生态环境、社会经济背景和文化环境等。明确用户上网行为构成要素是进一步进行用户上网行为知识图谱分析的基础,以此研究用户上网行为分析的对象。

2. 用户上网行为本体模型

基于用户上网行为分类和构成要素分析,面向用户行为知识图谱分析,设计用户上网行为本体表示模型,如图5-15所示。

用户行为本体的分类以前面讨论的用户行为分类为依据,将网络舆情研究中较为典型的好友、粉丝、推荐等关系行为,原创贴文、内容标注、打卡等内容行为,转发、评论、点赞、收藏等交互行为列入用户上网行为本体模型。用

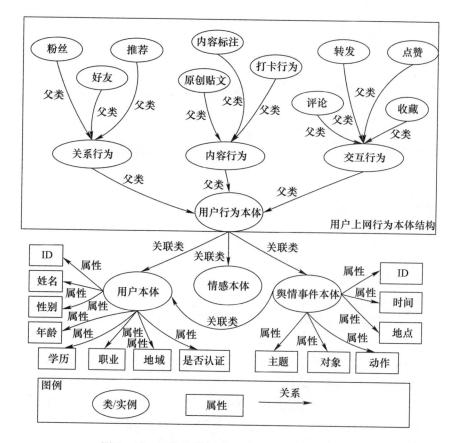

图 5-15 网络舆情用户上网行为本体表示模型

户行为密切相关的用户本体、舆情事件本体以及情感本体也一并在用户行为本体表示中予以考虑,以期构建完整的准确的用户上网行为本体表示模型。

下面讨论用户上网行为各类的属性设置问题。用户基本信息属性包括用户 ID、姓名、性别、年龄、学历、职业、地域、是否认证等,以及粉丝数等统计属性,事件类属性包括事件 ID、时间、地点、动作、对象、主题等,以及热度等统计属性。用户上网行为本体属性设置为行为 ID、用户 ID、时间(开始时间、持续时间、结束时间)、站点/栏目/url、使用设备、行为对象(用户、贴文、标签、事件等)、行为动作、行为动机、地理位置、统计属性(行为次数、频率、持续时间等)。如图 5-16 所示,为微博平台账号"央视新闻"于 2020 年 8 月 9 日发布一条微博,话题为"【暖[心]#35 名老兵守护去世战友女儿长大#】",对这一行为进行描述和表示。

序号	行为信息	用户信息	事件信息
1	ID:20200809001 时间:2020.8.9 行为类别:发帖行为 来源设备:微博网站 用户ID:001(央视新闻) 事件ID:20200809001 转发:1668 评论:1369 赞:8.2万 ……	用户ID: 001央视新闻 关注:2707 粉丝:1.12亿 微博:132239 行业类别:电视–电视频道–卫视 认证信息:中央电视台新闻中心官方微博 ……	事件ID:20200809001 标题:【暖[心]#35名老兵守护去世战友女儿长大#】 主题:老兵、亲情、高考  ……

图 5–16 网络舆情用户上网行为信息属性示例

5.4.3 用户上网行为特征统计

网络舆情用户行为特征统计与用户所在平台以及用户行为涉及的事件传播分析有关。本节面向微博平台,针对网络舆情事件传播分析任务,对网络舆情用户行为特征进行统计分析,以期研判用户行为对事件传播的影响的关键特征和驱动因素。

在网络舆情事件的传播和发酵过程中,用户行为中发布微博、搜索主题词、转发、评论、点赞和@用户的提及作用较为明显,同时用户的平台活跃度等不受限与事件的用户特征以及用户的社交网络关系对事件的传播也十分重要,因此用户行为特征统计维度的选取主要从这 6 种行为以及用户平台活跃度、社交网络用户角色等考虑进行用户特征统计。

根据网络舆情用户上网行为本体表示模型以及信息属性,设计网络舆情用户行为特征统计的维度和度量如下:

(1) 6 种用户行为相关统计指标:①微博发布指数,用户发布微博行为,统计指标为单位时间内发表的带有特定关键词的微博总数(ND,N 代表数量,D 代表微博文本集合);②微博搜索指数,用户搜索行为,统计指标为单位时间内搜索关键词的总次数(NS);③微博转发指数,统计指标为单位时间内相关微博被转发的总次数(NR);④微博评论指数,统计指标为单位时间内相关微博被评论的总次数(NC);⑤微博点赞指数,统计指标为单位时间内相关微博被点赞的总次数(NL);⑥微博用户提及指数,统计指标为单位时间内在相关微博下"@用户"的总次数(NA);⑦微博情感指数,统计指标为单位时间内相关微博的情感指数(NQ)。

(2) 用户平台活跃度和社交关系特征统计指标说明如下:①用户活跃度,统计指标为单位时间内用户发布微博的条数(NH);②用户交互指数,统计单位时间内用户参与转发、评论、点赞的总频次(NJ);③用户关系指数,统计量为用户的粉丝数(NF)。

(3) 为了充分考虑用户基本信息与用户行为关系,设计用户性别、年龄、职业、地域、终端设备分布的统计量。可以为后续特征分析提供更多维度。

确定统计指标后还需要确定指标的分析权重,因为各统计指标对事件传播的影响作用并不相同,相关研究认为传播速率最快的是转发的行为,它是以一对多的信息传递造成的裂变式信息传播;另外,对于新浪微博,某个事件词条被搜索的单位次数较高就有可能进入微博热搜榜,微博平台凭借热搜榜进行平台扩散,极大的提高事件的传播速率。基于每种行为的传播效力不同,在计算事件的舆情指数的时候将会给予不同的权重,从而更加接近实际的舆论传播情况。将所有需要的统计维度、统计分布和统计量展示如图 5-17 所示。

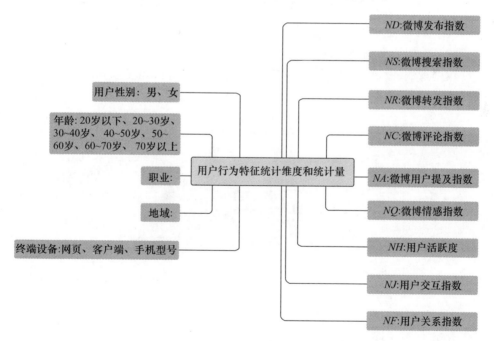

图 5-17 网络舆情用户上网行为特征统计维度和统计量

5.4.4 用户上网行为可视化图谱分析

1. 用户行为统计指数分布

(1) 微博搜索指数。搜索指数指示词条表征的事件在特定时间(1 小时/

1天/1月/3个月)的网络用户关注情况,通过搜索指数反映当前网络平台的热门事件或话题。微博热搜平台每分钟更新搜索指数,为研究数据提供获取渠道,如图5-18所示。

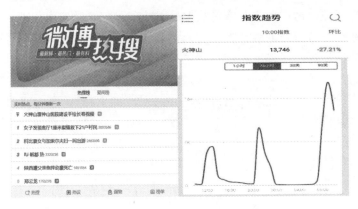

图5-18 微博热搜与搜索指数

(2)微博热度指数。通过微博转发、评论、点赞等行为指数统计汇总,计算微博热度指数,设定间隔时间。热点事件传播发展较快,间隔一般设置1个小时或更短,获取指数趋势,分析热点事件的发展规律和态势。

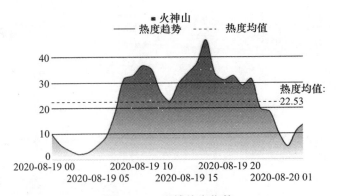

图5-19 微博热度指数

2. 用户转发路径图谱

微博转发是时间维度上用户对微博(话题)信息的传播行为,对微博及其转发路径的获取和分析有利于发现微博传播的关键节点和传播规律。一般的初始微博或初始阶段最热门的微博开始,进行广度优先爬取,获取所有转发路径,一种是基于用户网络的路径图谱展示,一种是基于用户附属信息(地理位置等)的展示方法。下面举例微博转发路径图谱形态,同时可以分析微博转发数随时间变化趋势,获取微博的生命周期,相关示例如图5-20所示,可以发现微博转发路径具有明显的层次结构,表征了微博分级转发机制。

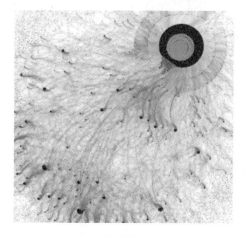

图5-20 微博转发路径图谱

5.5 网络舆情行为分析的应用研究

5.5.1 网络舆情用户影响力评估

网络舆情用户影响力评估方法主要基于社交网络分析、基于用户活跃度、用户贴文质量和传播指数等。以往的研究中主要是依据用户拥有的粉丝数、关注数和原创博文数等判断网络用户对他人的影响力。然而,网络舆情用户影响力的范畴丰富,包含了直接影响力、间接影响力和综合影响力等,同时受限于平台影响力、话题影响力等。对用户影响力的评估需要集合用户各种信息以及对各类影响力评估后综合计算。

新媒体下用户社交网络在舆情传播中起到渠道作用,是媒体平台运行模式的直接表现,用户在社交网络中的位置度量(利用度数、中介度、PageRank等)直接反应用户的媒体传播能力。用户上网行为是用户影响力的网络空间的直接体现,用户生成内容是用户影响力在信息空间的直接体现。本章研究中,基于知识图谱的用户画像实现对用户基本信息数据、用户创作内容数据、用户行为数据等多维特征数据的整合,为用户社交图谱、内容主题图谱以及行为图谱分析提供完整用户数据。用户生成内容的主题图谱分析对用户涉猎的主题内容进行领域聚类、图谱展示,用户依据主题兴趣和情感在网络上采取内容生成、内容交互、信息查询等行为,直接促使相关事件信息及用户对事件的情绪和态度在社交网络上的传播和扩散,从而影响其他用户。用户行为分析是对用户行为的方式、动因以及强度等行为特征的图谱关联与统计计量。

5.5.2 特定行为倾向用户群体感知和画像

行为倾向是网络舆情用户研究中的重点内容之一,是对用户行为前兆判断和预测的主要依据。基于知识图谱的特定行为倾向用户群体感知和画像,首先可以对特定的感知需求进行解析,并通过知识图谱进行语义泛化,得到与该需求信息的语义接近的词语表示。比如,对于"具有赌博倾向的用户"需求信息,我们可以泛化出"赌球""赌马""赌场"等与相近的词语表示。然后,利用知识图谱提供的实体与实体之间的语义相似性和逻辑相关性,通过在词向量空间中计算相关词语之间的欧氏距离,对所有通过需求词泛化得到的词语表示,在知识图谱中寻找语义相近的实体,通过欧氏距离的表示可以得到词语与实体之间的相关性。得到语义有关的知识实体之后,同样利用向量的相似性计算得到相关实体与已知用户行为标签语义相近的标签表。依据相似值的大小,我们可以直观的了解与需求词语相关的用户行为标签,通过组合计算,便可以得到与标签对应用户的相关性的强弱,从而生成可以表示用户特性的用户行为标签关联组合。

值得注意的是,面向海量用户行为数据的用户画像技术仍然需要更复杂和更成熟的算法研究来推动。此外,用户画像技术是多学科的结合,需要知识图谱、自然语言处理、机器学习和数据挖掘等方面的知识融合;有很多开放性问题需要学术界和产业界一起解决。

5.6 本章小结

社交媒体数据是网络舆情数据的重要来源,研究基于知识图谱的网络舆情的行为分析方法,需要融合社交媒体用户基本特征、主题特征、行为特征、资源特征、环境特征等多维特征,综合多种方法,进行多维特征融合的用户画像构建,以此充分挖掘用户相关行为数据,进而提炼出不同类型用户群体的行为特征。系统、全面、细致地构建网络舆情用户画像之后,可对网络舆情数据进行针对性的热门主题识别、意见领袖发现、用户情感分析等对用户的行为倾向进行计算,洞悉其情感强度、态度倾向,追踪用户情感倾向与极化行为的演变趋势,评估网络用户的行为影响力,最终用于舆情的分析研判和治理。

第6章 网络舆情知识图谱的研究发展

本章将充分利用舆情热度等各量化指标的作用,进一步实现舆情事件的智能发现与智能预警,推进网络舆情知识图谱的研究进展。确定舆情事理图谱的新理论体系及具体模式,结合领域知识图谱对具体的社会舆情大事件进行应用研究,将获得时效更优、范围更广、成效更高的产出。

6.1 事件知识图谱研究的兴起与进展

网络安全事关党的长期执政、国家长治久安、经济社会发展和人民群众的切身利益。治理和引导网络舆情不仅需要掌握网络舆情的演化特征、演化规律以及传播特点,更需要准确地分析舆情事件之间的关联关系,把握舆情的演化路径。社会发展已然进入人工智能时代,知识管理成为主流的管理方法,因此网络舆情管控也要与时俱进,使用更为精准、科学的方法。在大数据环境下,使用传统信息技术已经远不能满足网络舆情管控的现实需求,必须开拓思路创新研究更为科学的知识组织技术和先进的智能处理技术。一方面,事理图谱基于知识图谱提出,主要用于描述事件之间的顺承关系和因果关系,更适用于发现事件的演化规律和预测后续事件;另一方面,事理图谱在网络舆情领域的研究成果还比较少,研究热点事件的发现和追踪明显不够深入,更没有可以投入使用的产品。因此,创新研究网络舆情事理图谱的构建及热点事件追踪技术,将在人工智能与社会科学交叉研究中取得科学突破,具有非常重要的理论价值和现实意义。

6.1.1 知识图谱研究现状和发展动态

知识图谱给互联网语义搜索带来了活力,已成为互联网知识驱动、智能应用的基础设施。知识图谱与大数据和深度学习一起,成为推动互联网和人工智能发展的核心驱动力之一。

知识图谱在各个领域得到了非常成功的应用。在国外,Mai 等[1]基于知识图

---

[1] Mai G C, Yan B, Janowicz K, et al. Relaxing unanswerable geographic questions using a spatially explicit knowledge graph embedding model[C]//Proceedings of the 22nd AGILE Conference on Geographic Information Science. Cham: Springer, 2020: 21-39.

谱提出空间知识嵌入学习模型 TransGeo,并利用边缘加权 PageRank 和抽样策略优化地理问题建立了知识问答系统;Kim[①]基于娱乐本体构建 K-POP 知识地图,提出通过聚合不同数据源的相关数据集来创建知识图谱;Chi 等[②]给出一种基于知识图谱的科学元数据集成管理模型,用来分析智能教育中的知识图谱。国内一些学者开展了知识图谱在科教、医疗、社会、商业、旅游、娱乐等众多领域的应用研究[③],尤其在 2020 年爆发的新冠病毒肺炎疫情中,人工智能及其知识图谱技术得到了广泛应用。南方科技大学与澳门大学联合研发了新型冠状病毒知识图谱模式挖掘系统,实现了该病毒不同图谱的前 K 频繁模式高效挖掘,为专业分析提供决策依据;渊亭科技、触景无限、力维智联、以萨、高新兴等科技公司推出了不同方案的知识图谱系统[④],这些系统已根据防控需求在追踪患者轨迹、发现密切接触者、筛查潜在感染人群等发挥重要作用。

知识图谱构建和推理学习是知识图谱应用的基础。Abel[⑤]通过建立知识图谱的网络学习平台来提高参与学习者的体验,分析了知识图谱在促进组织学习的 Web 平台设计中的作用;Shi 等[⑥]构建语义健康知识图谱分析新的模型,以实现异质医学知识与服务语义的整合;Shaw[⑦]通过假设不同的知识映射方法可以达到不同的学习绩效水平,分析知识图谱建构方法与学习绩效之间的关系;张洋等[⑧]针对图书情报领域的学术信息,以传统网络数据库、网络学术博客、网络学术论坛等信息平台为数据来源,采用共现分析方法构建了基于不同信息源的知识图谱。

6.1.2 事件知识图谱

事件知识图谱聚焦动态事件及其间的顺承、时序和因果关系,并以结构化的

---

① Kim H. Building a K-Pop knowledge graph using an entertainment ontology[J]. Knowledge Management Research & Practice,2017,15(2):305-315.
② Chi Y,Qin Y,Song R,et al. Knowledge graph in smart education:A case study of entrepreneurship scientific publication management[J]. Sustainability,2018,10(4):995.
③ 常亮,张伟涛,古天龙,等. 知识图谱的推荐系统综述[J]. 智能系统学报,2019,14(2):207-216.
④ 余快. 疫情之战中的 AI 安防队[J]. 大数据时代,2020(2):38-49.
⑤ Abel M H. Knowledge map-based web platform to facilitate organizational learning return of experiences[J]. Computers in Human Behavior,2015,51:960-966.
⑥ Shi L X,Li S J,Yang X R,et al. Semantic health knowledge graph:Semantic integration of heterogeneous medical knowledge and services[J]. BioMed Research International,2017,2017:1-12.
⑦ Shaw R S. The learning performance of different knowledge map construction methods and learning styles moderation for programming language learning[J]. Journal of Educational Computing Research,2019,56(8):1407-1429.
⑧ 张洋,谢卓力. 基于多源网络学术信息聚合的知识图谱构建研究[J]. 图书情报工作,2014,58(22):84-94.

图形式表示实现对海量数据更高效地管理。尤其是对动态事件信息和事件逻辑关系的挖掘,对认识客观世界发展规律,助力领域智能应用有着重要的意义[①]。

事件知识图谱的计算和推理能力为多个领域场景的应用提供了技术支撑,例如金融领域的发展以事件为核心并对事件数据高度依赖。Rospocher 等[②]提出了一种以事件为中心的知识图谱(Event-Centric Knowledge Graph,ECKGs),从新闻报道中抽取事件,包括事件的时间、地点、参与者等,并建立事件间的因果关系和共指关系,重构事件的历史发展和时间演变;Gottschalk 等[③]提出了一种以事件为中心的多语言时序知识图谱(Event-Centric Temporal Knowledge Graph,EventKG),从现有大型知识图谱中抽取事件、关系,并进行了融合;Hernes 等[④]提出了一种事件知识的语义表示方法,自动处理和分析金融事件并用于辅助决策。彭立发[⑤]以事件类型的实体为例,提出并构建了一个以事件为中心、通过事件要素进行关联扩展的网络社区知识图谱,即先从网络社区信息中抓取较高可信度的数据,然后建立一个基于 LSTM 和注意力机制的事件抽取模型(LAL)以识别其中的事件及相关要素,完成了以事件为中心的网络社区知识图谱构建。比较发现,事件知识图谱能补充通用型知识图谱关于事件类型实体的知识缺失,可有效记录一个事件实体的发展历程,这对于具体了解某个事件和分析事件的后续发展及影响具有较大的参考价值;赵宏森[⑥]针对实际项目背景提出事件知识图谱事件抽取算法,证实可以将神经网络与传统特征结合对模型进行优化以提升算法的效果;罗钰敏[⑦]从提升事件知识图谱构建效率出发,分析了图谱构建各阶段影响性能的若干关键技术,提出了基于 Spark 的并行化解决方案。

Li 等[⑧] 2018 年提出了事理图谱(Event Evolutionary Graph,EEG)概念,描述事件之间的顺承关系和因果关系,用于发现事件的演化规律和后续事件的预测。

---

① 项威. 事件知识图谱构建技术与应用综述[J]. 计算机与现代化,2020,(1):10-16.
② Rospocher M,Vanerp M,Vossen P,et al. Building event-centric knowledge graphs from news [J]. Journal of Web Semantics,2016,37:132-151.
③ Gottschalk S,Demidova E. Event KG:A multilingual event-centric temporal knowledge graph[C]// European Semantic Web Conference. 2018:272-287.
④ Herne M,Bytniewski A. Knowledge representation of cognitive agents processing the economy events [C]//Asian Conference on Intelligent Information and Database Systems,2018:392-401.
⑤ 彭立发. 网络社区事件知识图谱构建[D]. 武汉:华中科技大学,2019.
⑥ 赵宏森. 事件知识图谱事件抽取关键技术研究[D]. 成都:电子科技大学,2019.
⑦ 罗钰敏. 事件知识图谱并行化研究及应用[D]. 成都:电子科技大学,2019.
⑧ Li Z,Ding X,Liu T. Constructing narrative event evolutionary graph for script event extraction[C]//Proceedings of the 27th International Joint Conference on Artificial Intelligence. 2018:4201-4207.

事理图谱与知识图谱的主要区别在于：知识图谱的研究对象主要是名词性实体及其属性和关系，而事理图谱的研究对象主要是谓词性事件及其逻辑关系；知识图谱中实体间是确定的关系，而事理图谱中事件演化的逻辑关系是不确定的概率。Li 等从《人民日报》等新闻文本中自动抽取了大量金融事件和关系，构建了金融领域的事理图谱，并评估了事件关系抽取的准确率。事理图谱是以事件为节点、事件之间关系为边形成的有向图，用来刻画事件之间的逻辑演化关系，其因果关系能够充分地阐述网络舆情的演化路径，清晰地展示网络舆情演化的方向。

周京艳等[①]比较了概念地图、知识图谱、事理图谱的概念内涵，界定了情报事理图谱的概念，认为情报事理图谱可以通过分析事件之间的顺承、因果等关系来揭示事件演化规律与逻辑，作为情报判读的支撑。事理图谱在情报理论、情报判读和情报预测等方面均具有重要价值。单晓红等[②]以医疗领域网络舆情事件为例，利用 Word2vec 训练词向量，通过 K-means 聚类将相似度较高的事件泛化为一类，分别构建网络舆情事理图谱和抽象网络舆情事理图谱，从两个层次分析网络舆情的演化路径，结果表明网络舆情事件的演化路径呈现多级性，且事件的演化方向不唯一。祝寒[③]以世界民航事故调查跟踪报告为基础研究航空安全事故因果关系的抽取方法，在改进 Zhou 等[④]提出的注意力机制的双向 LSTM 方法的基础上，针对显式因果关系抽取采用模式匹配法，针对隐式因果关系抽取提出了基于自注意力机制的双向 LSTM 方法，实现了航空安全事故事理图谱的生成，为航空安全事故因果关系分析和预测决策提供支持。单晓红等[⑤]以房地产政策"国六条"颁布后形成的在线评论为数据源，基于哈尔滨工业大学语言技术平台，识别和抽取评论中的因果、顺承事件对，采用 Gephi 工具构建政策影响事理图谱，分析政策对利益相关者和市场产生的影响，并以北京"317 新政"为例进行实证研究。结果表明，政策影响事理图谱能够同时刻画政策对利益相关者及市场的影响，相关工作者通过事理图谱可以找出政策影响中的关键节点，有效管控

---

① 周京艳,刘如,李佳娱,等. 情报事理图谱的概念界定与价值分析[J]. 情报杂志,2018,37(5):31-36,42.

② 单晓红,庞世红,刘晓燕,等. 基于事理图谱的网络舆情演化路径分析——以医疗舆情为例[J]. 情报理论与实践,2019,42(9):85,99-103.

③ 祝寒. 基于事理图谱的航空安全事故因果关系研究[D]. 天津:中国民航大学,2019.

④ Zhou P,Shi W,Tian J,et al. Attention-based bidirectional long short-term memory networks for relation classification [C]//Proceedings of the 2016 Meeting of the Association for Computational Linguistics. Stroudsburg,PA:Association for Computational Linguistics,2016:207-212.

⑤ 单晓红,庞世红,刘晓燕,等. 基于事理图谱的政策影响分析方法及实证研究[J]. 复杂系统与复杂性科学,2019,16(1):74-82.

关键节点,使政策有效实施。

6.1.3 舆情领域事理图谱的优势和缺陷

事理图谱主要用于描述泛化事件之间的因果、顺承等演化关系和概率分布,在金融领域、情报领域、消费领域等均有成功应用的范例。事理图谱与网络舆情应对所关注的事件演化趋势非常契合,因而创新研究舆情事理图谱的构建和演化分析具有非常重要的现实意义。

但是,事理图谱所支持描述的演化关系并没有时空概念,而仅是一种概率分布,在应用到网络舆情研究领域时,就需要克服一些缺陷:一是如何应用图谱刻画和展示地域差别;二是如何应用图谱体现事件发布者的权威性和事件传播、演化的关键路径;三是如何应用图谱反映事件演化的速度、速率及先后关系;四是如何应用图谱计算事件传播中用户观点及其情感、倾向等问题。

6.2 网络舆情的事理图谱构建

在事理图谱定义中,设节点代表泛化的事件,关系描述事件间的顺承关系和因果关系。这样的定义适合发现事件的演化规律和对后续事件的预测。但是在网络舆情中,事件有可信度、地域分布、传播速度等诸多特征,而一般的事理图谱均无法进行描述,因此有必要提出舆情事理图谱的概念,从而设计适合网络舆情事件的事理图谱结构。

6.2.1 舆情事理图谱的研究与应用

1. 舆情事理图谱的构建技术

当前关于事理图谱的研究较多限定在比较特定的领域,而网络舆情事件往往会出现在社会各个领域,所面临的是开放域文本。因此,需要将开放域事件的抽取技术与事理图谱的构建技术相结合,对适合构建舆情事理图谱的关键技术进行研究。

2. 舆情事理图谱的推理技术

针对网络舆情设计事理图谱,应在一般事理图谱中增加时空(space-time)属性、演化(evolution)、属性、状态(state)属性等多维特征属性,这样需要抽取的关系将非常多,训练语料并不能覆盖所有的关系。因此,需要在舆情事理图谱中使用深度学习等推理技术,一方面对错误的关系进行纠正,另一方面对缺失的关系进行补全。

3. 基于舆情事理图谱的热点事件追踪技术

当前对基于事理图谱的事件追踪研究,结论大多是起辅助决策作用,不具备智能化自动追踪能力。因此,需要研究基于舆情事理图谱的事件热点评估及演化预测模型。该模型能够根据预先设置的主题类别或关键词等监测条件自动识别具体的舆情事件,如社会治理事件、公共卫生事件等,预测和跟踪这些事件在时空等维度上的传播过程及传播态势。基于舆情事理图谱的应用为网络舆情的主动监控提供了决策依据。

4. 结合领域知识图谱分析的热点事件追踪实现

基于舆情事理图谱的舆情演化预测模型能对热点事件进行跟踪,但无法对传播过程中各方观点及情感倾向进行精确测量和细节捕捉。不同的社会对象、社会矛盾背景下,热点事件的演化伴随着网络用户群体观点和情绪的演化,舆情监测任务的业务需求和决策者的决策意图也是随着时间追踪进程而动态变化。因此,需要结合领域知识图谱,进一步拓展舆情事理图谱下热点事件追踪的功能,以实现对用户群体的发现和观点、情感分析,综合多学科领域的优势及取得的阶段成果,为社会网络舆情的精准治理和引导提供深度支持。

6.2.2 舆情事理图谱构建研究中的关键问题

通过抽取网络媒体中的各领域热点事件,构建开放域舆情的知识图谱;通过开发热点事件追踪系统,实现各类舆情事件的演化预测;结合领域知识图谱对具体的社会舆情大事件进行应用研究,验证舆情事理图谱及事件追踪的理论模型、方法技术的完备性和先进性。显然,舆情事理图谱构建的研究将涉及以下关键问题的解决。

1. 面向舆情的多维度事理图谱结构设计

传统的事理图谱不具有时间、地域、演化速率等特征描述能力,舆情事理图谱必须克服这些缺陷。具体是在事件节点设计上增加地域、置信度等特征,在事件间的演化边设计上在保留演化概论的基础上增加速度、强度等特征。通过多维度事理图谱的结构设计,最大程度地还原网络舆情演化的原貌。

2. 舆情事件分类抽取任务

事件抽取任务在方法上可以分为以下两大类:①基于模式匹配的方法,即在一些模式的指导下进行的某类事件识别和抽取方法,它在特定领域中表现出良好的性能;②基于机器学习的方法,将事件抽取建模成多分类任务,通过提取的特征进行分类完成事件抽取。中文事件抽取中还需考虑语言特性的问题,主要通过建立勘误表和序列标注方法来解决。舆情事件抽取面临的是开放域,仅使用模式匹配方法则无法覆盖各个领域。因此,需要先对容易触发舆情的事件进行梳理分类以构建事件分类体系,然后利用公开数据和数据采集技术获取大规模训练语料,最后设计无监督或远程监督神经网络模型并进行训练,获得事件分类抽取模型。

3. 舆情演化模型的设计

当前基于事理图谱的研究,大多聚焦于如何构建事理图谱,而对基于事理图谱的推理方法研究较少。舆情热点事件的追踪不仅需要构造网络舆情的事理图谱,更重要的是实现更优的热点事件的智能追踪,这就需要建立新的舆情演化模型。该模型将结合领域知识图谱,综合考察事件在现实社会和网络空间的特殊性,从舆情的热度属性、传播属性、地域属性、主题演变属性、用户群体属性等多方面实现对热点事件的检测、分析和追踪。

6.2.3 舆情事理图谱构建的技术路径

舆情事理图谱构建研究采用的技术路线如图6-1所示,拟从研究步骤、研究内容、理论技术和研究方法等4个方面对舆情事理图谱构建开展具体的研究。

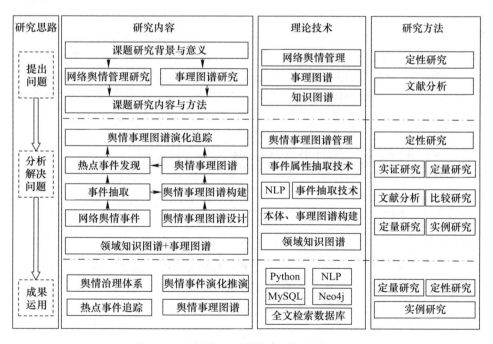

图6-1 舆情事理图谱构建研究的技术路径

按照图6-1的研究步骤,技术路径描述如下:

(1) 在提出问题阶段,综合运用定性研究法和文献分析法,对网络舆情管控和事理图谱等技术进行综述和比较分析,确定研究的具体内容和技术方案。

(2) 在分析解决问题阶段,综合运用多种方法,将问题分解为多个子问题,以网络舆情本体构建为起点,逐步展开研究,综合运用多种技术,对若干关键技术进行研究突破,逐个解决研究中遇到的具体问题,最终完成舆情事理图谱演化追踪框架的实现。如通过收集整理海量无标注数据集,训练事件抽取模型,实现舆情热点事件的动态发现;又如舆情事理图谱结合领域知识图谱的研究,一是强化数据和知识集成以丰富复杂社会系统最核心的数据需求,二是采用细粒度语义分析以理解不同用户在不同舆情事件追踪中的意图,三是通过人工智能、机器学习等进行舆情知识图谱的学习扩展以适应追踪需求动态变化,四是对于舆情事理图谱推演或仿真分析的结果,经过实证分析后可形成一般性事实知识强化图谱的知识储备,进一步强化舆情危机生成或衍化的感知能力。

(3) 在成果运用阶段,发挥舆情事理图谱的推理能力,实现热点事件的追踪和预警,并结合领域知识图谱进一步提升舆情事理图谱热点事件智能追踪的效能。如对重大热点事件进行综合研判分析,将包括阶段分析、媒体报道、微博走势、微信传播、焦点关注、传播路径、源头推测、最新报道以及舆情推演预测等研究工作;又如结合领域知识图谱,在舆情事理图谱演化分析模型基础上,对特定领域事件在其发生、发展过程中各类媒体信息报道状况和传播情况进行阶段分析,概括舆情发展情况、报道量、播报内容,以不同信息分类方法进行舆情综合研判,以不同领域的"舆情事件分级处置办法"等定义事件等级、发布预警建议、辅助处置决策等。

6.3 基于舆情事理图谱的热点事件追踪

6.3.1 舆情事理图谱应用研究的基本框架

创新研究网络舆情事理图谱构建及热点事件追踪技术,将会在人工智能与社会科学交叉研究中取得科学突破。舆情事理图谱构建及热点事件追踪研究的基本框架如图6-2所示,该基本框架中包含了以下的关键技术研究。

1. 基于异构知识库的舆情事理图谱架构

网络舆情的特点和管控,主要包括网络舆情的分类和特征、网络舆情的监测和分析方法和技术;网络舆情知识图谱进展,主要包括舆情图谱的相关概念界定、网络舆情的本体方法、网络舆情的知识图谱构建技术和网络舆情的事理图

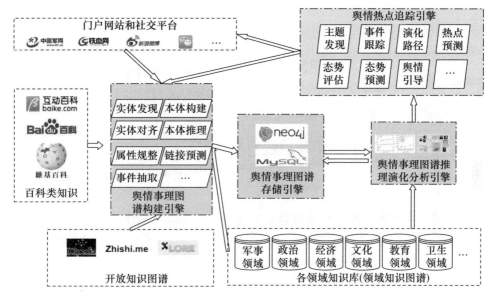

图 6-2 基于舆情事理图谱的应用研究基本框架

谱;基于异构知识库的舆情事理图谱架构,主要包括舆情事理图谱管控架构设计、舆情事理图谱的构建引擎设计和舆情事理图谱的存储引擎设计。

2. 舆情事理图谱构建的方法和技术

事理图谱构建相关技术,主要包括事理图谱的构建方法、领域相关本体技术和领域信息组织工具技术;网络舆情本体构建方法,主要包括本体范围确定、复用领域的知识方法、网络舆情的本体详细设计、网络舆情的本体评价和利用、使用本体构建知识图谱的模式层;针对百科类网站的知识融合技术,主要包括知识融合框架、分类对齐、实例抽取、实例对齐和属性消歧等技术;舆情事理图谱实证研究,主要包括对算法的评价、网络舆情事理图谱的举例。

3. 网络舆情的事件抽取技术

网络舆情事件采集整理技术,主要包括网络舆情事件采集的内容、网络舆情事件采集的方法选择和网络舆情事件采集后的整理;舆情事件抽取技术,主要包括事件抽取框架、内容采集、文本处理和事件发现等技术;舆情事件抽取实证研究,主要包括训练语料的构建、主题句提取算法实现和算法检验;特定网络舆情事件抽取的应用研究。

4. 基于舆情事理图谱的事件追踪技术

舆情事理图谱推理技术,主要包括跨时间域的事理推理机制和跨空间域的事理推理机制;舆情热点事件发现技术,主要包括舆情事理图谱的动态特征、相关指标定义、舆情事件发现算法和热点对象发现算法;结合领域知识图谱的热点事件传播分析,主要包括情感演化、主要观点、关键人物及态度、传播模式、事件推理的交叉检验,即事理图谱推理结果在领域知识图谱中的佐证技术,事实知识进一步更新领域知识图谱的知识储备等;舆情事理图谱事件追踪实证研究,主要包括数据集构建、模型参数设置、舆情事件热度分析和舆情热点事件发现;特定社会网络舆情事件追踪的应用研究。

6.3.2 基于舆情事理图谱研究框架的实施步骤

基于舆情事理图谱的研究框架,实施舆情事理图谱构建及热点事件追踪的步骤如下:

1. 建立舆情事理图谱理论研究框架并对其结构进行设计

①在研究总结网络舆情特点和规律的基础上,重点研究将人工智能方法应用到舆情管控的具体方法中;②分析当前知识图谱方法应用的缺陷,研究网络舆情知识图谱进展;③研究舆情图谱相关概念界定,研究网络舆情本体到网络舆情知识图谱架构,再到舆情事理图谱的结构设计。

2. 构建舆情事理图谱的方法和技术研究

①研究事理图谱构建相关技术,包括领域相关本体、领域信息组织工具;②研究网络舆情本体构建方法,使用本体构建知识图谱模式层,包括明确本体范围、复用领域知识、本体详细设计、本体评价和利用;③研究针对百科类网站等知识融合框架,包括分类对齐、实例抽取、实例对齐、属性消歧;④研究基于异构知识库的舆情事理图谱架构,包括舆情事理图谱架构设计、舆情事理图谱构建引擎、舆情事理图谱存储引擎。

3. 研究基于舆情事理图谱的热点事件发现和追踪技术

①利用舆情事理图谱提供的有效信息,辅助深度学习等技术,设计增加多维属性以支持表达舆情事件的动态演化模型,实现基于舆情事理图谱的事件抽取技术;②通过将舆情事件记录到事理图谱中,在动态图视角下实现舆情事件的精确计算,并在应用环境中深度挖掘,实现舆情事件的自动发现与预警;③根据对象热度值对热点对象的发现算法开展研究,综合事件评论数和衍生事件数的增加速度等预测可能发生的热点。

4. 开发基于舆情事理图谱的应用系统并对社会热点事件进行实证研究

①具体研究实例对齐优化算法、语义分析事件要素填充算法、神经网络提取主题句算法、热度查找舆情事件算法、舆情趋势计算算法和热点对象发现算法等;②设计和实现基于舆情事理图谱的社会大事件智能追踪原型系统;③进行具体的效能评测。

6.3.3 基于舆情事理图谱研究框架的研究实例

网络舆情事理图谱构建及应用研究的落地需要通过结合实际业务需求。基于舆情事理图谱可进一步加强网络舆情监测系统应用,充分利用事理图谱知识刻画和结构优势提高网络舆情监测系统应用效能。结合事理图谱构建的网络舆情分析研究可以在对新闻、论坛网站文本进行采集和预处理基础上,通过事件发现、图谱构建、传播分析、情感计算、标签化等技术手段进行舆情事件识别与追踪建模。本节以面向疫情防控的涉军舆情分析为例进行研究设计,以期说明结合事理图谱构建的网络舆情分析过程。

1. 面向疫情防控的涉军舆情研究问题

2020年春节突发新型冠状病毒肺炎疫情,相关部门十分警惕由此产生的网络空间信息疫情,即针对疫情产生的虚假、恐慌、不稳定的危害性信息传播。军队在应对新冠疫情的发生、发现、防控等工作过程中涉及到政策法规、行政监督、科学研究、营区防控和群众工作等方方面面,牵扯各级机关、医疗机构、保障机构、地方政府、组织内人员个体等复杂关系,任何矛盾问题都有可能在网络环境下被曝光放大,演变为涉军舆情危机。

新冠肺炎疫情作为典型的突发公共卫生事件,其发生前兆不明显,存在事件要素耦合且演化机理复杂等现象,难以描述事件的发展脉络。因此在军队疫情防控工作中,涉军舆情分析研究的核心是发现军队疫情防控中的突发事件,分析引致的问题症结并提出应对意见。具体操作是:通过"疫情防控"为条件监控网络上主流媒体、微博、微信等社会化媒体平台信息流,以涉军舆情事件为切入点,构建疫情防控背景下涉军网络舆情事理图谱,跟踪和发现新的涉军舆情事件,解析事件背后利益诉求,在符合政策法规、行业规程以及一定情理条件下给出解决问题的意见。

2. 面向疫情防控的涉军舆情事理图谱构建

以事件为牵引设计面向疫情防控的涉军舆情事理图谱,同时考虑《国家突发公共事件总体应急预案》《国家突发公共卫生事件应急预案》提出的突发公共事件、突发公共卫生事件所属关系,并结合当前普遍关注的疫情防控情况,依次定义事件、突发公共事件、突发公共卫生事件、新冠肺炎疫情事件、疫情通报事件、疫情防控事件等6个上层概念。结合网络舆情领域较为关注的国际关系层面、国家行政层面、军队工作层面等设计疫情通报及防控的下层概念,包括国际疫情通报、政府疫情通报、军队疫情通报、国家疫情防控、政府疫情防控、军队疫情防控等。

对于具体事件的表达,则运用何事(What)、何人(Who)、何时(When)、何地

(Where)、何故(Why)和如何(How)6个要素的有机组合(称之为"5W1H"分析法)为基础,构建涉军舆情事件本体。从网络舆情事理图谱结构出发,将事件概念、具体事件以及事件要素抽象为图谱的节点和属性,如图6-3所示。

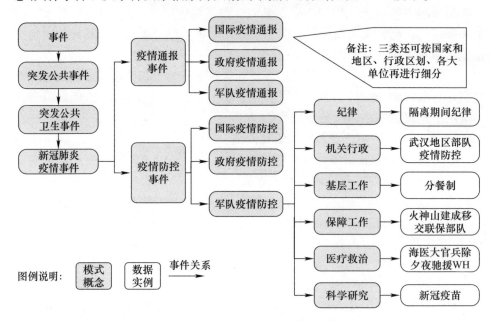

图6-3 面向疫情防控的涉军舆情事理图谱示例

事理图谱中的事件节点可由"何事"要素进行编码表征,如事件"海医大官兵除夕夜驰援WH,医疗队进驻HK医院全面开展救治工作"这一事件编码为"E1(军队疫情防控医疗救治事件)",其中"1"为事件编码;时间、地点等要素存储为图谱中节点属性。同时,事件可细分或泛化,如"E1"可细分"海医大官兵除夕夜驰援WH"、"医疗队进驻HK医院全面开展救治工作"等子事件,也可与"WH疫情"等其他事件进行泛化,如泛化为"WH新冠肺炎防控事件"等。

3. 面向疫情防控的涉军舆情的应对分析

事理图谱构建好之后,接下来就要使用它来解决具体的问题。对于涉军舆情应对,首要任务就是挖掘事件关系,发现和跟踪新突发舆情事件,并发现其风险点。当前,舆情应对设计的方法和技术包括基于模式规则、概率统计和动态网络的方法。

① 基于模式规则的方法是对事理图谱子图分析,发现特定模式的网络结构。比如新冠疫情涉军谣言分析中,谣言事件或要素不全,或与多个历史事件有重叠,或与近期事件无法形成有效关系,一般是网络中孤立的节点。因此,以此

设计规则对事件是否谣言进行判断。

② 基于概率统计的方法,包括社区挖掘、标签传播、聚类等技术。社区挖掘算法的目的在于从图中找出一些社区,社区直观上可以理解为社区内节点之间关系的密度要明显大于社区之间的关系密度,比如通过社区可以查询特定类别事件集合,或称为主题舆情,一旦我们得到这些社区之后,就可以进一步对社区内和整体网络进行风险分析。标签传播算法的核心思想在于节点之间信息的传递,比如特定事件具有特定标签,微博、微信话题标签"#"就是很好的标签应用。基于聚类则是通过选定规则进行无监督聚类,减少人工处理的难度和工作量。

③ 基于动态网络的方法,是在静态关系图谱分析基础上考虑时间的变化。事理图谱的结构是随时间变化的,而且这些变化本身可能存储舆情风险。比如,在新冠疫情涉军舆情事件发生和发展的不同时间区间,网络结构变化剧烈,可能说明新的突发事件或敏感话题的发生。

6.4 网络舆情的事理图谱应用效能与研究展望

6.4.1 网络舆情的事理图谱应用效能研究

网络舆情事理图谱可有效赋能网络舆情监测系统,能充分利用事理图谱知识刻画优势和结构优势强化网络舆情监测系统应用效能。网络舆情监测,指对各领域社会事件的新闻报道进行定向监测、事件识别、关联分析、传播演化、情感计算等。就目前而言,网络舆情监测主要集中在对新闻、论坛网站文本进行采集,通过主题分析、事件发现、关联分析、传播分析、情感计算、标签化等技术手段进行舆情事件识别与追踪建模。基于网络舆情事理图谱,可以从以下方面强化舆情监测系统应用效能。

1. 强化特定领域事件信息的采集

当前应用的舆情监测系统在数据采集和分析环节,大都基于关键词组合的检索方式,通过布尔计算获取特定事件的报道文本,比如通过"新冠肺炎＋海外＋新闻"检索当前海外新冠肺炎疫情下的舆情热点事件。为了扩大数据采集范围和检全率,一般采用同义词表、近义词表等字典库对检索关键词进行查询扩充。而若以前置构建好的事理图谱作为知识基础,可以充分利用事件词之间的下位关系、组成关系、因果关系、顺承关系等各类关系进行扩充,比如自动扩充"新冠肺炎＋海外＋新闻"检索条件为"肺炎＋海外(美国＋意大利＋西班牙)＋新闻"。通过知识指导关键词扩充,一方面可充分利用同类事件或相关事件特征词的强相关性,提升数据采集的广度和完整性;另一方面,可通过潜在的事件特征词相关性将新闻报道网页文本嵌套入统一的基于事理图谱的舆情事件体系中,强化舆情系统对互联网文本信息的感知能力。

2. 强化特定领域事件分析的说服力和决策支持力

事理图谱可为一些领域事件指定特定的事件框架结构,比如按照相关法规标准,可将公共卫生事件分为重大传染病疫情、群体性不明原因疾病、重大食物和职业中毒以及其他严重影响公众健康的事件等,疫情防控事件可以从政策法规、行政监督、科学研究、社会保障、新闻宣传、行业规程、商业活动、地域控制、客运交通、社区防控和群众工作等角度汇集疫情防控事件,通过各方面舆情事件分析进行疫情防控问题的多角度研究,研究成果也更多元化、更有说服力,能更好地服务于疫情防控决策支持。

3. 强化特定领域预警事件的感知和预警能力

防御性预警事件,是指通过已发生的事件可推测出的需要预警和防御的后果事件。在舆情事理图谱中就是指基于已有事理图谱中存在时序或因果逻辑关系的后续事件。比如某地区疫情发生,根据已有的事理逻辑关系,可推测该地区可能发生的医疗资源紧张、物资短缺、出行限制等多个后续事件;又如某蔬菜种植地区突发洪涝灾害,可推测近期蔬菜价格上涨、远程物流成本加大、田间病虫害加剧等后续事件。而后续事件不会全部或者一直发生,往往是个别事件先发生,或者极少数事件持续发生。通过对这些事件进行监测,能够针对性地筛选出后续可能事件,这对于后期的控制和预警具有很大帮助。此外,还可以在事件中融入一些具有风险性和标签化的手段,对事件本身贴上一定的类别标签,能够进一步增强突发事件衍生危机事件感知和防御预警能力。

6.4.2 网络舆情的事理图谱研究展望

网络舆情事理图谱的研究方兴未艾,人工智能、机器学习、知识图谱等前沿技术的引入能够加强网络舆情事理图谱研究的深度和效能,具体的从以下几个方面的研究进展可期:

1. 研究网络舆情事理图谱基础理论体系

知识图谱是人工智能发展的核心驱动力之一,而社交网络舆情管控需要高效的知识组织技术和先进的智能处理技术。事理图谱是基于知识图谱发展而提出,是对事件知识的高度组织和智能化处理技术,但在网络舆情领域实际落地,切实提高网络舆情管理效能,还需要解决诸多理论问题,亟需在理论层面深入剖析和创新网络舆情事理图谱的概念和结构设计原理,创新构建网络舆情事理图谱的基础理论体系。

2. 研究网络舆情事理图谱的构建及推理机制

网络舆情往往出现在社会各个领域,所面临的是开放域文本,需要将开放域事件的抽取技术与事理图谱的构建技术相结合。开放域事件抽取需要抽取的关系非常多,对训练语料的要求非常高,在网络舆情事理图谱构建中需要增加时空属性、演化属性、状态属性等多维特征属性用于支持舆情决策,亟需结合深度学习等机器学习方法对网络舆情事理图谱的构建及推理机制进行深入研究。

3. 研究基于网络舆情事理图谱的舆情演化模型

基于网络舆情事理图谱的舆情演化研究,需要通过抽取网络媒体中的各领域热点事件,先对容易触发舆情的事件进行梳理以构建舆情泛化事件分类体系,然后利用公开数据和数据采集技术获取大规模训练语料,最后设计无监督或远程监督神经网络模型并对模型进行训练,获得事件分类抽取模型。中文事件的抽取可通过建立勘误表和序列标注方法来解决语言特性的问题,再基于网络舆情事理图谱构建舆情演化新模型。

4. 结合领域知识图谱构建社会重大事件的网络舆情事理图谱应用系统

通过网络舆情事理图谱研究网络舆情给社会带来的风险和治理,探讨智能技术对社会问题的解决。原型系统拟筹建多种公共治理、公共卫生等案例平台,以实现各类舆情事件的演化预测,根据输入的具体舆情事件跟踪其传播过程及传播态势,为网络舆情监控提供时效优、成效高的决策依据。将网络舆情事理图谱结合领域知识图谱,创建应对社会重大事件的智能追踪系统。因此,本文研究中首次建立起一种新的人工智能与社会科学交叉研究平台,在图谱知识组织和舆情智能处理结合的实证研究中能取得较大的技术突破,为后续研究提供必要理论支撑。

6.5 本章小结

大数据环境下,使用传统信息技术已经远不能满足网络舆情管控的现实需求,必须开拓思路创新研究更为科学的知识组织技术和先进的智能处理技术。事理图谱基于事件知识图谱提出,具有开放性,适用于发现舆情事件的前后关联和演化规律。当前,事理图谱在网络舆情领域的研究成果还比较少,研究热点事件的发现和追踪明显不够深入,更没有可以投入使用的产品。本章首先总结了事件知识图谱的研究兴起与发展,阐述网络舆情研究中知识图谱的创新应用,提出网络舆情事理图谱概念并设计适合网络舆情事件的事理图谱结构;然后,给出网络舆情事理图谱构建的研究方法与路径,设计了网络舆情事理图谱构建及应用技术框架,总结了框架应用步骤及应用实例;最后,对网络舆情事理图谱构建及应用的技术框架进行研究和展望。研究认为,网络舆情事理图谱构建及应用是面向开放域的研究问题,应用伴随知识图谱、机器学习、人工智能等技术落地,网络舆情事理图谱结合领域知识图谱的创新研究,将对社会治理、公共卫生管理等领域网络舆情的智能监测获得时效更优、成效更高的产出。

第 7 章 总结和展望

知识图谱在情报研究中应用广泛,网络舆情的情报价值作用愈发明显。跨学科多领域开展网络舆情知识图谱的创新研究,将形成相互补充、相互验证的有机整体成果。

7.1 本书内容总结

知识图谱研究是一个新兴领域,其理论构建还不完善,只有在了解其基本概念及学科定位的情况下才能在实际应用中发挥它的优势,并一定程度上避免误用、滥用现象。本书通过对相关文献的调研,明确了知识图谱概念的内涵,分析了知识图谱的特征,并对知识图谱与知识地图、科学地图之间的区别与联系进一步明确化。笔者认为知识图谱是信息可视化的一个分支,应属于科学计量学范畴,主要用于科学计量学中对科学知识结构特征的揭示。

作为一种分析方法和工具,虽然知识图谱目前在国内的应用日新月异,吸引了众多领域研究者的关注,但对知识图谱的应用不能止步于将其作为一种新工具对某领域进行浅表层面的分析,而应深入理解其基本原理,研究其应用的局限性、规范性与有效性,探索其在各个领域应用的独特方式。在今后的研究中,笔记拟从两方面开展进一步研究:第一,跟踪了解国内外相关研究的差距,借鉴国外的先进工具及具体应用,探索正确应用知识图谱、发挥其优势的最优应用模式;第二,调研知识图谱分析的局限性,探索保证知识图谱分析有效性的方法,研究知识图谱与其他互补性方法的组合搭配应用方案。

从当前的研究成果看,网络舆情知识组织方面的研究开始尝试使用元数据、本体、知识网格等新技术,取得了不少阶段成果,这对网络舆情知识组织方面具有一定的指导意义。但还存在一些问题,比如有些研究仅是对原有信息组织方法的有限改进,有些研究构建的知识库需要大量专业人员的参与而缺乏自动化构建方法,推广性还不强。

尽管存在一些不足,上述研究与实践已经表明,将知识图谱技术应用于舆情管理有着诸多优势:①丰富的开放知识资源可以降低知识库构建成本。如百度百科、互动百科和中文维基百科等是目前影响较大的知识库,有着丰富的知识,其中关于某些特定领域的内容也较为全面,是建设相关领域知识图谱的优秀在线资源,这些网站或者提供了数据下载服务,或者开放了访问接口,我们可通过爬虫等技术来获取;②潜在的跨领域集成能力可以降低多系统集成的门槛。网络舆情引导不仅需要特定领域的知识,还需要了解政治、经济、社会、医疗等各领域的知识,开放性的知识图谱为这种领域知识之间的互通提供了基础和便利。网络舆情管理需要跨领域互通与协作,由于各领域的知识图谱大多由开放领域知识图谱扩展得到,因此跨领域的知识集成变得相对容易;③强大的知识计算能力可以提高舆情管理的智能化水平。开放知识图谱有着规范的结构和丰富的语义,支持高效的查询和复杂的知识计算,可为舆情主题发现、热点追踪等提供强大的支持。传统的舆情信息多存储在关系数据库或全文检索数据库中,一般使用文本聚类、文本分类等数据挖掘算法发现舆情,而知识图谱虽然有多种存储方式,但均支持基于语义的检索,基于符号和统计的知识推理均可应用在知识图谱中,能为舆情管理提供辅助决策支持。

网络安全事关党的长期执政、国家长治久安、经济社会发展和人民群众切身利益。治理和引导网络舆情不仅需要掌握网络舆情的演化特征、演化规律以及传播特点,更需要准确地分析舆情事件之间的关联关系,把握舆情的演化路径。社会发展已然进入人工智能时代,知识管理成为主流的管理方法,因此网络舆情管控也要与时俱进,使用更为精准、科学的方法。大数据环境下,使用传统信息技术已经远不能满足网络舆情管控的现实需求,必须开拓思路创新研究更为科学的知识组织技术和先进的智能处理技术。一方面,事理图谱基于知识图谱提出,主要用于描述事件之间的顺承关系和因果关系,更适用于发现事件的演化规律和预测后续事件;另一方面,事理图谱在网络舆情领域的研究成果还比较少,研究热点事件的发现和追踪明显不够深入,更没有可以投入使用的产品。因此,创新研究网络舆情事理图谱的构建及热点事件追踪技术,将在人工智能与社会科学交叉研究中取得科学突破,具有非常重要的理论价值和现实意义。

7.2 知识图谱在情报分析研究中应用

7.2.1 知识图谱在情报研究中的特点与问题

1. 大数据时代以目标为中心的情报研究方法

美国罗伯特·克拉克提出的以目标为中心的情报研究方法,其基本思路是让所有的利益相关方成为情报流程的组成部分①。情报界的利益相关方包括搜

---

① 黄晓斌,梁辰. 质性分析工具在情报学中的应用[J]. 图书情报知识. 2014(05):4-16.

集人员、分析人员、情报用户,以及为保障这些人员而建立各种系统的人员。该方法旨在建立一个目标共享的图景,所有参与者为此贡献自己的资源或见闻并完成自己的工作,以建立一个更加准确的目标情景,并可从中提取他们所需的要素。它为情报搜集人员、分析人员和情报用户勾勒出一种以网络为中心的合作方法:在行动上遇到问题的用户可以查看当前的目标情景,明确他们的需求;分析人员与搜集人员一起将这些需求转换成需要由搜集人员去解决的"情况空白"或"信息需求",当搜集人员获取所需信息后,就将该信息纳入到目标共享图景中;从该图景中,分析人员提炼出可供实践参考的情报并提供给用户,用户将反馈信息输入共享目标情景,补充自身的认识并提出新的信息需求。

在目前的专门情报研究中,应建立包括信息搜集人员、情报分析人员、情报用户与领域专家在内的情报工程团队,团队中的不同角色在一个统一、规范的业务平台中实现协同工作。情报分析人员是整个团队的核心,首先,情报分析人员与信息搜集人员要密切互动,促进情报机构内部的信息交流与整合,实现业务环节间的重组、融合与一体化①;其次,信息搜集人员和情报分析人员与情报用户要建立沟通交流机制,形成开放式情报工作方式,及时了解用户的需求和意见,缩短情报研究时间;最后,要将领域专家纳入情报研究整个流程之中,对研究报告的质量进行把关。

2. 知识图谱的构建方法及局限性分析

知识图谱并不能解决专门情报研究中的所有问题,将知识图谱方法应用到专门情报研究中,应明确其功能与局限性,进行合理运用,并探索如何根据情报研究的特点与要求进一步改进与发展该方法,以扬长避短,发挥其最大优势,起到最佳效果。焦晓静总结了知识图谱的局限性②,主要涉及以下几个问题:

(1) 在知识图谱分析过程中,数据样本、数据清洗、共现网络、相似性测度算法、筛选阈值、软件工具、可视化映射技术等各个环节的不同选择都会影响最终生成的图谱效果,这些选择均不可避免地融入了分析者的主观判断,因此有可能导致分析的准确性与可靠性的降低。

(2) 在图谱构建过程中有数据提取和可视化映射的两次转换过程,其中采用的相似性计算和降维算法等会导致部分信息的丢失而造成一定的失真③,而

---

① 刘如,吴晨生,李荣. 大数据环境下科技情报可视化的发展探析[J]. 科技智囊. 2015(04):80 - 85.

② 焦晓静. 知识图谱在科技情报研究中的应用探析[D]. 南京:南京政治学院,2015.

③ Rafols I, Porter A L, Leydesdorff L. Science overlay maps: A new tool for research policy and library management. Journal of the American Society for Information Science and Technology[J]. 2010,61(9):1871 - 1887.

且很难评估这些失真的程度及其影响。

（3）图谱解读具有建构性,数据分析水平、领域专业知识背景等不同的人对相同知识图谱结果的理解是不同的,这种解读上的灵活性也使得知识图谱分析结果带有一定的主观性。

（4）引文分析和共词分析等文献计量学方法存在固有缺陷,其有效性是在一定边界条件和假设的理想情况下才成立的,这些理想情况在实际中难以做到完全满足,如不同学者在引文习惯上的差异问题、引文动机问题、引文不规范行为问题、引文时滞问题、一词多义问题、作者的取词习惯问题、阈值选择的主观性问题等[①],由此会导致分析结果无法完全反映客观事实。

（5）作为知识图谱分析基础的数据样本可能存在质与量两个方面的信息不完全问题,从质的方面来说,科学文献自身品质参差不齐,其中不乏垃圾信息或错误信息,从量的方面来说,有可能由于所选数据库收录范围、分析人员认知局限而导致数据样本的覆盖面不足以支持有效的分析。

（6）分析结果具有滞后性,知识图谱建立在对科学知识载体的分析之上,由于存在信息发布时滞的问题,即使是用最近更新的数据,也只能生成曾经的知识状态图谱,因此所绘制的知识图谱具有滞后性。

鉴于上述局限性的存在,在应用知识图谱时应客观对待分析结果并采取必要的验证措施。需要指出的是,尽管上述种种不确定因素会在一定程度上影响知识图谱的最终呈现结果与分析的准确性,但研究表明使用不同方法绘制的图谱在核心结构上是一致的、稳定的,都能够将研究领域中最重要的关系揭示出来,它们之间的误差在可接受的范围之内,这也证明了知识图谱方法本身的可靠性和科学性。

7.2.2 知识图谱在情报研究中的应用策略

针对当前网络环境下专门情报研究面临的机遇与挑战,为提高知识图谱在情报研究中应用的有效性,可从集成化分析和三角互证原则出发来设计知识图谱在专门情报研究中的应用方式。一是集成化信息分析是情报研究的发展趋势,作为一个完整的事件,集成化信息分析包括事前、事中和事后3个阶段,与之对应的即为数据源的集成、信息分析方法与分析工具的集成和信息分析结果的集成[②];二是三角互证法的基本原则是从多个角度或立场收集有关情况的观察

---

① 张洋,谢卓力. 基于多源网络学术信息聚合的知识图谱构建研究[J]. 图书情报工作. 2014(22):84-94.

② 张志强,冷伏海,刘清,等. 知识分析及其应用发展趋势研究[J]. 情报科学. 2010(07):1100-1107.

和解释并加以比较,以消除单一数据来源的偏见和特定研究方法的局限,包括方法内互证和方法间互证[1],方法内互证指同一研究范式内不同方法的协同使用,方法间互证指质性方法和量化方法的协同使用。据此,可从以下三个方面着手来更好地将知识图谱的优势结合到情报研究中。

1. 多源数据的关联整合

数据是情报研究的基石,如果数据不完备,即使研究过程再完善,结论也不一定可信。采用单一数据源的情报研究有可能会由于数据样本的片面性而导致情报分析的偏差、失误与孤证难立,未来情报研究的对象主要是综合数据形态,融合多来源数据是现代情报工作的鲜明特点[2],是情报研究发展的必然趋势之一[3]。大数据环境下信息源的多样性为情报研究结论的交叉验证与相互补充提供了契机,在知识图谱应用中,可综合利用全球层面、国家层面、机构层面等不同层面,WoS、Scopus、CNKI、CSSCI 等不同平台,论文、专利、项目、基金、图书、经济统计数据、社会化媒体数据等不同维度,题录、全文、文摘等不同类型,不同语种等多种信息源的优势,相互补充、关联以进行多角度知识发现,从而实现更全面、深入的情报分析;还可根据不同数据源分析结果的一致性对结论的可靠性进行交叉验证,以此来真正提高情报分析的科学性、准确性与可靠性。目前情报研究中的可视化分析基本上都是基于文献计量学范畴[4],常见数据来源有 WoS、CNKI、CSSCI 等,数据来源单一,但多源异构数据融合方面已有较为成功的实践。

2. 分析方法的协同运用

在分析方法上进行综合与集成可以得到更加准确可靠的情报研究结果,减少分析误差。在知识图谱应用中,可以从以下两个角度在分析方法上进行协同:①方法内的协同运用。知识图谱是一种方法平台,流行的软件工具有很多,其中涉及的分析方法也非常多,单就文献计量学方法而言,常用的就有文献共被引、文献耦合、词共现、作者合作等十余种,同样一种应用场景可通过多种文献计量学关系网络的构建加以实现。知识图谱分析中的众多方法与工具均有相应的适

---

[1] 张力,赵星,叶鹰. 信息可视化软件 CiteSpace 与 VOSviewer 的应用比较[J]. 信息资源管理学报. 2011(01):95-98.

[2] Boyack K W, Klavans R, Börner K. Mapping the backbone of science. Scientometrics[J]. 2005,64(3):351-374.

[3] 贺德方. 工程化思维下的科技情报研究范式——情报工程学探析[J]. 情报学报. 2014(12):1-13.

[4] 侯月明,乔晓东,孙卫,等. 开源分析工具在中文文献分析中的应用[J]. 现代图书情报技术. 2013(03):71-76.

用范围和领域,目前还没有统一的标准可用来评估它们的优劣,可利用它们之间较强的互补性与结果上的可比性开展跨图谱分析以完善知识发现①,现在已有学者开展了这方面的研究。②方法间的协同运用。这方面又可以从两个层次加以论述,一是可运用其他新的技术对现有知识图谱分析方法加以改进,如利用加权和基于位置的相关性算法改善简单的频次计算结果等;二是在情报研究过程中综合采用其他分析方法,与知识图谱的分析形成互补和验证。

3. 图谱结果的科学解析

知识图谱反映的是高维关系网络在二、三维空间上的投射,它只是尽可能逼真地反映原始结构,却无法做到完全一致,存在一定程度的失真是不可避免的,这意味着对图谱的正确解读至关重要。知识图谱绘制是一个探索性的分析过程,不能望图生义、想当然,而是要以图为线索找到确凿证据并重视结果验证。国际知识图谱研究的领军人物 Katy Börner 与陈超美都强调了对分析结果进行验证的重要性,遗憾的是目前国内知识图谱分析往往缺乏对结果的验证②。验证图谱结果的主要方法是同行验证法,借助领域专家智慧③,结合专家的知识经验与判断能力实现对结果的判读和评估,使之变为有效情报,在这方面值得参考的案例有陈超美对"生物灭绝"和"恐怖主义"两个主题的分析④等。

7.2.3 知识图谱在专门情报研究中的应用

1. 知识图谱作为情报研究的适用性

为保证情报研究的质量、减小情报分析的不确定性,必须在现有条件下尽可能完善对知识图谱的应用,以使其真正成为决策和评价的依据。例如,情报研究人员要了解清楚相关软件工具的基本原理并不断提高操作水平,应用过程中就要尽可能确保分析的严谨性,强化对领域专业知识的学习与积累,在绘制图谱时需反复调试以获得最佳效果,通过监测各类博客、论坛、社交网络等社会化媒体信息并进行补充性分析来缩短情报研究的时滞,同时调整图谱呈现的视觉效果以提高情报用户的接受度与理解力,在解读图谱结果时保持谨慎态度,这些措施

---

① 赵蓉英,吴胜男. 图书情报领域信息可视化分析方法研究进展[J]. 情报理论与实践. 2014(06):133-138.

② 邱均平,李小涛,董克. 图情领域可视化研究的发展、演化与创新[J]. 图书情报工作. 2014(13):125-131.

③ Borner K,Theriault T N,Boyack K W. Mapping science introduction:past, present and future [J]. Bulletin of the Association for Information Science and Technology,2015,41(2):12-16.

④ Chaomei C. CiteSpace II:detecting and visualizing emerging trends and transient patterns in scientific literature[J]. Journal of the American Society for Information Science and Technology,2006,57(3):359-377.

都有利于优化知识图谱在情报研究中的应用。对于知识图谱在情报研究中的适用领域,可以从知识图谱的应用场景为切入点进行分析,即根据应用场景的不同功能来判断知识图谱的适用领域。结合当前国内通用的专门情报研究模式①,知识图谱可以在专门情报研究4个环节的工作中起到积极作用。

1)情报主题

情报研究选题对研究结果的成败至关重要,以面向领导决策需求和科研工作需要为原则。情报选题包括反应型和自主型,反应型指的是由用户提出情报课题,属需求牵引型研究,自主型指的是由情报研究人员自行提出情报课题,其特征是牵引需求。情报工作与科研工作具有各自独立的传统研究方式,以及情报人员自身知识结构、能力素质等方面的局限,导致了情报人员往往不能深入透彻地了解需求,难以提出贴合需要的主题,造成了用户对情报研究认可度的降低。将知识图谱分析引入情报研究选题可以在一定程度上解决这个问题,通过对目标领域热点、前沿、发展趋势、主题演化等的分析,有助于情报人员在全面了解目标领域历史、现状的基础上,根据当前研究热点以及未来发展方向,提出贴合用户现实需求、甚至牵引用户潜在需求的研究课题。

2)情报分析

情报研究的服务对象主要包括政府、科研院所和企业,情报用户的类型有科研决策者、科技管理者和科研人员等,他们对情报研究的需求是不同的,决策者关注的是宏观发展态势,需要基于专门情报分析结果进行发展战略与政策的制定,管理者关注的是如何更合理地对资源进行布局,而广大用户在各个阶段需要借助专门情报研究了解掌握国内外的科技发展态势。知识图谱在为这三种用户服务的过程中均可发挥重要作用。①对于决策者来说,可借助知识图谱对领域研究框架的分析探明宏观结构、重特及新兴领域,据此进行调控、制定相应政策扶持有发展前景的研究团队;②对于管理者来说,可借助知识图谱对研究主体的分析发现重要合作与交流情况、队伍结构等,通过知识图谱对领域研究框架和研究进展的分析把握未来重点方向,做出更有效的资源布局;③对于情报人员来说,可借助知识图谱对研究领域热点、前沿、主题演化、发展趋势等的探测,更有效地把握研究领域的历史与现状,确定当前研究主流与核心领域,借助知识图谱对研究主体的分析,可以及时跟踪同行的成员组成及其关注的主题领域。

3)事实型数据库构建

事实型数据库构建是在情报研究之前的必备功课,每个情报机构都应该长期积累、自建这些资源,使之具有独特的核心价值。对专门情报研究领域来说,

---

① 贺德方. 基于事实型数据的科技情报研究工作思考[J]. 情报学报. 2009,28(5):764-770.

事实型数据包括产出数据、投入数据等。在事实型数据库的构建中,对于数据源的确定通常采取基于专家定性判断[①]或者基于情报人员经验的方式,但这未免过于主观。借助知识图谱对研究主体,如国家、机构、作者、城市等的分析及对知识基础的分析,可更加客观、科学地确定核心信息源,以此作为数据采集和监测跟踪的依据。以对核心期刊的研究为例,可以通过构建期刊共被引图谱,借助知识图谱工具计算生成的被引频次指标、突现探测指标以及中介中心性指标,确定核心期刊、前沿期刊和热点期刊的分布及布局,以此作为信息资源建设的依据[②]。

4)"领袖"群体遴选

借助专家智慧对情报研究产品进行把关是保证情报研究质量的重要手段,依赖专家在本专业领域扎实的理论知识、敏锐的洞察力和分析力,可以产生高质量的研究报告。在挑选专家时需要考虑专家的知识水平、数量及其知识结构等众多问题,借助知识图谱分析可以科学、快捷、准确地筛选出"领袖"群体。例如,借助 CiteSpace 等社会网络分析软件,绘制本领域用户的合作网络图谱,通过对中心性、被引频次、共现频次等指标的分析,可以清晰地确定核心成员及"领袖"群之间的合作关系,避免遗漏重要专家;通过聚类分析,还可以从研究主题上对专家进行分类,有助于选择在知识结构上能够互补的专家群;另外,知识图谱分析不受范围的限制,可借助知识图谱分析寻找相关领域的专家,保证"领袖"群体的全面性。

2. 专门情报研究分析模型的构建

通过前述分析可知,知识图谱具有客观、便捷、直观、全面等优点,能够部分地克服情报研究中目前存在的问题,改善情报研究质量,知识图谱可在情报研究主题、情报分析、事实型数据库构建以及"领袖"群体遴选四个情报研究环节中发挥作用。由于知识图谱本身存在固有的局限性,在情报研究过程中可以从数据源、分析方法与工具、图谱解读三个方面入手来提高知识图谱应用的有效性。焦晓静结合现有的专门情报研究通用模式,以及以目标为中心的思想,给出以下知识图谱在科技情报研究中应用的优化模型[③],如图 7-1 所示。

模型上层所示为知识图谱分析方法与文献计量法、德尔菲法等其他情报分析方法。在知识图谱的具体应用中,分析者可进行探索式研究,在图谱绘制流程

---

① 陆浩,王飞跃,刘德荣,等. 基于科研知识图谱的近年国内外自动化学科发展综述[J]. 自动化学报. 2014(05):994-1015.

② 张瑛,周宁丽,张曙. 学科资源知识图谱分析与桌面保障环境建设研究[J]. 情报杂志. 2011(12):54-59.

③ 焦晓静. 知识图谱在科技情报研究中的应用探析[D]. 南京:南京政治学院,2015.

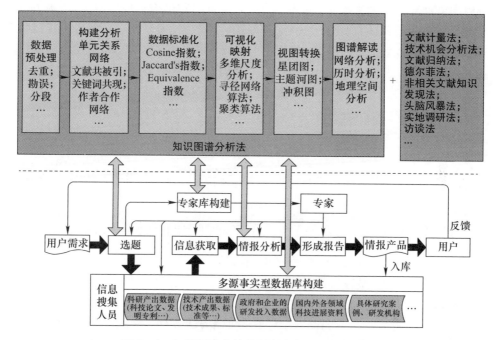

图7-1 知识图谱在情报研究中应用的优化模型

中的多个环节,通过对文献计量学网络、标准化方法、可视化映射技术等的不同选择来开展跨图谱分析,以保证情报研究结果的可靠性与全面性,此外,还可将知识图谱分析方法与其他情报研究方法协同使用,起到互补验证的效果。模型下层所示为情报研究的一般流程,体现了"事实型数据+专用方法工具+专家智慧"的通用模式,事实型数据库是分析的基础,情报研究机构要构建多源、融合的信息资源库来支持后续的分析;模型中融入了"以目标为中心"的思想,将情报分析人员、信息搜集人员、学科专家和情报用户等利益相关者均纳入情报流程之中,每个角色都以情报的最终有效应用为目标做出自己的贡献,其中专家智慧可应用在从选题到形成报告的各个环节,用以保证情报研究的最终质量。

该模型是一个实现了多种集成的综合模型:①实现了定量方法与定性方法的集成。模型中既有定量的知识图谱分析法,又有定性的专家智慧的引入,二者相得益彰,互相促进。②实现了多源数据的集成。事实型数据库中不仅要包含所有与主题相关的科技信息资源,而且要求对这些资源进行真正融合,以利于之后的分析。③实现了分析方法的集成。可利用知识图谱分析中的多种方法开展跨图谱研究,也可将知识图谱分析方法与其他情报研究方法协同使用。④实现了情报研究所有利益相关者的集成。情报人员与学科专家相结合,在情报研究过程中借助专家智慧来把关,弥补了情报人员自身知识结构的局限性;情报人员与情报用户相结合,用户不仅是确立情报选题的依据,而且要向情报人员提供关于情报产品的有效反馈;情报分析人员与信息搜集人员相结合,实现情报机构内部的业务融合。⑤实现了知识图谱方法与情报研究模式的充分整合,以全局眼光统筹规划,对知识图谱在情报研究中的合理应用形成了一套完整的框架。

专门情报研究的知识图谱方法及取得的成果,将为舆情情报的深入分析研究提供有力支撑和借鉴作用。

7.3 网络舆情知识图谱在舆情情报搜集研判中的融合应用

7.3.1 知识图谱在舆情情报搜集研判中的技术优势

充分利用新技术与新方法,增强网络舆情监测的主动性,及时准确掌握网络舆情信息动态,才能做好舆情监测分析工作①。TRS、百度舆情等市场上的舆情系统具备一定舆情监测分析功能,但需要根据实际情况与问题改进完善,才能更好地满足实践需求。知识图谱基于计算指标来进行知识发现,它的应用可以在一定程度上克服情报研究人员主题领域专业知识不足的限制②,无论是领域专家还是初学者,均可借助知识图谱增进对本领域的了解与把握。对专家而言,图谱提供了一种新的可视化方法来研究领域的发展趋势;对于初学者而言,图谱提供了某领域的入口,可从宏观与微观两个层面获得领域知识,在一定程度上把握领域发展态势③。开展一项知识图谱分析究竟需要具备多少领域知识并无定论,就专门情报研究而言,分析人员所掌握的领域知识越丰富,就越有可能获得有价值的分析结果,但鉴于目前存在的情报研究人员主题领域专业知识欠缺的困境,借助知识图谱方法来开展情报研究无疑为现实工作提供了一种新的更有效的研究手段。

1. 知识图谱增进舆情数据指标的科学化

指标是在评价某些研究对象所确定的评价依据和标准,包括指标名称和数值④。比如,对某一话题、事件进行某阶段的统计,包括信息出现的总量、浏览数

---

① 刘晓亮. 网络舆情监测分析中的实践与思考[J]. 新媒体研究,2016,21:132-133.
② 陈超美,陈悦,王贤文,等. 科学前沿图谱:知识可视化探索[M]. 2版. 北京:科学出版社,2014:347.
③ 陈祖香. 面向科学计量分析的知识图谱构建与应用研究[D]. 南京:南京理工大学,2010.
④ 张玉亮. 基于发生周期的突发事件网络舆情风险评价指标体系[J]. 情报科学,2012(7):1034-1037.

量、回帖数量、来源站点数量等。以此为基础监测分析某话题的关注热度。网络舆情指标构建需要综合以下方面：①主题性。具体的舆情工作有较明确的服务对象，一般具有特定主题、行业或领域性质[①]。比如，涉警舆情、医药行业舆情等。网络舆情监测的目的是及时识别问题与风险，因此设定的指标应对各类信息做出灵敏的响应，同时利用主题词表、知识库等提高既定监控目标信息的筛选分析效果。②可靠性。指标的选取要有相对可靠性与稳定性，保证指标的使用在时间上有延续性。③系统性。网络舆情监测分析工作十分复杂，涉及多个方面，构建指标一定要全面完整，彼此有机地形成整体、覆盖工作流程，从多层次多角度揭示网络舆情的特征。④可理解性。数据指标要尽量便于理解与说明，为工作简报撰写等工作提供必备的数据支持。

2. 知识图谱扩展舆情信息的广度与深度

舆情信息来源不断趋于多样化，从传统的新闻网站、论坛，发展到微博、微信等社会化网络应用。网络舆情监测不可能捕获全网信息，但零星而起的网络言论会在不同网站、网页、网民群体之间迅速酿成热点。准确把握舆情态势，防止监测分析片面化，需要增加信息来源范围，不断扩展信息采集的广度与深度。在信息来源的广度上，网络应用类型与站点数量就显得非常重要。比如，涉军网络舆情采集包括军事网站及主流媒体军事频道发布的军事新闻及网民跟帖、军事论坛和军事博客及网民回帖，微博和微信等社交媒体应用。其中，微博相对数据开放，与传统博客类似；微信主要在个人通讯范畴，但可以采集微信公众号信息。扩大采集范围可能会带来大量无关数据，可以在采集器上做出一定限制和过滤规则，减少采集到过多无关信息。在信息深度上，解决一些网站需要用户登录、页面分页分层、网页自动探测、用户密码、验证码等问题。

3. 知识图谱提高舆情监测分析的自动化程度

一般舆情系统都包含自动聚类、分类等数据挖掘通用功能，提高了舆情分析的自动化程度[②]，但各类功能的针对性不强，大量工作在实际中仍需繁琐的手工完成，难以满足舆情报告撰写等实际需求。所以，需要结合实践特点，制定和拓展结构化的模板和定制化的功能，提高舆情分析工作的效率。比如，可利用舆情报告模板、图形图表模板、观点分类功能等进一步减少手工工作。同时，可以利用不同站点、不同类型的网页信息，交叉验证舆情信息，增强网络信息的自动融合，提高舆情分析的准确性与及时性。在工作流程上，实现网络舆情信息采集、

---

① 于新扬. 中国网络舆情监测发展现状及不足[J]. 传媒观察, 2015(1): 8–9.
② 张瑜, 李兵, 刘晨玥. 面向主题的微博热门话题舆情监测研究[J]. 中文信息学报, 2015, 29(5): 143–151.

整理和分析自动化,才能从繁杂的信息收集和整理中解放出来,集中精力进行舆情分析和报告撰写工作,提高工作水平和效率。

4. 知识图谱提升舆情信息内容分析的语义化与技术水平

信息内容分析是网络舆情工作的关键。大多系统都是基于词语匹配完成聚分类任务,以此实现既定的舆情内容分析功能。但意义关联的近义词、同义词与相关词的词形不同,必然在准确率与召回率方面存在不足,比如舆情话题追踪、观点分类的性能会受到明显限制。而且内容相同或相近的新闻、帖文必然出现在不同网站页面。准确关联汇聚这些信息,是全面准确把握舆情整体状况的重点前提。广泛利用信息,需要开发利用一定的算法,整合语义知识库,才能综合提高舆情信息的语义关联化程度,加强对网络舆情状况的判断。所以,舆情监测分析的语义与智能化水平亟待加强,一方面是基于语义知识提高分析的准确程度,另一方面是利用当前的最新技术,比如,深度学习方法在很多领域已经证明了其有效性,综合利用word2wector、深度神经网络等能够提升内容分析的准确程度。

7.3.2 知识图谱在网络舆情数据管理中的融合应用

网络舆情数据管理,是指网络舆情处理系统中用以规划、控制和提供数据及信息的一组业务职能,包括开发执行监督有关数据的计划、政策、方案、项目、流程、方法和程序,从而控制、保护、交付和提高数据和信息的应用价值。下面主要从信息资源的分类和画像、信息资源的采集和存储等业务流程介绍知识图谱在网络舆情数据管理中的融合途径。

1. 网络舆情信息资源的分类和画像

网络舆情信息资源的分类和画像,是指匹配信息资源的特征和属性,分析获知信息资源的使用度、接受度和使用任务等。资源分类和画像结果主要有两个方面作用,一是为数据采集和整编效果评估提供支撑,二是通过访问资源的人或方式来不断优化资源利用和管理。这里的网络舆情信息资源可以包括网络舆情研判系统定向采集的新闻媒体网站、社交媒体平台、关键媒体和人物、各类主题事件案例库、舆情研判方法集、舆情决策库、舆情研判业务数据等。知识图谱用于网络舆情信息资源的分类和画像,可以通过构建舆情事件和典型媒体主题图谱、舆情事件关键人物图谱、舆情应急响应决策图谱等进行[①]。比如,针对研判业务需求收集整理互联网上典型媒体平台,监控媒体信息发布情况,统计社交平

---

① 王晰巍,张柳,韦雅楠,等. 社交网络舆情中意见领袖主题图谱构建及关系路径研究——基于网络谣言话题的分析[J]. 情报资料工作,2020,41(2):47-55.

台用户分布和使用情况,利用知识图谱加强各媒体信息发布及转载关系组织和分析,加强重大敏感主题信息监控、预警和溯源研究;借鉴知识图谱的方法深层次挖掘数据,利用资源聚合的原理,构建基于资源画像的社交媒体内部资源聚合模型和外部资源聚合模型等[①]。

2. 网络舆情信息资源的采集和存储

网络舆情信息资源的采集需要全面、精准、真实、可信。网络舆情研判业务不同于一般的政府工作业务,其需要海量的互联网舆情数据作为业务数据支撑,对互联网海量数据的采集需要定向精准、全面准确,传统的人工浏览、爬虫或搜索引擎的收集方式很难做到这一点。通过构建的信息资源的分类和画像可以较为精准的确定采集方向,加之构建基于知识图谱的数据采集和存储方案,面向不同任务自动关联采集站点、自动确定数据格式和存储方式也是强化舆情数据采集、保证舆情研判质量的重要手段。比如麻友等[②]针对社会化媒体数据的非结构化、多主题特征,同时基于LDA主题模型挖掘隐含主题,利用知识图谱描述实体及实体间的关联关系,以实现特定领域数据的抽取。

7.3.3 知识图谱在网络舆情信息分析中的融合应用

知识图谱在网络舆情信息分析中的融合应用是基于知识图谱构建网络舆情研判系统的主要目的,相关研究也较多,主要集中在事件分析、用户分析和舆情可视化分析等方面。

1. 网络舆情事件分析

网络舆情事件分析任务主要有事件监测、事件摘要、事件演化追踪、事件预测等。相关研究有娄国哲[③]在分析知识图谱方法和技术的基础上,创新研究了适合网络舆情管理的具体架构,构建了网络舆情知识图谱,抓住基于网络舆情知识图谱的关键技术开展深入研究,实现了事件抽取和舆情事件发现技术创新;王单晓红等[④]以医疗领域网络舆情事件为例,利用Word2vec训练词向量,通过K-means聚类将相似度较高的事件泛化为一类,分别构建网络舆情事理图谱和抽象网络舆情事理图谱,从两个层次分析网络舆情的演化路径,结果表明网络舆

---

① 徐海玲,张海涛,魏明珠,等. 社交媒体用户画像的构建及资源聚合模型研究[J]. 图书情报工作,2019,63(9):109-115.
② 麻友,岳昆,张子辰,等. 基于知识图谱和LDA模型的社会媒体数据抽取[J]. 华东师范大学学报(自然科学版),2018,(5):183-194.
③ 娄国哲. 基于知识图谱的网络舆情管理技术研究[D]. 北京:国防大学,2018.
④ 单晓红,庞世红,刘晓燕,等. 基于事理图谱的网络舆情演化路径分析——以医疗舆情为例[J]. 情报理论与实践,2019,42(9):85,99-103.

情事件的演化路径呈现多级性,且事件的演化方向不唯一。

2. 网络舆情用户分析

网络舆情用户分析任务主要有用户画像、行为分析、用户推荐等。相关研究包括闫季鸿[①]基于用户查询历史,利用主题模型生成用户偏好,以此为基础响应用户智能化知识导航的需求,基于马尔科夫模型设计了上下文感知的知识图谱实体摘要算法;王杰[②]基于公安知识图谱的用户画像研究,提出基于公安知识图谱的用户画像建立以及用户画像在积分模型中的应用来验证其有效性;张兴宇[③]基于微博文本实体识别、关系抽取,构建微博话题知识图谱,并实现话题可视化,结合用户兴趣矩阵,研究设计用户话题推荐算法;张素琪等[④]基于双用户视角与知识图谱注意力网络的 DKGAT 推荐模型,模型从双用户视角分析用户行为并建立用户向量表示,并利用注意力网络在知识图谱中挖掘用户感兴趣的项目属性,自动获取和表示用户的兴趣路径;侯位昭等[⑤]提出了融合知识图谱表示学习及贝叶斯网络的智能推荐模型(KGE – BNR),该模型同时具有强大的语义信息和复杂的逻辑因果关系,实验证明该模型有效提升了推荐结果的准确率和有效性。

3. 网络舆情可视化分析

网络舆情可视化分析任务包括可视化事件图谱构建、可视化舆情展示等,比如晰巍等[⑥]构建校园突发网络舆情事件主题图谱中的实体、关系和过程模型,并结合"北京交通大学实验室爆炸"舆情事件进行可视化分析,指出可以结合知识图谱从"故事线"和"时间线"两个方面对舆情事件进行可视化分析;牟冬梅等[⑦]构建微博舆情社会属性与外化表现模型,以舆情为中心,阐释人群、内容、情绪 3 个社会属性与意见领袖、事件、情感 3 个外化表现之间的内部逻辑,并以某疫苗事件为例进行实证研究及可视化展示;王杰等[⑧]研究知识图谱的构建技术基础

---

① 闫季鸿. 基于 Web 文本和知识图谱的实体摘要[D]. 上海:华东师范大学,2016.
② 王杰. 基于公安知识图谱的用户画像研究[D]. 武汉:武汉理工大学,2019.
③ 张兴宇. 基于知识图谱构建的微博话题推荐研究[D]. 淮南:安徽理工大学,2019.
④ 张素琪,许馨匀,佘士耀,等. 基于双用户视角与知识图谱注意力网络的推荐模型[J]. 现代计算机,2020(13):3 – 9.
⑤ 侯位昭,张欣海,宋凯磊,等. 融合知识图谱及贝叶斯网络的智能推荐方法[J]. 中国电子科学研究院学报,2020,15(5):488 – 494.
⑥ 王晰巍,贾若男,韦雅楠,等. 社交网络舆情事件主题图谱构建及可视化研究——以校园突发事件话题为例[J]. 情报理论与实践,2020,43(3):17 – 23.
⑦ 牟冬梅,邵琦,韩楠楠,等. 微博舆情多维度社会属性分析与可视化研究——以某疫苗事件为例[J]. 图书情报工作,2020,64(3):111 – 118.
⑧ 王杰,杨星星,马涛. 航空安全事件知识图谱构建[J]. 中国科技信息,2020(8):41 – 43.

之上构建并实现了航空安全事件知识图谱,并以数据增量式丰富现有知识图谱的数据组成,实现了对航空安全事件全面的信息管理及提炼,并实现了知识图谱的可视化展示。

7.3.4 知识图谱在网络舆情知识服务中的融合应用

网络舆情知识服务面向的是网络舆情研判人员或舆情决策者,主要用于在特定时期和特定任务情况下,根据舆情决策者的舆情需求提供相关舆情知识支持。舆情研判相关结果是经过提炼的事实性知识,可直接用于舆情知识服务;舆情研判知识库(如知识图谱、案例库等)中包含了大量的事实知识、显性知识和隐性知识,通过对各类知识的管理梳理,以一定形式的可视化检索利用手段,也可以为舆情决策者提供舆情服务。下面主要从网络舆情知识管理和舆情知识检索利用两个方面介绍知识图谱在网络舆情知识服务中的融合途径。

1. 网络舆情知识管理

知识图谱本身作为知识组织工具,对网络舆情的知识管理具有先天的适应性,但面对网络舆情研判业务还需要对知识图谱进行设计和优化,比如面向重大主题舆情监控可以通过构建舆情主题知识图谱对重大主题舆情知识进行管理;面向事件演变分析可以通过构建网络舆情事理图谱对舆情事件演变知识进行管理;面向关键组织和人物可以通过构建组织或人物图谱对组织或人物相关知识进行管理。相关机构和学者有类似实践,比如周京艳等[1]基于知识图谱提出情报事理图谱,用于描述事件之间的顺承关系和因果关系,同时兼具开放性,更适用于发现舆情事件的前后关联和演化规律,利于预测后续事件;孟蕾等[2]提出知识图谱驱动的自然资源大数据挖掘模型构建框架,将专家的知识固化在自然资源大数据挖掘模型的知识图谱表达中,提高了挖掘模型的复用能力。

2. 网络舆情知识检索利用

网络舆情数据是典型的大数据,虽然通过计算机或人工进行了知识组织和管理,但检索利用效果还是不理想。主要原因有三点:一是网络舆情数据包含了海量的结构化数据、半结构化数据和非结构化数据,比如业务提炼的关系型数据

---

[1] 周京艳,刘如,李佳娱,等. 情报事理图谱的概念界定与价值分析[J]. 情报杂志,2018,37(5):31-36,42.

[2] 孟蕾,王国峰. 知识图谱驱动的广东省自然资源大数据挖掘模型构建框架[J]. 测绘与空间地理信息,2020,43(06):91-94.

库是结构化数据,存在海量且格式不一但具有自描述标记的网页、XML、JSON 数据等是半结构化数据,大量的文本、图片、视频则是非结构化数据,其中半结构化数据、非结构化数据由于没有固定格式,无法自动建立有效的标签或索引,检索利用很不方便;二是数据价值评估难度大,无法及时删减,造成大量冗余数据,冗余数据对于检索利用容易造成干扰;三是语义解析和检索能力不足,只能检索到与检索词字面相同的信息,无法检索到内容相关的信息。网络舆情信息资源的检索利用需要克服数据异构、冗余和语义解析不深等难题,知识图谱等语义网技术提供了研究思路。比如郭维威等[①]提出了一个基于领域本体的语义智能检索模型,该模型在综合考虑了概念相似度、语义相似度和相关度对检索结果影响的同时,引入概念之间的关系、有向边节点密度、层次深度、方向因子等因素,以提高检索效果;马飞翔等[②]提出了一种基于知识图谱的文本观点检索方法,由知识图谱获取候选查询扩展词,利用支持向量机完成扩展词选定,最后利用扩展词对产生式观点检索模型进行扩展,实现对查询的观点检索;邹鼎杰[③]基于语义网关联数据思想提出书目语义检索的设计思路和方法;戴剑伟等[④]通过对军事信息通信领域数据进行二次组织,建立军事信息通信领域知识图谱,实现军事信息通信领域数据智能检索、网络结构分析、多维数据统计和网系资源可视化等数据服务功能;王丹等[⑤]针对数据冗余和语义解析问题,提出了基于元数据的信息知识组织智能检索系统设计方法。

7.4 多学科视域网络舆情知识图谱研究

7.4.1 面向网络舆情的知识图谱应用

知识图谱给互联网语义搜索带来了活力,已成为互联网知识驱动、智能应用的基础设施。知识图谱与大数据和深度学习一起,成为推动互联网和人工智能发展的核心驱动力之一。知识图谱在许多领域得到了成功的应用。国外

---

① 郭维威,刘锋. 基于领域本体的语义 web 智能检索模型研究[J]. 兰州文理学院学报(自然科学版),2016(1):51-55.
② 马飞翔,廖祥文,於志勇,等. 基于知识图谱的文本观点检索方法[J]. 山东大学学报(理学版),2016(11):33-40.
③ 邹鼎杰. 基于关联数据的书目语义检索[J]. 数字图书馆论坛,2018(4):54-58.
④ 戴剑伟,戴艺,王立新. 基于知识图谱的军事信息通信领域数据服务研究[C]//第六届中国指挥控制大会论文集,北京:中国指挥与控制学会,2018:684-688.
⑤ 王丹,张祥合,赵浩宇. 基于元数据的信息知识组织智能检索系统设计[J]. 情报科学,2019(9):113-116.

Mai 等[1]基于知识图谱提出空间知识嵌入学习的一种模型,利用边缘加权 PageRank 和抽样策略建立了知识问答系统;Kim[2] 基于娱乐本体构建了 K‑POP 知识地图,通过聚合不同的数据源创建知识图谱;Chi 等[3]给出一种基于知识图谱的科学元数据集成管理模型,用来分析智能教育中的知识图谱。国内科教、医疗、社会、商业、旅游、娱乐等众多领域也开展知识图谱在的应用研究[4],张洋等[5]针对图书情报领域的学术信息,以传统网络数据库、学术博客、学术论坛等信息平台为数据来源,采用共现分析方法构建基于不同信息源的知识图谱。尤其在 2020 年爆发的新冠病毒肺炎疫情中,人工智能与知识图谱技术得到了更广泛的应用。

在网络舆情领域,知识图谱同样有许多成功的应用。国外 Zhao 等[6]在分析新浪微博数据的基础上构建了一套新的社交网络情感传感器系统,用来分析网络热点话题及话题的情感分布状况;Kim 等[7]收集网民在 Twitter 平台针对两款存在竞争的手机评论内容,利用文本挖掘、情感分析和自然语言处理方法对网民的购买意向做出分类;Abedin 等[8]通过定量方法分析社交网络用户在灾害响应阶段使用 Twitter 的情况,得出灾难发生时使用将有助信息的快速传播。国内李磊等[9]基于不同舆情主题对微博用户行为数据进行聚类分析,认为信息交互过程中的微博用户可分为"一般关注""主动参与"和"信息传播"3 种类型,在此基础上对用户的转发行为数据进行分析;朱毅华等[10]利用仿真方法推演分析网络

---

[1] Mai G C, Yan B, Janowicz K, et al. Relaxing unanswerable geographic questions using a spatially explicit knowledge graph embedding model[C]//Proceedings of the 22nd AGILE Conference on Geographic Information Science. Cham:Springer,2020:21 – 39.

[2] Kim H. Building a K‑Pop knowledge graph using an entertainment ontology[J]. Knowledge Management Research & Practice,2017,15(2):305 – 315.

[3] Chi Y,Qin Y,Song R,et al. Knowledge graph in smart education:A case study of entrepreneurship scientific publication management[J]. Sustainability,2018,10(4):995.

[4] 常亮,张伟涛,古天龙. 知识图谱的推荐系统综述[J]. 智能系统学报,2019,14(2):207 – 216.

[5] 余快. 疫情之战中的 AI 安防队[J]. 大数据时代,2020(2):38 – 49.

[6] Abel M H. Knowledge map – based web platform to facilitate organizational learning return of experiences[J]. Computers in Human Behavior,2015,51:960 – 966.

[7] Shi L X,Li S J,Yang X R,et al. Semantic health knowledge graph:Semantic integration of heterogeneous medical knowledge and services[J]. BioMed Research International,2017,2017:1 – 12.

[8] Shaw R S. The learning performance of different knowledge map construction methods and learning styles moderation for programming language learning[J]. Journal of Educational Computing Research,2019,56(8):1407 – 1429.

[9] 张洋,谢卓力. 基于多源网络学术信息聚合的知识图谱构建研究[J]. 图书情报工作,2014,58(22):84 – 94.

[10] Choi S. The two – step flow of communication in Twitter – based public forums[J]. Social Science Computer Review,2015,33(6):696 – 711.

舆情演化机理,分析网络用户个体行为在舆情传播过程、传播内容、网民个体属性影响等;廖海涵等①使用相关、回归分析等方法采集用户的发布数、评论数和转发数,得出用户信息行为特征;郭淼等研究社交网络中个体在改进 SEIR 网络模型的数学表达以及评价个体传播能力的 PageRank 算法,利用数值仿真对新模型进行验证,最终得出用户转发行为②;赵丹等使用量化分析方法构建社交网络环境下网络舆情特征指标,据此分析舆情的传播过程及传播特征,表明社交网络舆情传播在一定程度上符合优先权选择、兴趣驱动、兴趣衰减及周期性规律,这对相关部门加强社交网络舆情的监管和引导有一定的指导作用。

7.4.2 基于知识图谱的网络舆情演化研究

当前关于网络舆情演化的研究方法主要包括以下三大类:①基于大数据和人工智能的技术,适用于深度挖掘海量舆情数据中的规律和模式,但这类方法无法直观地呈现网络舆情的复杂性与系统性;②复杂网络的方法,能够较好地体现网络舆情系统的复杂性,但单纯使用复杂网络方法容易忽略事件之间的因果关系,无法深入解释网络舆情的演化本质;③仿真方法,在探索网络舆情传播特征上具有一定的优势,但仿真方法的准确性却较多地依赖模型的可靠性。因此,需要综合运用上述方法达到舆情演化研究的最大效能。

构建知识图谱可以大大提升对热点事件的舆情管控能力。国外学者 Choi③以韩国政治话题为研究事件,使用社会网络和统计分析方法,构建了 Twitter 平台的舆情信息传播模式,用以分析公众对政治关注度与选举结果、民意调查之间关系的有效性;Kim 等④提出基于知识图谱可视化工具来挖掘社交媒体网络舆情的方法,已用于社交网络舆情分析;Overbey 等⑤给出了舆情链接跟踪方法,用

---

① Kim Y,Jeong S R. Opinion – Mining methodology for social media analytics[J]. KSII Transactions on Internet and Information Systems,2015,9(1):391 – 406.

② Overbey L A,Batson S C,Lyle J,et al. Linking Twitter sentiment and event data to monitor public opinion of geopolitical developments and trends[C]//Proceedings of the 10th International Conference on Social Computing, Behavioral – Cultural Modeling and Prediction and Behavior Representation in Modeling and Simulation. Cham:Springer,2017:223 – 229.

③ 陈璟浩,李纲. 突发社会安全事件网络舆情演化的生存分析——基于70 起重大社会安全事件的分析[J]. 情报杂志,2016,35(4):70 – 74.

④ 马哲坤,涂艳. 基于知识图谱的网络舆情突发话题内容监测研究[J]. 情报科学,2019,37(2):33 – 39.

⑤ Zhao Y Y,Qin B,Liu T,et al. Social sentiment sensor:A visualization system for topic detection and topic sentiment analysis on microblog[J]. Multimedia Tools and Applications,2016,75(15):8843 – 8860.

来监控网络用户对政治行为者的情绪。国内学者陈璟浩等[1]采用生存分析方法,以突发事件的网络舆情数据为研究对象,对数十起重大社会安全事件进行分析,得出各类事件网络舆情的生存周期以及影响舆情生存时间的因素;马哲坤等[2]基于突发事件网络舆情的时间特征指标进行突发词项识别、突发话题图谱构建、语义补充与完善,在事件特征基础上过滤不相关内容,建立含有语义关系的突发话题图,实现热点话题的传播分析。

国家社会科学基金近年来十分重视该方向的研究。王晰巍主持的2018年度国家社科基金重大项目"大数据驱动的社交网络舆情主题图谱构建及调控策略研究"[3],拟从信息生态视角构建社交网络舆情知识图谱分析架构,基于知识图谱构建社交网络舆情监测平台,辅助制定社交网络舆情管理机制。从目前发表的成果来看,基本上是在社会科学的多领域框架内开展研究。是否需要采用深度学习等技术方法挖掘社交舆情数据背后的人际关系网及情感演化问题,是否需要研究主题知识图谱构建的新理论和新技术,即智能管理与社会科学交叉研究的问题非常值得探究。

7.4.3 多学科协同研究网络舆情知识图谱的展望

创新研究网络舆情事理图谱构建及热点事件追踪技术,将在人工智能与社会科学交叉研究中取得科学突破。舆情事理图谱结合领域知识图谱,给多学科协同研究网络舆情知识图谱带来了机遇和挑战。一方面,这个研究将丰富复杂社会系统建模最核心的数据需求,逐步形成一种推动公共治理方式变革的驱动力量;另一方面,这个研究的模型推演与仿真结果又可以作为舆情知识图谱的知识输入,成为化解舆情危机生成与衍化的感知能力。因此,多学科协同开展本课题的创新研究,将形成相互补充、相互验证的有机整体成果,具有非常重要的理论价值和现实意义。以下概要介绍我们多学科研究团队所取得的一些成果。

1. 情报文献学科领域的研究和展望

笔者[4]对网络舆情基本问题进行了研究,舆情的五维特征决定了舆情的产生、发展和演化,把引发实现行动作为网络舆情的末端将不利于应对处理;对网

---

① Kim Y, Dwivedi R, Zhang J, et al. Competitive intelligence in social media Twitter: iPhone 6 vs. Galaxy S5[J]. Online Information Review, 2016, 40(1): 42-61.

② Abedin B, Babar A. Institutional vs. non-institutional use of social media during emergency response: A case of Twitter in 2014 Australian bush fire[J]. Information Systems Frontiers, 2018, 20(4): 729-740.

③ 李磊,刘继. 面向舆情主题的微博用户行为聚类实证分析[J]. 情报杂志, 2014, 33(3): 118-121.

④ 王兰成,陈立富. 国内外网络舆情演化、预警和应对理论研究综述[J]. 图书馆杂志, 2018, 332(12): 4~13.

络舆情演化规律的理论及分类进行研究,归纳为基于专题舆情、舆情主体、信息传播和网络行为的网络舆情演化机制研究;对网络舆情预警理论及技术进行研究,核心是自然语言处理,涵盖舆情主题、舆情内容、传播过程、传播媒介、舆情受众的指标体系各有侧重却不完整;对网络舆情应对理论及评估进行研究,综述舆情演化、预警和应对理论的研究并提出相应的研究方法。以上是在情报文献学科领域取得的阶段成果,它从情报学视域对网络舆情的演化作了比较深入的理论探讨,可以相信舆情事理图谱的应用将能够显著地提高舆情研判的客观性。

2. 公共管理学科领域的研究和展望

蒋瑛[1]指出突发事件舆情导控面临的风险源是复杂多维的,因此风险治理的全面性、系统性成为一个关键问题,风险决策和行动协同模型将多个治理主体参与的协同决策和行动,在共同一致的导控目标下构成一个动态闭环系统。蒋瑛[2]论述风险是有规律性可寻的,管理人员需从源头入手把握具有原发性质的突发事件舆情孕育、扩散、变换和衰减这一舆情生命周期演化过程的风险,通过对不同形式的风险进行分析,成为进行突发事件舆情风险治理的前提和重要基础,更要运用知识图谱全面剖析风险导控过程所产生的监测分析、引导机制等流程风险。以上是在公共管理学科领域取得的阶段成果,它从管理学视域提出了突发事件的舆情风险和治理,可以相信舆情事理图谱将融通工具理性和价值理性,更深入地指导舆情研究。

3. 新闻传播学科领域的研究和展望

国家社科基金项目"新媒体环境下社会公共安全事件传播研究"取得部分成果,胡栓等[3]提出新时代媒介生态和传播格局的巨变使得媒体社会责任的价值内涵、指标体系、履行路径等各方面都发生了深刻变化。胡栓等[4]认为《人民日报》的报道是在"破坏 – 反应 – 恢复"这一框架下展开的,是一种以维稳为核心的舆论引导框架,呈现出重定性宣传轻情节展示、重态度表达轻原因分析等特点,有必要进行适当调整。以上是在新闻传播学科领域取得的阶段成果,它从传播学视域提出社会重大事件舆情演化和引导的深入研究内容,可以相信基于舆情事理图谱的演化路径分析,将实现对热点事件舆情的精准引导。

---

[1] 蒋瑛. 突发事件舆情导控中风险决策和行动协同模型建构[J]. 行政与法,2018,11:1 – 7.
[2] 蒋瑛. 风险治理视域的突发事件舆情风险生成分析[J]. 新媒体研究,2018,16:1 – 5.
[3] 胡栓,刘胜男. 新时代媒体社会责任与评价体系——基于多重视角的分析与探寻[J]. 新闻界,2018(7),97 – 100.
[4] 胡栓,童兵. 我国党报国内暴恐事件报道的框架分析——以《人民日报》近十年报道为例[J]. 新闻大学,2018(2),74 – 82.

4. 智能信息学科领域的研究和展望

国家社科基金项目"基于智能体和大数据驱动的超大规模社会性突发事件建模与应急仿真推演研究"取得部分成果,张明新[①]提出对网络舆情事件进行建模与仿真,可以分析舆情产生的原因和传播路径、追踪和预测舆情动向,从而提高舆情管控部门的舆情引导能力,认为当前研究内容主要包含分析网络舆情的演化机制以及研究舆情引导对策的效果,而研究平台主流是基于多智能体理论的类 Logo 语言平台。陈栩杉等[②]提出将深度学习作为机器学习领域的新课题,引入三种典型的深度学习模型以探讨所面临的机遇和挑战,提出深度学习通过建立逐级提取输入数据特征的模型,能够深刻揭示从底层信号到高层语义的映射关系。以上是在智能信息学科领域取得的阶段成果,它从智能信息学视域研究社会舆情事件的理论和实践探索,可以相信舆情事理图谱在事件追踪中能发挥重要作用,将有力地提升人工智能系统的可解释性。

总之,舆情事理图谱是基于网络舆情知识图谱发展而最新提出的,其描述舆情事件之间的顺承关系和因果关系更适用于发现热点事件的演化规律和预测后续事件。但目前研究成果少,没有可以投入使用的产品,各学科的研究不够深入,协同研究更是缺乏。对此,情报学界应当抓住这个机遇和挑战,促进网络舆情知识图谱研究的多学科交叉研究、共同发展。

---

① 张明新. 国内网络舆情建模与仿真研究综述[J]. 系统仿真学报,2019,31(10):1983 – 1994.
② 陈栩杉,等. 深度学习基本理论概述[J]. 军事通信技术,2015,36(4):96 – 102.

附录1　常用知识图谱绘制工具

常见知识图谱绘制工具的概况及其数据处理方法总结如下[①]。

（1）SPSS。SPSS 由美国斯坦福大学的 Norman H. Nie 等于 1968 年开发,是一款世界著名的大型统计分析商业软件包,提供了包括数据获取、数据管理与准备、数据分析、结果报告在内的完整数据分析过程。SPSS 界面友好,除了一般的统计和行列计算外,提供了广泛的基本统计分析功能,如交叉分析、因子分析、聚类分析、回归分析等,可输出饼图、条形图、直方图、散点图等多种图表。在知识图谱中用到的主要方法有:相关距离分析、因子分析、聚类分析和多维尺度分析。

（2）Ucinet。Ucinet 由美国加州大学欧文分校的几名网络分析者于 20 世纪 80 年代初编写而成,现在由美国肯塔基大学和英国曼彻斯特大学的学者进行维护,是一款最流行、也最容易上手的社会网络分析商业软件,提供试用版本。其优点在于强大的关系矩阵(如共被引矩阵、共现矩阵等)构建能力,能将一些原始数据转换为矩阵格式,同时它还提供数据转换工具,可以识别从文献数据库(如 CNKI)中下载的数据。软件本身并不具备可视化功能,但可通过对 NetDraw、Pajek、Mage 等工具的集成来实现对数据的可视化。

（3）Pajek。Pajek 是由斯洛文尼亚研究者 Vladimir Batagelj 和 Andrej Mrvar 于 1996 年开发的社会网络可视化免费软件,可以为合著网、引文网、有机分子网、蛋白质受体交互网、家谱网、因特网等多种复杂网络提供分析和可视化操作工具,与 Ucinet 相比操作更简便,还能绘制复杂的大型网络。具有快速处理大型复杂网络、提供人性化可视化平台、为分析复杂网络的全局结构提供抽象方法三大主要特点。Pajek 具有强大的图形处理能力,可将大型复杂网络有效分解为几个小的网络,还可将各个互不连接的子网络单独显示出来。可支持多种数据格式,能识别 Ucinet 的 DL 格式数据并生成可视化图谱。

（4）Gelphi。Gephi 是 2006 年推出的一款开源、免费的交互式网络分析软件,可实现复杂网络、动态和分层图的可视化。与 Pajek 类似,能处理大样本数据,适用于对大型网络的绘制,支持的节点数可达 50000 个,可用于探索性数据分析、链接分析、社会网络分析、生物网络分析等。用户可自定义插件,支持中文

---

① 焦晓静. 知识图谱在科技情报研究中的应用探析[D]. 南京:南京政治学院,2015.

操作,有中文视频教程,操作简单。

(5) CiteSpace。CiteSpace 是美国德雷塞尔大学陈超美 2004 年开发的基于 JAVA 平台的免费软件,可用于发现、分析和可视化科学文献中的模式与趋势,其设计目标是为了实现对某一知识领域新兴趋势的分析。CiteSpace 是目前国内应用最为普遍的知识图谱工具,具有适用于多种数据库格式、使用简单、可生成多种图谱形式、可视化效果好、图谱信息量大和易于解读等优点。可支持多种主流文献数据库的数据格式,如 WoS、Scopus、PubMed、arXiv、CNKI、CSSCI 等,此外,也支持对 NSF 基金数据和德温特专利数据的分析。CiteSpace 提供对分析单元的聚类功能,并通过计算为每个聚类自动指定标签,标签词可从关键词、题名或摘要中通过三种算法提取获得。最终可生成三种视图模式:聚类视图、时间线视图和时区视图,提供交互式视图浏览界面。该软件采用颜色表示时间维度,并设计了时间切片功能,能很好地展示研究领域的动态发展。其主要缺点是在处理大规模数据时运行速度较慢。

(6) Network Workbench Tool 与 Sci2。Network Workbench(NWB)Tool 和 Sci2 都是由美国印第安纳大学开发的免费软件,NWB 是为物理学、生物医学和社会科学的研究者开发的通用网络分析建模与可视化软件包,Sci2 是专门用于科学学研究的模块化工具集。它们都支持多种文献数据格式,其中包括 NFS 基金数据和 csv 数据。二者的功能有很多相似之处(如在数据预处理方面都支持数据去重、数据分段、数据和网络的缩减,在分析对象方面都能构建直接关系网络,如引证网络、作者－文献网络,在可视化方面都需要使用外部插件和布局算法,如 GUESS 插件和 DrL 算法,许多算法可以通用,也都支持自定义插件),但它们之间还是存在一些差异的,NWB 操作较为简便,Sci2 能够构建更多类型的分析单元网络并可以进行地理空间分析。

(7) HistCite。HistCite 是由 SCI 之父加菲尔德及其同事在 2001 年推出的引文历史分析工具,供公众免费使用。它操作简单,与 WoS 数据库衔接性好,中间数据可经由 WoS 获取、修正和链接,导入数据后可迅速分析出一些基本信息(如数据记录总数、本地被引频次、本地引用参考文献篇数),快速定位领域经典文献、最新综述文献、高产作者、重要作者等,并产生某一研究领域文献引用网络的编年图谱,通过图谱可方便地发现关键文献及文献之间的相对关系。借助这种引文编年图,不仅可以识别出影响某一学科主题发展的关键事件,而且可以观察该主题的沿革与继承关系以及某一时段内的发展状况。

(8) TDA。TDA(Thomson Data Analyzer)是美国汤森路透集团公司在 VantagePoint 基础上开发的文本挖掘商业软件,主要用于技术领域的分析,能够导入目前互联网上绝大部分结构化数据库的数据,可建立文献或专利中的任何字段列,并具有较强的数据管理功能,如对导入信息进行统计、拆分、合并、字段分组、更名与增删等。TDA 的特点之一在于其强大的数据清理功能,软件中包含多个独立叙词库,能够自动对导入数据进行快速清洗,形成统一、通用的数据集合,用户还可自建叙词表。数据分析时可建立共现矩阵、自相关矩阵、跨相关矩阵和因子矩阵,其分析功能主要有四个:按照字段快速生成排名列表;揭示机构之间的技术共性或独特性;通过矩阵分析(共现矩阵、自相关矩阵和跨相关矩阵)判断任意两字段之间的相关性,了解机构之间的合作、技术重点和技术分布;可视化显示作者/发明人、机构、技术之间的相互关系。

(9) IN–SPIRE。IN–SPIRE 是美国西北太平洋国家实验室开发的文档可视化分析商业软件,利用类似自然景观的图像来帮助使用者发现文献之间的关系。可支持非格式化文档(如 ASCII)或格式化文档(如 HTML 和 XML),也支持 Excel 文件和 csv 文件。该软件允许用户选择相似性测度所依据的字段(基于语词的分析效果较好),但并不构建分析单元网络,而是使用向量空间模型来计算文献之间的相似性。在进行聚类并赋予聚类标签后,IN–SPIRE 提供两种可视化视图:星空视图(Galaxies)和主题视图(ThemeScape)。星空视图模仿星空分布来构建相似文献图谱;主题视图基于星空视图构建三维图谱,把主题看成沉积层来呈现自然地貌图,可用于发现文献较密集的重要区域。此外,它还提供了系列工具来帮助发现隐藏的知识,如时间切片、聚类、查询等。

(10) VantagePoint。VantagePoint 是一款面向专利、文献数据或一般结构化文本的文本挖掘商业软件,由美国搜索技术公司开发。其特点之一是它有多达 180 个过滤器,用户还可自定义过滤器,支持几乎所有文献数据库或专利数据库的格式,而且还可导入 Excel、Access 和 XML 文件。VantagePoint 具有强大的数据预处理和数据清洗功能,可通过模糊近似匹配和辞典实现对原始数据的清洗,并能将数据预处理结果导出为 csv 文件供其他软件进行分析。该软件可构建多种关系矩阵(共现矩阵、自相关矩阵、跨相关矩阵和因子矩阵),还可执行 VB 脚本以进行重复性操作。

(11) CoPalRed。CoPalRed 是西班牙格拉纳达大学开发的一款商业软件,专门用来进行科学文献关键词的共词分析,支持 Procite 文献管理软件的 csv 数据格式。该软件的优势之一是它包含一个预处理模块,可以实现对关键词的标准化(如一词多义情况)。该软件提供三种分析模式:结构分析——以主题网络形式展示词语及其关系;战略分析——用中心度和密度两个指标展示每个主题网络的相对位置;动态分析——分析主题网络随时间的演变。

(12) SciMAT。SciMAT 是西班牙格拉纳达大学 M. J. Cobo 等人开发的知识图谱分析开源软件。它集成了知识图谱绘制流程的全部必要模块,支持的数据格式为 WoS 和 RIS 格式,可生成战略坐标图、聚类网络图和演化图。SciMAT 是时序分析功能最优秀的知识图谱分析工具之一,时间序列呈现方式简捷,便利用户对研究领域的发展演变进行分析。对图谱的分析除了网络分析和时序分析外,还集成了基于引用数据的文献计量学评价参数,如被引频次(最大、最小、平均和总数)、h-指数、g-指数、hg-指数、q2-指数等,这也是它的独特之处。此外,该软件用户界面友好、操作简单,还提供分析向导,能引导用户进行相应的操作。

(13) Leydesdorff 系列软件。荷兰阿姆斯特丹大学著名科学计量学家 Leydesdorff 开发的免费系列软件,由针对特定分析功能设计的一系列小命令行程序组成。可进行共词、作者合作、作者耦合、期刊耦合、作者共被引、国家合作、机构合作及城市合作分析。提供对来自不同数据库文献数据的整合功能。没有数据预处理功能,在进行历时性分析时需要借助其他软件进行数据分段。分析结果的可视化要借助外部软件,如 Pajek、Ucinet、Network Workbench Tool 或 Sci2,合作网络的可视化可使用 Google Maps 和其他软件。

(14) VOSViewer。VOSViewer 是荷兰莱顿大学的 van Eck 和 Waltman 开发的文献计量学可视化免费软件,能够分析大样本量数据,具有较强的图形展示功能,使用了分层标签展示技术,可以通过交互清晰地展示复杂网络的节点标识。该软件没有数据预处理功能,也不能从文献数据中抽取和构建共现矩阵,需要借助其他软件来实现这些功能。它使用 VOS(Visualization of Similarities)映射技术进行构图,基于关联强度进行相似性测量,所形成的二维图中用元素间的距离来反映其相似性。提供四种视图模式:标签视图、密度视图、聚类密度视图和散点图,其缺陷在于对重要主题和关键词所属聚类的判断不太容易。

(15) Bibexcel。Bibexcel 是瑞典于默奥大学 Persson 开发的一款专门用于文献计量的免费软件,分析模块包括:文本标准化、数据清洗、字段抽取、频次统计、共现分析、共现网络生成等,其最大优点在于对共现关系的抽取,如共被引关系、文献耦合关系、作者合作关系和共词关系等,此外,Bibexcel 还可以利用不同书目字段构建异共现矩阵。该软件除了能对 WoS、Scopus 和 Procite 的数据进行分析外,也可用于对 CSSCI 中文数据的分析,不过需要将 CSSCI 数据格式转化为 WoS 数据格式后再导入 Bibexcel。Bibexcel 常用于知识图谱绘制中的前期数据预处理,可视化功能弱,其输出结果可导入 Pajek、Ucinet 或 SPSS 等软件进行可视化。

附录2　知识图谱常用构建方法

知识图谱绘制集成了众多方法和技术,本附录①选择性地介绍几种目前知识图谱绘制中涉及的常见文献计量方法和可视化映射技术,前者主要介绍引文分析方法和共词分析方法,后者主要介绍多元统计方法、社会网络分析方法和寻径网络方法。

1. 引文分析方法

引文分析是利用图论、数理统计等各种数学与统计学方法和比较、归纳、抽象、概括等逻辑方法,对科学期刊、论文、著者等各种分析对象的引证与被引证现象进行分析,以揭示其数量特征和内在规律的一种文献计量分析方法②。引文分析建立在这样一种思想之上:作者对于其他文献的引用表明该文献与当前这篇文献的主题是密切相关的,但实际上文献引用的原因高达15种之多③,而且许多高被引文献并不是真的很典型,只是由于发文年代久远才导致被引频次累计量很高而已,此外知识图谱绘制过程中对被引频次阈值的选择常常由分析者根据主观判断设定,因此在进行图谱解读时需要仔细甄别。引文分析主要有直接引用分析和间接引文分析两种方法。直接引用分析分为两种类型,一是根据被引频次来评估研究对象的质量与水平;二是通过引文间的网状关系及引文聚类来揭示知识域之间的亲缘关系、结构和某些发展规律④。共被引分析又称共引分析或同被引分析,指两篇或多篇文献同时被后来的一篇或多篇文献所引用,它们共同被引用的次数称为共被引强度,共被引强度越大,则它们之间的联系越密切、研究主题越相似。文献共被引可扩展到文献的其他特征对象上,如作者共被引、期刊共被引、学科共被引、专利共被引等,以文献共被引和作者共被引研究最为突出。共被引关系是一种动态性和展望性的关系,通过共被引聚类,可以基于共被引强度把复杂的共被引网状关系简化为若干共被引文献聚类之间的关系,在此基础上,可进行学科结构、学科关系及学科发展历史的动态分析。目前

---

① 焦晓静. 知识图谱在科技情报研究中的应用探析[D]. 南京:南京政治学院,2015.
② 邱均平. 信息计量学[M]. 武汉:武汉大学出版社,2007. 615.
③ 秦长江. 基于科学计量学共现分析法的中国农史学科知识图谱构建研究[D]. 南京:南京农业大学,2009.
④ 廖胜姣. 基于文献计量的科学知识图谱绘制研究[D]. 北京:中国科学院文献情报中心,2009.

在知识图谱绘制中最常用的方法就是共被引分析,其理论不仅适用于绘制学科结构知识图谱,也可用于前沿问题研究。

2. 共词分析方法

共词分析方法最早在20世纪70年代中后期由法国的一位文献计量学家提出,20世纪80年代后期由 M. Callon 等确立,属于内容分析方法的一种,它的原理是对一组词两两统计它们在同一篇文献中的出现次数,据此对这些词进行聚类分析,从而反映出这些词之间的亲疏关系,进而分析这些词所代表的学科和主题的结构变化。共词分析方法发展至今,主要经历了三个阶段:基于包容指数和临近指数、基于战略坐标、基于数据库内容结构分析。不同的词对处理方式产生不同的共词分析类型,如共词聚类分析、共词关联分析、共词词频分析和突发词监测。利用共词分析法的基本原理不仅可以揭示研究领域的研究热点,横向和纵向分析领域学科的发展过程、特点,以及领域或学科之间的关系,而且还可以反映某个专业的科学研究水平及其发展历史的动态和静态结构。高频词聚类可用来分析学科领域的热点,低频词聚类可用来预测学科领域未来研究热点。鉴于文献引用的滞后性,与共被引分析相比,共词分析可用于研究新学科的研究范式或成熟学科的研究热点,共被引分析多用于研究成熟学科的研究范式或结构,另外共词分析适用的学科领域范围比共被引分析要小一些。此外,从假设前提来看,共词分析比共被引分析要多,因此其可靠性也弱于共被引分析[1][2]。共词分析方法的不足之一在于,词语的含义在不同语境下可能是多样的,因此基于孤立的词进行统计而不考虑其语境,就会导致研究不够准确、不够严谨的问题。在词频阈值选择上,存在着与共被引分析同样的频次阈值选择不规范问题。

3. 多元统计方法

多元统计分析[3][4][5]是经典统计学的一个分支,它能在多个对象相互关联的情况下分析它们之间的统计规律,降维技术是多元统计分析的一个主要特征。多元统计分析包括多种分析方法,如因子分析(主成分分析)、聚类分析、多维尺度分析和战略坐标图分析等。在几何学上,这一简化过程是将高维空间中的目标投影到低维空间(通常是二维)。因子分析的基本原理是从多个变量指标中选择出少数综合变量指标,用少数几个因子来描述多个指标或因素,通过相关系数的比较将比较密切的几个变量归在一类,每一类变量作为一个因子,以较少

---

[1] 廖胜姣. 基于文献计量的科学知识图谱绘制研究[D]. 北京:中国科学院文献情报中心,2009.
[2] 伍若梅,孔悦凡. 共词分析与共引分析方法的比较研究[J]. 情报资料工作. 2010(01):25-28.
[3] 梁晓婷,奉国和. 当代知识图谱的构建方法研究[J]. 图书馆杂志. 2013(05):10-16.
[4] 刘则渊,陈悦,侯海燕. 科学知识图谱:方法与应用[M]. 北京:人民出版社. 2008:385.
[5] 陈祖香. 面向科学计量分析的知识图谱构建与应用研究[D]. 南京:南京理工大学,2010.

几个因子来反映原始资料的大部分信息,从而达到数据精简的目的,主成分分析是因子分析的一种核心方法;聚类分析的基本思想是利用变量间不同程度的相似性把具有相似属性和特征的对象归为一类,使得类中的对象彼此相似,不同类对象彼此相异,类的大小、类间距离都揭示了不同的信息,可以通过 SPSS 等软件实现聚类绘图;多维尺度分析通过某种非线性变换,在低维空间(通常是二维空间)近似展示高维空间中分析对象之间的联系,并利用平面距离来反映对象之间的相似程度,多维尺度分析输出结果是二维图中的一些散点,每个点代表一个分析对象,点的位置显示了对象之间的相似性,高度相似性的对象聚集在一起,越在中间的对象越核心,越在外围的对象越边缘。多维尺度分析结合聚类分析可以对一个学科的主流领域或主流学术群体进行划分;战略坐标图是以向心度和密度为参数绘制成的二维坐标图,一般 X 轴为向心度,Y 轴为密度,原点为二者的均值。向心度可以衡量聚类之间相互影响的程度,密度代表聚类的内部强度,表示该类维持和发展自己的能力,该方法的优点在于能判断热点主题的核心度和成熟度,展示学科结构演变的过程及原因,战略坐标图是在聚类的基础上绘制而成的。

4. 社会网络分析方法

社会网络分析起源于 20 世纪 50 年代,最初用于心理学研究,后被应用于社会学、人类学、经济学等众多领域,它并不是一个正式的理论,而是一个广义的研究社会结构的战略,其主要思想来源于数学和计算机技术。社会网络分析是测量和展现群体中各行动者之间关系的一种社会学研究方法,它将行动者与行动者关系的集合视为社会网络,通过社会网络分析,建立这些关系的各种数学分析动态模型,描述网络内部结构以及个体与网络之间的相互影响[1][2]。在社会网络分析中,研究的第一要素不是个体属性,而是行动者之间的关系,在网络中用节点代表分析对象,用连线代表它们之间的关系或流动,关系强弱以连线的粗细来表征。社会网络分析提供了若干定量分析指标,主要有中心性、凝聚子群、结构洞、核心边缘结构、网络密度等[3][4],借助这些指标可以了解行动者的社会地位、行动者之间的关系及社群分布等,以找出在结构上具有重要地位的专家、文献等。

5. 寻径网络方法

寻径网络[5][6]算法(PFNETs)起源于 1990 年美国心理学家对认知心理学语

---

[1] 陈祖香. 面向科学计量分析的知识图谱构建与应用研究[D]. 南京:南京理工大学,2010.
[2] 梁秀娟. 科学知识图谱研究综述[J]. 图书馆杂志. 2009(06):58 – 62.
[3] 刘军. 整体网分析:UCINET 软件实用指南[M]. 上海:格致出版社,上海人民出版社. 2014:111.
[4] 唐川,张娴,房俊民,等. 基于专利引文的领域间知识网络结构研究[J]. 情报科学. 2014(01):74 – 79.
[5] 廖胜姣. 基于文献计量的科学知识图谱绘制研究[D]. 北京:中国科学院文献情报中心,2009.
[6] 刘则渊,陈悦,侯海燕. 科学知识图谱:方法与应用[M]. 北京:人民出版社. 2008:385.

义关系的研究,用以确定网络中最突出的连接,它与社会网络分析具有共同的数学模型。PFNETs算法首先检查所有数据之间的关系,然后建立数据间最有效连接的路径,其基本思想是运用连接删除算法,经过模型运算生成一个节点数目不变、只保留最有效连接的精简网络,其目的是最大程度地简化一个稠密的网络。在一般变换情况下,PFNETs具有一定的稳定性,并且通过对PFNETs的分析,可以对不同的概念、实体进行分层和聚类。PFNETs算法的优势在于它能够获得更精确的局部结构,其缺陷在于对大规模网络的处理能力不足。CiteSpace软件中使用的网络剪枝方法之一就是PFNETs算法。

附录3 语言技术平台(LTP)中采用的各种标注集

1. LTP中采用的863词性标注集

标注	描述	范例	标注	描述	范例
a	adjective	美丽	ni	organization name	保险公司
b	other noun-modifier	大型,西式	nl	location noun	城郊
c	conjunction	和,虽然	ns	geographical name	北京
d	adverb	很	nt	temporal noun	近日,明代
e	exclamation	哎	nz	other proper noun	诺贝尔奖
g	morpheme	茨,甥	o	onomatopoeia	哗啦
h	prefix	阿,伪	p	preposition	在,把
i	idiom	百花齐放	q	quantity	个
j	abbreviation	公检法	r	pronoun	我们
k	suffix	界,率	u	auxiliary	的,地
m	number	一,第一	v	verb	跑,学习
n	general noun	苹果	wp	punctuation	,。!
nd	direction noun	右侧	ws	foreign words	CPU
nh	person name	杜甫,汤姆	x	non-lexeme	萄,翱

2. LTP中依存句法分析标注集

关系类型	标注	描述	范例
主谓关系	SBV	subject-verb	我送她一束花(我←送)
动宾关系	VOB	直接宾语,verb-object	我送她一束花(送→花)
间宾关系	IOB	间接宾语,indirect-object	我送她一束花(送→她)
前置宾语	FOB	前置宾语,fronting-object	他什么书都读(书←读)
兼语	DBL	double	他请我吃饭(请→我)
定中关系	ATT	attribute	红苹果(红←苹果)
状中结构	ADV	adverbial	非常美丽(非常←美丽)

续表

关系类型	标注	描述	范例
动补结构	CMP	complement	做完了作业(做→完)
并列关系	COO	coordinate	大山和大海(大山→大海)
介宾关系	POB	preposition – object	在贸易区内(在→内)
左附加关系	LAD	left adjunct	大山和大海(和←大海)
右附加关系	RAD	right adjunct	孩子们(孩子→们)
独立结构	IS	independent structure	两个单句在结构上彼此独立
标点	WP	punctuation	。
核心关系	HED	head	指整个句子的核心

3. LTP 中语义角色分析标注集

标注	说明	标注	说明
A0	表示动作的实施方	LOC	locative(地点)
A1	表示动作施加的影响等	MNR	manner(方式)
A2–5	根据谓语动词不同会有不同的语义	PRP	purpose or reason(目的或原因)
ADV	adverbial, default tag(附加的)	TMP	temporal(时间)
BNE	beneficiary(受益人)	TPC	topic(主题)
CND	condition(条件)	CRD	coordinated arguments(并列参数)
DIR	direction(方向)	PRD	predicate(谓语动词)
DGR	degree(程度)	PSR	possessor(持有者)
EXT	extent(扩展)	PSE	possessee(被持有)
FRQ	frequency(频率)		

4. LTP 中语义依存分析标注集

关系类型	标注	描述	范例
施事关系	Agt	Agent	我送她一束花(我←送)
当事关系	Exp	Experiencer	我跑得快(跑→我)
感事关系	Aft	Affection	我思念家乡(思念→我)
领事关系	Poss	Possessor	他有一本好读(他←有)
受事关系	Pat	Patient	他打了小明(打→小明)
客事关系	Cont	Content	他听到鞭炮声(听→鞭炮声)
成事关系	Prod	Product	他写了本小说(写→小说)
源事关系	Orig	Origin	我军缴获4辆坦克(缴获→坦克)
涉事关系	Datv	Dative	他告诉我个秘密(告诉→我)

续表

关系类型	标注	描述	范例
比较角色	Comp	Comitative	他成绩比我好(他→我)
属事角色	Belg	Belongings	老赵有俩女儿(老赵←有)
类事角色	Clas	Classification	他是中学生(是→中学生)
依据角色	Accd	According	本庭依法宣判(依法←宣判)
缘故角色	Reas	Reason	他在愁女儿婚事(愁→婚事)
意图角色	Int	Intention	为了金牌他拼命努力(金牌←努力)
结局角色	Cons	Consequence	他跑了满头大汗(跑→满头大汗)
方式角色	Mann	Manner	球慢慢滚进空门(慢慢←滚)
工具角色	Tool	Tool	她用砂锅熬粥(砂锅→熬粥)
材料角色	Malt	Material	她用小米熬粥(小米→熬粥)
时间角色	Time	Time	唐朝有个李白(唐朝←有)
空间角色	Loc	Location	这房子朝南(朝→南)
历程角色	Proc	Process	火车正在过长江大桥(过→大桥)
趋向角色	Dir	Direction	部队奔向南方(奔→南)
范围角色	Sco	Scope	产品应该比质量(比→质量)
数量角色	Quan	Quantity	一年有365天(有→天)
数量数组	Qp	Quantity-phrase	三本书(三→本)
频率角色	Freq	Frequency	他每天看书(每天←看)
顺序角色	Seq	Sequence	他跑第一(跑→第一)
描写角色	Desc(Feat)	Description	他长得胖(长→胖)
宿主角色	Host	Host	住房面积(住房←面积)
名字修饰角色	Nmod	Name-modifier	果戈里大街(果戈里←大街)
时间修饰角色	Tmod	Time-modifier	星期一上午(星期一←上午)
反角色	r + main role		打篮球的小姑娘(打篮球←姑娘)
嵌套角色	d + main role		爷爷看见孙子在跑(看见→跑)
并列关系	eCoo	event Coordination	我喜欢唱歌和跳舞(唱歌→跳舞)
选择关系	eSelt	event Selection	您是喝茶还是喝咖啡(茶→咖啡)
等同关系	eEqu	event Equivalent	他们三个人一起走(他们→三个人)
先行关系	ePrec	event Precedent	首先,先
顺承关系	eSucc	event Successor	随后,然后
递进关系	eProg	event Progression	况且,并且

续表

关系类型	标注	描述	范例
转折关系	eAdvt	event adversative	却,然而
原因关系	eCau	event Cause	因为,既然
结果关系	eResu	event Result	因此,以致
推论关系	eInf	event Inference	才,则
条件关系	eCond	event Condition	只要,除非
假设关系	eSupp	event Supposition	如果,要是
让步关系	eConc	event Concession	纵使,哪怕
手段关系	eMetd	event Method	
目的关系	ePurp	event Purpose	为了,以便
割舍关系	eAban	event Abandonment	与其,也不
选取关系	ePref	event Preference	不如,宁愿
总括关系	eSum	event Summary	总而言之
分叙关系	eRect	event Recount	例如,比方说
连词标记	mConj	Recount Marker	和,或
的字标记	mAux	Auxiliary	的,地,得
介词标记	mPrep	Preposition	把,被
语气标记	mTone	Tone	吗,呢
时间标记	mTime	Time	才,曾经
范围标记	mRang	Range	都,到处
程度标记	mDegr	Degree	很,稍微
频率标记	mFreq	Frequency Marker	再,常常
趋向标记	mDir	Direction Marker	上去,下来
插入语标记	mPars	Parenthesis Marker	总的来说,众所周知
否定标记	mNeg	Negation Marker	不,没,未
情态标记	mMod	Modal Marker	幸亏,会,能
标点标记	mPunc	Punctuation Marker	,。!
重复标记	mPept	Repetition Marker	走啊走(走→走)
多数标记	mMaj	Majority Marker	们,等
实词虚化标记	mVain	Vain Marker	
离合标记	mSepa	Seperation Marker	吃了个饭(吃→饭)
根节点	Root	Root	全句核心节点

附录4 关键源代码片段

1. 百度百科和互动百科爬虫源代码片段

```python
# -*- coding:utf-8 -*-
import scrapy
import re
import MySQLdb
from baike.settings import MYSQLPARA
from baike.items import AllInOneCategoryItem
from baike.items import AllInOneItemItem
##百度百科和互动百科类的公共基类
class BaikeSpider(scrapy.Spider):
    category = "军事"
    scource = 'baike'
    start_urls = []
    re_kuohao1 = re.compile('\(.*\)')
    re_kuohao2 = re.compile('\(.*\)')
    connecttion = None
    executeCursor = None
    #初始化爬虫
    def __init__(self, category=None, *args, **kwargs):
        self.category = category
    #连接MySQL数据库公共方法
    def connectMySQL(self):
        try:
            self.connection = MySQLdb.connect(charset='utf8')
            self.connection.ping(True)
            self.executeCursor = self.connection.cursor()
            return True
        except MySQLdb.Error as e:
            print('MySqlHelper.Connect Error:%s'% str(e))
            return False
    #标准化实例名称
    def process_ItemName(self, name):
```

```python
        if name:
            name = name.replace(",","").replace(",","").replace('#','_')
        else:
            name = ""
        return name
    #标准化属性名称
    def process_propertyName(self,propertyName):
        if propertyName:
            propertyName = self.re_kuohao1.sub("",propertyName)
            propertyName = self.re_kuohao2.sub("",propertyName)
            propertyName = propertyName.replace(':',"").replace(",","").replace(",","").replace(' ',\
                    "").replace('/',"").replace('、',"").replace('#','_').replace('(','_')
        else:
            propertyName = ""
        return propertyName
    #标准化实例描述
    def process_Description(self,decription):
        if decription:
            decription = decription.replace('\n\n',"")
        return decription
    #标准化属性值
    def process_propertyValue(self,propertyValue):
        if propertyValue:
            propertyValue = propertyValue.replace('\n',"").replace(",","").replace('&','_')
            return propertyValue
        else:
            propertyValue = ""
        return propertyValue
    #解析分类页,获得分类信息
    def parseConceptIndex(self,response):
        # directory info
        ddname = response.css(self.getCssPath(response,'category')).extract_first()
        if ddname == None:
            print('debug:没有找到名称,%s'% self.getCssPath(response,'category'))
            return
        item = AllinOneCategoryItem()
        item['name'] = ddname
        item['url'] = response.url
        item['source'] = self.getCssPath(response,'source')
        item['description'] = ""# response.css('p.s2::text').extract_first().strip()
```

```python
#下级概念信息
relations = self.getCssPath(response,'relation')
relationstr = ''
for relation in relations:
    relationstr = relationstr + relation[0] + ';'
item['relations'] = relationstr
yield item
for relation in relations:
    yield scrapy.Request(response.urljoin(relation[1]),callback = self.parseConceptIndex)
wordlistpage_url = response.css(self.getCssPath(response,'wordlistpage'))
for page in wordlistpage_url:
    pageurl = page.css('::attr("href")').extract_first()
    yield scrapy.Request(response.urljoin(pageurl),meta = {'category':ddname},
            callback = self.parse_wordlist)
#解析实例列表页
def parse_wordlist(self,response):
    category = response.meta['category']
    wordurllist = response.css(self.getCssPath(response,'wordlist'))
    for word in wordurllist:
        wordurl = word.css('::attr("href")').extract_first()
        yield scrapy.Request(response.urljoin(wordurl),meta = {'category':category,'algorithm':''},
                callback = self.parse_word)
    pagelist = response.css(self.getCssPath(response,'wordlistpage'))
    for page in pagelist:
        pageurl = page.css('::attr("href")').extract_first()
        yield scrapy.Request(response.urljoin(pageurl),meta = {'category':category},
                callback = self.parse_wordlist)
#解析实例页,获得实例的各个属性
def parse_word(self,response):
    wordName = response.css(self.getCssPath(response,'wordname')).extract_first()
    wordName = self.process_ItemName(wordName)
    if wordName == '':
        return
    item = AllinOneItemItem()
    item['name'] = wordName
    item['algorithm'] = response.meta['algorithm']
    item['url'] = response.url
    item['category'] = response.meta['category']
    item['source'] = self.getCssPath(response,'source')
```

```python
        item['properties'] = self.getCssPath(response,'propety')
        descriptiontag = response.css(self.getCssPath(response,'description'))
        item['description'] = ''
        if len(descriptiontag) >= 1:
            item['description'] = self.process_Description(descriptiontag[0].xpath('string(.)').extract_first())
        else:#可能为多义词
            pass
        opentags = response.css(self.getCssPath(response,'opentag'))
        opentagstrs = ''
        for opentag in opentags:
            opentagstr = opentag.css('::text').extract_first()
            if opentagstr:
                opentagstr = opentagstr.replace('\n','')
                opentagstrs = opentagstrs + opentagstr + ';'
        item['opentag'] = opentagstrs
        yield item

    #根据百科上下文获取 css 查询路径
    def getCssPath(self,response,type='category'):
        if 'baidu.com'in response.url:
            if type=='category':
                return 'div.g-row.bread.log-set-param>h3::text'
            elif type=='source':
                return 'baidubaike'
            elif type=='relation':
                relations = []
                sublist = response.css('div.g-row.p-category.log-set-param>div.category-title>a')
                for subname in sublist:
                    relations.append(
                        [subname.css('::text').extract_first().strip(),subname.css('::attr(href)').extract_first()])
                return relations
            elif type=='wordlistpage':
                return '#pageIndex>a'
            elif type=='wordlist':
                return 'div.grid-list.grid-list-spot>ul>li>div.list>a'
            elif type=='wordname':
                return 'dl.lemmaWgt-lemmaTitle.lemmaWgt-lemmaTitle->dd>h1::text'
            elif type=='propety':
                basicInfoNames = response.css('dl.basicInfo-block:nth-child(1)>dt')
                index = 1
```

```python
            properties = ''
            for basicInfoName in basicInfoNames:
                pname = basicInfoName.css('::text').extract_first()
                pname = self.process_propertyName(pname)
                pvalue = response.css('dl.basicInfo-block:nth-child(1) > dd:nth-child(%d)'
                    % (2*index)).xpath('string(.)').extract_first()
                pvalue = self.process_propertyValue(pvalue)
                if pname != '' and pvalue != '':
                    properties = properties + pname + ':' + pvalue + ';'
                index = index + 1
            return properties
        elif type == 'description':
            return 'div.lemma-summary'
        elif type == 'otheritemurl':
            return response.url.replace('https://baike.baidu.com/item/', 'http://www.baike.com/wiki/')
        elif type == 'opentag':
            return 'span.taglist'
    elif 'baike.com' in response.url:
        if type == 'category':
            return 'div.f_2-app > ul > li > h5::text'
        elif type == 'source':
            return 'hudongbaike'
        elif type == 'relation':
            relations = []
            taghs = response.css('div.f_2 div:nth-child(2) h3')
            i = 1
            subdirectoryurls = []
            for tagh in taghs:
                tag = tagh.css('::text').extract_first().strip()
                if tag == u'上一级微百科':
                    pass
                elif tag == u'下一级微百科':
                    sublist = response.css('div.f_2 div:nth-child(2) p:nth-child(%d) a' % (i*2))
                    for subname in sublist:
                        relations.append([subname.css('::text').extract_first().strip(),
                            subname.css('::attr(href)').extract_first()])
                i = i + 1
            return relations
        elif type == 'wordlistpage':
            return 'span.h2_m > a:nth-child(2)'
```

```python
            elif type == 'wordlist':
                return '#all-sort>dl>dd'
            elif type == 'wordname':
                return 'div.content-h1>h1::text'
            elif type == 'propety':
                infos = response.css('#datamodule>div>table>tr')
                properties = ''
                for info in infos:
                    for i in [1,3]:
                        pname = info.css('td:nth-child(%d) strong::text'% i).extract_first()
                        pname = self.process_propertyName(pname)
                        if pname:
                            pvalue = info.css('td:nth-child(%d) span'% i).xpath('string(.)').extract_first()
                            pvalue = self.process_propertyValue(pvalue)
                            properties = properties + pname + ':' + pvalue + ';'
                return properties
            elif type == 'description':
                return '#anchor>p'
            elif type == 'otheritemurl':
                return response.url.replace('http://www.baike.com/wiki/','https://baike.baidu.com/item/')
            elif type == 'opentag':
                return '#openCatp>a'
        pass

    #根据分类名获得分类url
    def getUrlFromCname(self,source,category):
        if source == 'baidubaike':
            return 'http://baike.baidu.com/fenlei/%s'% category
        elif source == 'hudongbaike':
            return 'http://fenlei.baike.com/%s'% category
        pass

    #根据实例名获得实例url
    def getUrlFromIname(self,source,iname):
        if source == 'baidubaike':
            return 'https://baike.baidu.com/item/%s'% iname
        elif source == 'hudongbaike':
            return 'http://www.baike.com/wiki/%s'% iname

#同时爬取百度和互动两个百科网站的爬虫类
class TwoBaikeSpider(BaikeSpider):
    name = 'twobaike'
```

```python
    #爬虫起点
    def start_requests(self):
        if self.category:
            yield scrapy.Request(self.getUrlFromCname('baidubaike',self.category),
                    callback = self.parseConceptIndex)
            yield scrapy.Request(self.getUrlFromCname('hudongbaike',self.category),
                    callback = self.parseConceptIndex)
        pass

##重新抓取超时链接的爬虫类
class FixBaikeSpider(BaikeSpider):
    name = 'fixbaike'
    #爬虫起点
    def start_requests(self):
        self.connectMySQL()
        if not self.executeCursor:
            return
        categories = self.getCategoryHasNoItem('baidubaike')
        if categories:
            for category in categories:
                yield scrapy.Request(self.getUrlFromCname('baidubaike',category),
                        callback = self.parseConceptIndex)
        categories = self.getCategoryHasNoItem('hudongbaike')
        if categories:
            for category in categories:
                yield scrapy.Request(self.getUrlFromCname('hudongbaike',category),
                        callback = self.parseConceptIndex)
    #重新爬取空分类
    def getCategoryHasNoItem(self,source):
        try:
            sql = "select cname from category where source = %s " \
                    "and cname not in(select cname from item_relation where source = %s)"
            params = (source,source)
            self.executeCursor.execute(sql,params)
            rows = self.executeCursor.fetchall()
            return rows
        except Exception as e:
            print(e)
        pass

##交叉爬取两个百科网站的爬虫类
```

```python
class InterBaikeSpider(BaikeSpider):
    name = 'interbaike'
    #爬虫起点
    def start_requests(self):
        self.connectMySQL()
        if not self.executeCursor:
            return
        inames = self.getInamesNotInAnother('baidubaike')
        if inames:
            for iname in inames:
                yield scrapy.Request(self.getUrlFromIname('hudongbaike',iname),"\
                    meta={'category':'','algorithm':iname},callback=self.parse_word)
        inames = self.getInamesNotInAnother('hudongbaike')
        if inames:
            for iname in inames:
                yield scrapy.Request(self.getUrlFromIname('baidubaike',iname),"\
                    meta={'category':'','algorithm':iname},callback=self.parse_word)
    #从另一个百科网站获得实例
    def getInamesNotInAnother(self,source):
        try:
            sql = ""
            if source == 'baidubaike':
                sql = "select iname from item where source='baidubaike'" \
                "and iname not in(select iname from item where source='hudongbaike')" \
                "and iname not in(select biname from item_map)"
            elif source == 'hudongbaike':
                sql = "select iname from item where source='hudongbaike'" \
                "and iname not in(select iname from item where source='baidubaike')" \
                "and iname not in(select hiname from item_map)"
            self.executeCursor.execute(sql)
            rows = self.executeCursor.fetchall()
            return rows
        except Exception as e:
            print(e)
```

2. 实例对齐算法中加权系数计算源代码

```python
# -*- coding:utf-8 -*-
import jieba
import jieba.posseg as pseg
import codecs
```

```python
from sklearn.feature_extraction.text import CountVectorizer
from sklearn.feature_extraction.text import TfidfTransformer
import MySQLdb
from matplotlib import cm
import matplotlib.pyplot as plt
import numpy as np

#绘制实例加权和相似性3D曲面图
def drawItemAllDistance(dumpfilename, pngfilename = None):
    if not dumpfilename:
        return
    f = open(dumpfilename, 'rb')
    maxlist = p.load(f)
    drawMaxList(maxlist, pngfilename)

#遍历加权系数,计算加权相似性并记录到文件
def calcItemAllDistance(arange, bstep, xratio, listfilename = None):
    mysqlhelper = connnectMysql()
    maxlist = []
    for a in arange:
        for b in range(0, 100 - a, bstep):
            a100 = float(a/100)
            b100 = float(b/100)
            calcItemTotalDistance(mysqlhelper, a100, b100)
            yp, yr, yf, imax = checkItemDistance(mysqlhelper, xratio, 'totalscore')
            maxlist.append([a100, b100, yf[imax]])
            print('a,b,imax:', a100, ",", b100, ",", yf[imax])
    if listfilename:
        f = open(listfilename, 'wb')
        p.dump(maxlist, f)
        f.close()
    mysqlhelper.Close()

#绘制实例3种相似性曲线图
def drawItemOneDistance():
    mysqlhelper = connnectMysql()
    plt = MatplotlibHelper()
    xratio = np.arange(.0, 1, 0.05) #[float(checkratio / 100) for checkratio in range(30, 60, 5)]
    yp, yr, yf, imax = checkItemDistance(mysqlhelper, xratio, 'namescore')
    plt.drawSLDQ(xratio, yp, yr, yf, imax, '名称相似性', 'figure/shiliduiqi_name.png')
    yp, yr, yf, imax = checkItemDistance(mysqlhelper, xratio, 'descriptionscore')
    plt.drawSLDQ(xratio, yp, yr, yf, imax, '简介相似性', 'figure/shiliduiqi_dis.png')
```

```
    yp,yr,yf,imax = checkItemDistance(mysqlhelper,xratio,'propertyscore')
    plt.drawSLDQ(xratio,yp,yr,yf,imax,'属性相似性','figure/shiliduiqi_pro.png')
    mysqlhelper.Close()
#计算各种相似性的函数
def calcItemDistance(mysqlhelper,jieba,fieldname = 'iname',sorcefieldname = 'namescore',ratio = 0.3):
    sklearnhelper = SklearnHelper()
    sql = "select iname,%s from item where source = 'hudongbaike'and %s < >'''' \
        " and iname not in(select iname from item where source = 'baidubaike')" \
        %(fieldname,fieldname)
    hudongitemnames = []
    hudongcalcvalues = []
    for row in mysqlhelper.FetchRows(sql):
        hudongitemnames.append(row[0])
        hudongcalcvalues.append(row[1])
    hudongsize = len(hudongitemnames)
    sql = "select iname,%s from item where source = 'baidubaike'and %s < >'''' \
        " and iname not in(select iname from item where source = 'hudongbaike')" \
        %(fieldname,fieldname)
    baidurows = mysqlhelper.FetchRows(sql)
    baiduitemnames = []
    baiducalcvalues = []
    for row in baidurows:
        baiduitemnames.append(row[0])
        baiducalcvalues.append(row[1])
    baidusize = len(baiduitemnames)
    calcvalues = hudongcalcvalues + baiducalcvalues
    calcvalues_seg = [''.join(jieba.segment(value)) for value in calcvalues]
    sklearnhelper.countVectorizer(calcvalues_seg)
    simmatrix = (sklearnhelper.tfidf[0:hudongsize] * sklearnhelper.tfidf[hudongsize:hsize + bsize].T).A
    count = 0
    for i in range(hudongsize):
        for j in range(baidusize):
            if simmatrix[i][j] > ratio:
                if checkExist(mysqlhelper,hudongitemnames[i],baiduitemnames[j]):
                    sql = "update item_align set " + sorcefieldname + " = %s where hname = %s and bname = %s"
                    params = (float(simmatrix[i][j]),hudongitemnames[i],baiduitemnames[j])
                else:
                    sql = "insert into item_align(hname,bname," + sorcefieldname + ") values(%s,%s,%s)"
                    params = (hudongitemnames[i],baiduitemnames[j],float(simmatrix[i][j]))
```

```
                mysqlhelper.ExecuteNonSQL(sql,params)
            count = count + 1
            if count > 1000:
                mysqlhelper.Commit()
                count = 0
    mysqlhelper.Commit()
    pass

#计算实例相似性加权和的函数
def calcItemTotalDistance(mysqlhelper,a=0.5,b=0.2):
    c = 1 - a - b
    sql = "update item_align set totalscore = namescore * %f + descriptionscore * %s + propertyscore * %s " \
        % (a,b,c)
    mysqlhelper.ExecuteNonSQL(sql)
    mysqlhelper.Commit()

#计算所有实例相似性的函数
def evaluatingItemAllDistance():
    dumpfilename = 'data/shiliduiqi.dat'
    bstep = 1
    arange = range(0,100,bstep)
    xratio = [float(checkratio / 100) for checkratio in range(30,60,5)]
    calcItemAllDistance(arange,bstep,xratio,dumpfilename)
    drawItemOneDistance()
    drawItemAllDistance(dumpfilename,'figure/shiliduiqi_maxlist.png')

#计算 F1 值
def calcF1(p,r):
    if(p + r) == =0:
        return 0
    else:
        return 2 * p * r /(p + r)

#计算实例相似性向量
def checkItemDistance(mysqlhelper,xratio,scorefieldname = 'namescore'):
    sql = "select count( * ) from item_map" #所有匹配的数量
    tcount = mysqlhelper.ExecuteScalar(sql)
    yp = []
    yr = []
    for ratio in xratio:
        sql = "select count( * ) from item_align where %s > %f and(bname,hname) in(select bname,hname from item_map)" % (scorefieldname,ratio)
```

```
        crcount = mysqlhelper.ExecuteScalar(sql)#正确匹配的数量
        sql = "select count( * ) from item_align where %s > %f" % (scorefieldname, ratio)
        ccount = mysqlhelper.ExecuteScalar(sql)#匹配的数量
        if ccount = = 0:
            yp.append(0)
        else:
            yp.append(crcount / ccount)
        yr.append(crcount / tcount)
    yf = [calcF1(x1, y1) for x1, y1 in zip(yp, yr)]
    yfmax = max(yf)
    imax = 0
    for i in range(len(yf)):
        if yf[i] = = yfmax:
            imax = i
    return yp, yr, yf, imax
    pass
#绘制3D曲面图工具函数
def drawMaxList(self, maxlist, filename, isshow = True):
    fixvalue = 20
    X = np.arange(0, 1, 0.01)
    Y = np.arange(0, 1, 0.01)
    Xgrid, Ygrid = np.meshgrid(X, Y)
    Z = Xgrid * 0
    zmax = 0
    maxvalue = [0, 0, 0]
    for value in maxlist:
        intx = round(value[0] * 100)
        inty = round(value[1] * 100)
        Z[intx][inty] = value[2] * 100 + fixvalue
        if zmax < Z[intx][inty]:
            zmax = Z[intx][inty]
            maxvalue = value
    print(Z)
    ax = plt.subplot(111, projection = '3d')
    # ax.scatter(Xgrid, Ygrid, Z)#绘制数据点
    ax.plot_surface(Xgrid, Ygrid, Z, cmap = cm.coolwarm,
        linewidth = 0, antialiased = False)
    zmajorFormatter = FormatStrFormatter('%d%%')#设置x轴标签文本的格式
    ax.zaxis.set_major_formatter(zmajorFormatter)
    ax.set_zlabel('F1 值')# 坐标轴
```

```
ax.set_ylabel('描述相似性加权系数')
ax.set_xlabel('名称相似性加权系数')
plt.title('当加权系数为(%.2f,%.2f,%.2f)时,F1 取得最大值"% d%%"'
% (maxvalue[0],maxvalue[1],1 - maxvalue[0] - maxvalue[1],maxvalue[2] * 100 + fixvalue))
plt.legend()
plt.savefig(filename)
if isshow:
    plt.show()
```

索　引

5
5W1H　164
5W 模型　5

F
F – Measure　72

L
LTP　87,91,198,199

P
Python　74,110,142
　　PyCharm　110

R
RDF　10,38,46,47,61

S
Scrapy　74,202

B
百度百科　33,54,55,60 – 63,66,68,73 – 75,
　131,169,202
本体　4,5,10,11,14 – 16,30 – 32,37,38,42,
　44,47,48,50,52 – 55,57,58,60,61 – 63,69,
　82 – 83,91 – 93,95,124 – 127,145 – 148,
　154,160 – 162,164,169,184,185
本体构建工具　37
　七步法　37,53
标签设置　128
　标签命名和赋值　128
　画像云图/画像图谱构建　128,129
　用户数据获取　128
　标签云图　135

G
概念标签　127,130,133 – 135
概念标签模型　133 – 135
　标签实体　129,130,132,133

H
行为分析　30,109,112,115,116,121,124,
　141,145,146,151,152,182
互动百科　33,54,55,62,63,65,66,68,71,
　73 – 75,131,169,202
话题传播分析　1,2
话题识别与跟踪　1,2

J
军表,请参阅《军用主题词表》
军事领域　32,52,54,55,60,62,63,72,78
　军分法　51,54 – 57,60,63,66,78
　知识组织　1 – 3,5,42,124,153,166,167,
　　169,170,183,184
军用主题词表　51,55
军语　51,52,54,55

L
六元组　5,32

Q
倾向性分析　1,2

R
热点事件追踪　30,84,153,158,160,162,170,187

S

涉军网络舆情　32,33,52,60,95,163,179
神经网络　9,10,96－99,114,132,137,155,
　　159,162,167,180
　激活函数　97
　神经网络模型　96－98,159,167
事件抽取　5,6,30,37,38,41,61,84,85,87,
　　93,96,105,109,114,140,155,158,160－162,
　　167,181
　触发词　6,41,58,84,85,89,91,92
　传播广度　53,102－104,106
　对象活跃度　102
　对象热度　104,105,162
　模式匹配　5,156,158,159
　事件分类　6,32,41,84,85,91,114,158,
　　159,167
　事件热度　30,100,103,104,106,107,161
　事件直接受众　102
　新鲜度　101,102,106
　演化度　102－104,106
　要素填充　41,85,91,92,114,162
　舆情趋势　104,106,107,111,162
　元事件　5,101
　主题句　41,85,88－91,96－99,114,161,162
　主题事件　56,139,180
事理图谱　30,153,155－168,170,181,183,
　　187－189

T

图数据库　14,37－39,41,61,103,105,111
　Cypher　39,40
　Neo4j　14,39,40,111

W

网络舆情
　本体构建方法　5,37,53,161,162
　采集方法　40
　生命周期　61,100,121,151,188
　网络舆情处理引擎　30,31,35,38,40,41
　网络舆情管理架构　30,31,35,41
　网络舆情研判　1,180,181,183
　网络舆情管理　1,4,29－33,35,41,53,54,
　　107,109,166,170,181,187
　网络舆情内容主题图谱　137,140,141,143
　网络舆情知识图谱　18,29－33,35－38,
　　40－42,52,72,78－81,83－85,89,93,95,
　　100,109,111,114,126,153,160,162,169,
　　178,181,184,187,189
　存储引擎　30,31,35,38,41,161,162
　构建引擎　30,31,35,38,41,100,161,162
　静态算子　32,33
　时间算子　32,33
网络舆情主体　127,145

X

新冠疫情　141,163－165
信息行为　117,124,144－146,186
　转发行为　144,146,185,186
信息生态系统　124

Y

用户标签　112,127,128,130－135
　标签化　117,118,124,163,165,166
用户标签体系　127,128
　运算层级　128
　模型标签　128
　事实标签　128
　预测标签　128
用户创造内容　124,125,146
用户行为　2,30,109,112,115,119,121,122,
　　124,127,129,136,141,144－149,151,152,
　　182,185,187
　评论行为　141,146
　信息行为　117,124,144－146,186
用户画像　14,30,115－130,132－137,141,
　　151,152,181,182
用户画像标签分类　128
　动态特征标签　127
　基本信息标签　127
用户画像构成要素　126

模型算法　126,133
　　目标设计　126
　　数据资源　33,52,126,127
　　特征维度　123-127,130
用户画像方法　120-123
　　基于情绪的用户画像方法　120,122
　　基于特征融合的用户画像方法　120,123
　　基于兴趣的用户画像方法　120,121
　　基于行为的用户画像方法　120,121
　　基于主题的用户画像方法　120
用户画像知识　125,133,135
　　领域知识　4,31,33,34,38,41,42,52,54,
　　　　55,63,66,114,124,125,143,153,158-160,
　　　　162,167,168,170,178,184,187
　　用户本体知识　124
　　用户交互行为知识　124
用户角色(请参阅用户画像)
用户模型(请参阅用户画像)
用户上网行为　112,130,145-149,151
　　用户交互行为　124,146
　　用户内容生成行为　146
　　用户社交关系维持行为　146
用户上网行为本体　145-148
　　行为动机　145,146,147
　　行为客体信息　145
　　行为习惯　115,117,144
　　行为需求　144
　　主体信息　53,144
用户原型(请参阅用户画像)
舆情监测分析　178-180
舆情信息管理系统　108
舆情信息组织　2,4,33
语义网络　9,10,14,48,133
元数据　10,46,49,154,169,184,185

Z

召回率　72-75,98,99,131,180
知识抽取　16,43,45,50,63
　　关系抽取　10,43-45,52,156,182
　　实体抽取　15,42,43
　　属性抽取　43-45
知识融合　3,10,11,16,30,37,43,45,46,
　　62-64,81,83,152,161,162
　　分类对齐　63,66,72,161,162
　　共指消解　45,46
　　实例对齐　68,69,71,72,75-77,161,162,209
　　实体对齐　15,38,42
　　实体链接　45,131,132
　　属性消歧　15,42,71,72,161,162
　　知识合并　45,46
知识图谱　1,8,10,11,14-21,29-44,40-46,
　　48,49,52,54,61-63,66,72,78-81,83-85,
　　89,91-93,95,96,100,103,107,109,111,
　　114,115,124-126,129-137,140,141,
　　143-146,151-156,158-162,166-196
　　构建方式　15,42
　　开放知识图谱　14,34,36,38,49,52,62,
　　　　131,170
知识推理　10,16,43,46,47,60,124,170
知识组织　1-3,5,42,124,153,166,167,
　　169,170,183,184
主题模型　45,120,122,126,132,137,139-142,
　　181,182
　　LDA主题模型　120,132,137,140-142,181
　　话题模型　120
准确率　44,45,48,61,62,72,74,75,84,91,
　　98,99,114,131,156,180,182

217

后 记

自2014年《网络舆情分析技术》出版以来,国防大学王兰成教授舆情团队继续驰骋在涉军网络舆情监测分析的快车道上。从探索、实践到再创品牌,教学科研成果和人才培养都取得了重大突破,这个创新研究群体已锻炼出了一批如娄国哲、张思龙、焦晓静等优秀的年轻博士和科研骨干。期间,国家社科基金项目和全军军事学研究生课题已取得成果,研发的舆情系统上网运行并获得了军队科技进步奖,大数据和人工智能及其知识图谱技术得到了更好的应用。在此基础上团队创新开展了网络舆情知识图谱的研究,近年又获批了多项军队、大学级重大建设项目,网络舆情知识图谱的研究成果进一步得到了验证。本书比较系统地总结了舆情团队所取得的成果,在编写过程中力争在学术上拓展舆情情报的研究内容并提高多学科知识的整合水平,在实践上推动网络舆情分析研究的新方法、新技术应用创新。希望本书的出版能对我国的网络舆情监管、应对,精准分析舆情事件之间的关联关系,把握舆情的演化路径等方向的研究产生一定价值。由于一些课题成果还有待提高水平,恳请大家批评指正。

作者

2023年1月

内 容 简 介

知识图谱应用于网络舆情管理,可简化热点事件发现过程,提高热点事件趋势分析能力,提升舆情管理智能化水平。本书对网络舆情知识图谱中的结构关系、数据挖掘进行可视化揭示和智能化处理,通过研究其知识组织方法、突发事件发现跟踪技术,实现更高效的舆情智能管理手段,为舆情分析和引导提供更为及时和准确的研判依据。研究内容包括基于知识图谱的网络舆情管理架构、网络舆情领域的知识图谱构建方法、基于知识图谱的事件抽取技术、基于知识图谱的舆情事件发现技术、基于知识图谱的网络舆情用户行为评估、涉军网络舆情管理的应用实践等。全书反映了我国网络信息管理学科与人工智能知识图谱相融合的前沿研究成果,在学术上能拓展舆情情报的研究内容并提高多学科知识的整合水平,在实践上能推动网络舆情分析研究的新方法、新技术的应用创新,对精准分析舆情事件之间的关联关系和把握舆情演化路径有重要价值,可在人工智能与其他学科或应用领域的交叉研究中取得突破。

读者对象为从事信息资源管理、文献情报研究、智能信息技术和网络舆情分析的广大科研、教学人员,以及高等院校相关专业的高年级学生和研究生。

The knowledge graph is applied to network public opinion management to simplify the process of hot event discovery, improve the ability of hot event trend analysis, and improve the intelligent level of public opinion management. This book visually reveals and intelligently processes the structural relationships and data mining in the network public opinion knowledge graph, realizes more efficient public opinion intelligent management means by studying its knowledge organization methods and emergency discovery and tracking technology, and provides more timely and accurate research and judgement basis for public opinion analysis and guidance. The research contents include: network public opinion management architecture based on knowledge graph, knowledge graph construction method in the field of network public opinion, event extraction technology based on knowledge graph, public opinion event discovery technology based on knowledge graph, user behavior evaluation of network public opinion based on knowledge graph, application practice of military related network public opinion management, etc. The book reflects the frontier research results of the integration of China's network information management discipline and artificial intelligence knowledge graph. It can expand the research content of public opinion intelligence academically and improve the integration level of multi-disciplinary knowledge. In practice, it can promote the application innovation of new methods and technologies for network public opinion analysis and research, It is of great value to accurately analyze the correlation between public opinion events and grasp the evolution path of public opinion, and can make a breakthrough in the cross research between artificial intelligence and other disciplines or application fields. The readers are the majority of scientific research and teaching personnel engaged in network information management, documents intelligence research, intelligent information technology and network public opinion analysis.

The book can be used as the reading literature for senior students and postgraduates of relevant majors in colleges and universities.

作者简介

王兰成,上海市人,博士。国防大学政治学院军事信息与网络舆论系教授、博士生导师,专业技术三级,军队优秀专业技术人才一类岗位津贴获得者。军队某网络舆情中心负责人,军队科技委某专委会专家,中国索引学会常务理事。曾任空军政治学院计算机中心副主任,南京政治学院教研室主任,空军某基地政治部副主任,中国科技情报学会信息技术专委会、中国档案学会信息化技术专委会委员。主持完成国家、军队和省部级课题15项,指导国家博士后基金项目完成、研究生获省部级优秀学位论文。在《信息与控制》《中国图书馆学报》《情报学报》《档案学研究》《计算机科学》等刊物发表论文300篇。出版国家级规划教材和基金著译作等16部,主要有高等教育出版社《信息检索原理与技术》、国防工业出版社《网络舆情分析技术》《知识组织与知识检索》《数字图书馆技术》、军事科学出版社《文献知识应用集成系统》、机械工业出版社《Oracle 数据库管理员》。获全军科学成果、军队教学成果和军队科技进步、省部级科研成果一至三等奖等。目前主持国家社科基金、军队装备科研项目和国家档案局、全军研究生、中国索引学会重点课题等。

娄国哲，博士。国防大学政治学院军事信息与网络舆论系副教授，军队某网络舆情中心成员。主要研究方向为军事情报管理、军队政治工作信息化。获军队科学技术进步三等奖2项，软著5项，主持和参研军内重大课题10余项，发表学术论文20余篇。曾荣获个人三等功及国防大学政治学院优秀教师。

张思龙，博士。国防大学政治学院军事信息与网络舆论系讲师，军队某网络舆情中心成员。曾参与多项国家级、军队级和院级科研项目和委托课题，发表论文和完成咨询报告10余篇。主要研究领域为计算机情报分析、网络舆情监控与引导、军队政治工作信息化等。获军队科技进步奖1项。